机 械 工 程 材 料

主 编 徐 坚 张建国

副主编 李世显 张念淮

电子工业出版社

Publishing House of Electronics Industry

北京·BEIJING

内 容 简 介

　　《机械工程材料》是根据高等职业教育人才培养的要求及课程标准的基本要求编写的。

　　本书共分 9 章，主要内容包括材料的性能、金属的晶体结构与结晶、铁碳合金相图、钢的热处理、钢铁材料、非铁金属、非金属材料、新材料简介、材料的选用等。各章章首列出"学习要点与基本要求"，结尾有"复习题"，方便学生的自主学习和课后复习，教材的附录部分提供了与本课程相关的实验指导。

　　本书可供高等职业院校机械工程类和相近专业的学生使用，也可作为职业院校教师、学生的培训教材，还可供工程技术人员阅读。

图书在版编目（CIP）数据

机械工程材料 / 徐坚，张建国主编. —北京：电子工业出版社，2016.6
ISBN 978-7-121-28661-2

Ⅰ. ①机… Ⅱ. ①徐… ②张… Ⅲ. ①机械制造材料－高等职业教育－教材 Ⅳ. ①TH14

中国版本图书馆 CIP 数据核字（2016）第 088030 号

策划编辑：　祁玉芹
责任编辑：　鄂卫华
印　　刷：　中国电影出版社印刷厂
装　　订：　中国电影出版社印刷厂
出版发行：　电子工业出版社
　　　　　　北京市海淀区万寿路 173 信箱　邮编　100036
开　　本：　787×1092　1/16　印张：14.25　字数：348 千字
版　　次：　2016 年 6 月第 1 版
印　　次：　2016 年 6 月第 1 次印刷
定　　价：　29.80 元

前　言

本书是根据高等职业教育人才培养的要求及高等职业教育《机械工程材料》课程的教学大纲基本要求编写的。

本教材具有以下 5 个特点。

1．教材使用了最新的国家标准。教材中的专业名词、专业术语和材料牌号都采用了最新的国家标准，同时尽量做到新旧标准的对照。这样不但方便教师的教学，而且有利于新标准的推广和实施。

2．教材使用了大量的插图和表格，力求图文并茂，便于教师和学生的使用，也为工程技术人员的使用提供了方便。

3．根据高等职业教育"理论够用"的原则，结合近年来《机械工程材料》课程建设的现状，对教材的内容体系进行了调整，简化了诸如晶体结构理论，删除了"二元合金相图"等内容，降低了理论知识的难度，提升了理论知识的实用性。

4．教材的语言在科学、标准、准确等要求的基础上，力求通俗易懂，便于学生的自主学习，以适应当前高等职业教育教学方法改革的要求。

5．教材每章的章首编写了"学习要点"和"基本要求"，介绍本章的教学重点和学习基本要求，方便学生的学习。每章的结尾编写了"复习题"，其题型对应常见的期末考试题型，方便学生的课后复习和期末复习。

本书由郑州铁路职业技术学院徐坚、张建国担任主编，李世显、张念淮担任副主编，李春亚、吕蒙参编。具体编写分工：徐坚（前言、绪论、第 4 章、第 9 章），张建国（第 3 章、第 5 章），李世显（第 7 章、第 8 章），张念淮（第 6 章、第 1 章），李春亚（附录、实验指导），吕蒙（第 2 章）。

本书由戴明宏教授担任主审，插图得到了刘华洲老师的大力帮助，参考了部分兄弟院校的教材和相关厂家的资料，在此一并表示感谢。

由于编着水平有限，书中难免有不妥之处，恳请广大读者提出宝贵意见，以期改正。

编　者

2016 年 3 月

绪论 ·· 1

第 1 章 工程材料的性能 ······································· 5

1.1 工程材料的使用性能 ······································· 6
  1.1.1 物理性能与化学性能 ····································· 6
  1.1.2 金属的力学性能 ··· 8
1.2 工程材料的工艺性能 ······································ 30
  1.2.1 铸造性能 ··· 30
  1.2.2 锻造性能（可锻性） ······································ 31
  1.2.3 焊接性能（可焊性） ······································ 31
  1.2.4 切削加工性能 ·· 31
  1.2.5 热处理工艺性能 ·· 31
复习题一 ··· 31

第 2 章 工程材料的组织结构 ····························· 33

2.1 金属的晶体结构 ·· 34
  2.1.1 纯金属的晶体结构 ······································· 34
  2.1.2 合金的晶体结构 ·· 37
2.2 金属的结晶 ·· 39
  2.2.1 结晶的条件 ·· 39
  2.2.2 金属的结晶过程 ·· 40
  2.2.3 晶粒的大小及控制 ······································· 40
2.3 非金属材料的结构简介 ··································· 41

    2.3.1　高分子材料的结构 ·· 41

    2.3.2　陶瓷的组织结构 ·· 43

  复习题二 ··· 44

第 3 章　铁碳合金相图 ··· **45**

  3.1　铁碳合金的基本相 ·· 46

    3.1.1　纯铁的同素异晶转变 ·· 46

    3.1.2　铁碳合金的基本相 ·· 47

  3.2　铁碳合金相图 ··· 49

    3.2.1　认识铁碳合金相图 ·· 50

    3.2.2　典型铁碳合金的结晶过程 ·· 51

    3.2.3　铁碳合金成分、组织、性能之间的关系 ·································· 57

    3.2.4　Fe-Fe₃C 相图的应用 ·· 58

  复习题三 ··· 58

第 4 章　钢的热处理 ·· **59**

  4.1　概述 ··· 60

  4.2　热处理原理 ··· 61

    4.2.1　钢在加热时的组织转变 ·· 61

    4.2.2　钢在冷却时的组织转变 ·· 62

  4.3　整体热处理 ··· 67

    4.3.1　退火 ··· 67

    4.3.2　正火 ··· 69

    4.3.3　淬火 ··· 70

    4.3.4　钢的回火 ··· 73

  4.4　表面热处理和化学热处理 ·· 77

    4.4.1　表面热处理 ··· 77

    4.4.2　化学热处理 ··· 78

  4.5　热处理工艺设计 ··· 81

    4.5.1　热处理的技术条件 ·· 81

    4.5.2　热处理工序位置安排 ·· 83

  4.6　金属材料表面处理新技术 ·· 83

　　　4.6.1　热喷涂技术 ·· 83

　　　4.6.2　气相沉积技术 ·· 84

　　　4.6.3　三束表面改性技术 ···································· 85

　复习题四 ·· 87

第 5 章　钢铁材料 ·· 89

　5.1　钢铁材料的分类 ·· 90

　　　5.1.1　钢的分类 ·· 90

　　　5.1.2　铸铁的分类 ·· 92

　　　5.1.3　钢铁及合金牌号统一数字代号 ······················ 93

　5.2　钢铁中的元素及其作用 ······································ 95

　　　5.2.1　杂质元素对钢的影响 ·································· 95

　　　5.2.2　合金元素的作用 ······································ 96

　5.3　非合金钢 ··· 98

　　　5.3.1　普通碳素结构钢 ······································ 98

　　　5.3.2　优质碳素结构钢 ······································ 99

　　　5.3.3　非合金工具钢 ··· 102

　　　5.3.4　铸造碳钢 ·· 103

　5.4　低合金钢 ·· 104

　　　5.4.1　可焊接的低合金高强度结构钢 ······················ 104

　　　5.4.2　低合金耐候钢 ··· 105

　5.5　合金钢 ·· 106

　　　5.5.1　合金钢的牌号 ··· 106

　　　5.5.2　机械结构用合金钢 ···································· 108

　　　5.5.3　滚动轴承钢 ··· 111

　　　5.5.4　合金工具钢和高速工具钢 ···························· 113

　　　5.5.5　不锈钢和耐热钢 ······································ 116

　　　5.5.6　奥氏体锰钢 ··· 119

　5.6　铸铁 ··· 120

　　　5.6.1　铸铁的石墨化过程 ···································· 120

　　　5.6.2　铸铁的组织特征和性能特点 ························· 121

　　　5.6.3　常用铸铁 ··· 122

复习题五 ………………………………………………………………………… 127

第 6 章　非铁合金 …………………………………………………………… 128

6.1　铝及铝合金 ……………………………………………………………… 129
6.1.1　工业纯铝 …………………………………………………………… 129
6.1.2　铝合金的分类 ……………………………………………………… 129
6.1.3　常用铝合金 …………………………………………………………… 130
6.1.4　铝合金的热处理 …………………………………………………… 134
6.2　铜及铜合金 ……………………………………………………………… 135
6.2.1　纯铜 ………………………………………………………………… 135
6.2.2　铜合金 ……………………………………………………………… 136
6.3　滑动轴承合金 …………………………………………………………… 139
6.3.1　对滑动轴承合金性能的要求 ……………………………………… 139
6.3.2　轴承合金的组织 …………………………………………………… 139
6.3.3　常用轴承合金 ……………………………………………………… 140
6.4　粉末冶金材料 …………………………………………………………… 142
6.4.1　粉末冶金工艺简介 ………………………………………………… 142
6.4.2　粉末冶金的特点与应用 …………………………………………… 143
6.4.3　典型粉末冶金材料 ………………………………………………… 143
复习题六 ………………………………………………………………………… 147

第 7 章　常用非金属材料 …………………………………………………… 149

7.1　高分子材料 ……………………………………………………………… 150
7.1.1　橡胶 ………………………………………………………………… 150
7.1.2　塑料 ………………………………………………………………… 155
7.2　陶瓷材料 ………………………………………………………………… 157
7.2.1　陶瓷的分类 ………………………………………………………… 158
7.2.2　陶瓷的组织结构 …………………………………………………… 158
7.2.3　陶瓷的性能特点 …………………………………………………… 159
7.2.4　常用陶瓷 …………………………………………………………… 160
7.3　复合材料 ………………………………………………………………… 162
7.3.1　复合材料的分类 …………………………………………………… 162

7.3.2　复合材料的复合原则 ……………………………………… 163

7.3.3　复合材料的性能特点 ……………………………………… 163

7.3.4　常用复合材料 ……………………………………………… 165

复习题七 ……………………………………………………………… 167

第 8 章　新材料简介 …………………………………………………… 169

8.1　高温材料 ………………………………………………………… 170

8.1.1　铁基高温合金 ………………………………………………… 170

8.1.2　镍基高温合金 ………………………………………………… 170

8.1.3　高温陶瓷材料 ………………………………………………… 171

8.2　形状记忆合金 …………………………………………………… 172

8.2.1　形状记忆效应与特性 ………………………………………… 172

8.2.2　典型的形状记忆合金 ………………………………………… 172

8.2.3　形状记忆合金的应用 ………………………………………… 173

8.3　非晶态合金 ……………………………………………………… 174

8.3.1　非晶态合金的结构 …………………………………………… 174

8.3.2　非晶态合金的制备 …………………………………………… 174

8.3.3　非晶态合金的性能与应用 …………………………………… 174

8.4　磁性材料 ………………………………………………………… 176

8.4.1　磁材料 ………………………………………………………… 176

8.4.2　永磁材料 ……………………………………………………… 177

8.5　纳米材料 ………………………………………………………… 178

8.5.1　纳米材料的分类与特性 ……………………………………… 178

8.5.2　纳米材料的应用 ……………………………………………… 180

8.5.3　纳米复合材料 ………………………………………………… 181

8.6　超导材料 ………………………………………………………… 181

8.6.1　超导材料的基本参数及特性 ………………………………… 181

8.6.2　超导材料简介 ………………………………………………… 182

复习题八 ……………………………………………………………… 183

第 9 章　零件材料的选用 ……………………………………………… 184

9.1　机械零件的失效 ………………………………………………… 185

9.1.1　失效 ……………………………………………………………………… 185

9.1.2　失效的形成及原因 ………………………………………………………… 185

9.1.3　零件的工作条件和失效分析 ……………………………………………… 187

9.2　零件的选材原则与步骤 ……………………………………………………… 188

9.2.1　选择零件材料的一般原则 ………………………………………………… 188

9.2.2　零件材料选择的一般步骤 ………………………………………………… 189

9.3　典型零件的选材 ……………………………………………………………… 190

9.3.1　齿轮类零件的选材 ………………………………………………………… 190

9.3.2　轴类零件的选材 …………………………………………………………… 193

9.3.3　冷冲模具的选材 …………………………………………………………… 195

9.3.4　箱体类零件的选材 ………………………………………………………… 197

9.3.5　常用工具的选材 …………………………………………………………… 198

复习题九 …………………………………………………………………………… 198

附录　实验指导 …………………………………………………………………… **200**

实验一　布氏硬度实验 …………………………………………………………… 200

实验二　洛氏硬度实验 …………………………………………………………… 204

实验三　冲击实验 ………………………………………………………………… 207

实验四　热处理实验 ……………………………………………………………… 210

实验五　铁碳合金室温下平衡组织金相观察 …………………………………… 214

参考文献 …………………………………………………………………………… **218**

一、《机械工程材料》课程及其主要内容

《机械工程材料》是研究机械工程材料的一门课程，它是机类或近机类专业学生必修的一门专业基础课程，主要研究机械工程用材料的基本理论、成分、组织、性能、应用和机械工程材料主要强化工艺等内容的一门学科。

《机械工程材料》课程学习主要包括机械工程材料的性能、组织结构、铁碳合金相图、钢的热处理、钢铁材料、非铁金属、非金属材料，以及材料的选用等内容。

二、《机械工程材料》课程的作用

材料是《机械工程材料》课程的研究对象，是人类生产和发展的物质基础，是人类文明的标志，是发展高科技的先导和基石。一种新材料的出现，往往可以导致一系列新技术的突破；各种高新技术和新兴产业的发展，无不依赖于新材料的研发。

在人类的发展史中，人们可以用各种物质来制造生活用品和工作用品。例如，在新石器时代，人类对石头进行手工加工，使之成为生活器皿和精致的工具。在青铜器时代，人类用青铜制造出了闻名世界的司母戊鼎。社会发展到现代社会，人们开始用钢铁、铜、铝、锌、尼龙、聚乙烯、聚丙烯、聚四氟乙烯、陶瓷、玻璃钢、碳纤维等各类材料，制造汽车、火车、飞机、计算机、手机等多种工业产品和生活用品。在现代工业中，材料被广泛用于车辆、船舶、建筑、化工、能源、仪器仪表、航空航天等工程领域。在机械工业中用于制造各类机械零件、构件的材料和在机械制造过程中所应用的工艺材料称为机械工程材料。机械工程材料发展涉及的面很广，按属性可分为金属材料和非金属材料两大类。金属材料

包括钢铁材料和非铁金属，非金属材料包括有机高分子材料、无机非金属材料和复合材料等。

《机械工程材料》课程不仅是机械专业的基础课程，也是其他近机类专业的基础课程。机械工业肩负着为机械工业和其他工业提供工艺装备的任务，是国民经济的基础工业，其作用尤为重要，在国民经济建设中占有十分重要的地位。工业装备主要由机械零件和部件组成，其中机械零件是机械产品最基本的制造单元。机械零件的制造工艺的基本过程如下图所示，主要包括零件材料的选择、毛坯的生产、切削加工、热处理等。

零件材料影响着零件制造的整个工艺过程，其主要表现在以下两个方面：

1．影响零件的质量。

零件的设计、选材、制造工艺等是影响零件质量的关键因素，其中零件材料是影响零件质量的根本因素。

2．影响零件的加工工艺。

零件材料与其加工工艺有着密切的联系。零件材料是选择和制定零件加工工艺的重要依据，也是选择零件毛坯制造方法的主要依据。

三、《机械工程材料》课程的教学目标

1．掌握材料科学方面的基本知识。

2．理解相关专业术语、概念的含义，能够看懂相关的技术文件并能够顺利进行相关专业的技术交流。

3．掌握常用机械工程材料的分类方法，熟悉各种机械工程材料的分类、牌号、性能及应用特点，具有选择零件材料的一般能力。

4．理解钢的热处理原理，掌握热处理分类方法以及各种热处理工艺的工艺目的、工艺特点和操作技能，具有选择热处理工艺的能力。

5．通过实验，使学生具有一定的动手操作能力。

四、《机械工程材料》课程特点及学习方法

《机械工程材料》课程来源于生产实践，又应用于生产实践，具有实践性、应用性和综合性较强的特征。

学生学习本课程时，应注意以下几点：

1．学会掌握学习的技巧。《机械工程材料》课程内容定性介绍的多，总结性规律和经验多，各章节内容无严密的逻辑关系，学生往往抓不住学习要领。因此在学习本课程时，应理清思路，善于归纳和总结，在分散的内容中归纳出重点。只有抓住重点，才能提高学习效率和学习效果。

2．通过实践提高掌握能力。《机械工程材料》课程涉及的名词、概念、专业术语多，并且不易理解，学生学习本课程会感到困惑。因此学生学习时，应增强对机械生产过程的感性认识，在记忆的基础上多观察、多实践、勤思考，以便提高对名词、概念、专业术语的理解能力。

3．注重对知识的理解和应用。学生学习本课程时有一个认识上的误区，认为学习《机械工程材料》课程就是死记硬背。实际上要想学好本课程的关键是对知识的理解。只有理解了所学的材料知识，才能灵活运用材料知识去分析和解决实际生产中的问题。

第1章 工程材料的性能

【学习要点】

材料的性能是材料学的重要内容之一，是机械制造过程中正确选用零件材料的重要依据，是学生必须掌握的基础知识。本章主要学习工程材料的力学性能，包括力学性能的相关概念、指标、测量方法等。

【基本要求】

掌握工程材料的强度、塑性、硬度、冲击韧度、疲劳强度的基本含义及代表符号；掌握力学性能的常用试验方法。

1.1 工程材料的使用性能

工程材料的性能包括使用性能、工艺性能和经济性。使用性能是指材料在使用过程中所表现出来的性能，包括材料的物理性能、化学性能和力学性能。

1.1.1 物理性能与化学性能

1. 物理性能

（1）密度

金属的密度是指单位体积金属的质量。密度是金属的特性之一，在体积相同的情况下，金属的密度越大，其质量也就越大。金属的密度直接关系到设备的自重和效能，在选择零件材料时，需要考虑材料的密度。如发动机活塞要求质轻、惯性小，采用密度小的铝合金制造较为合适。在航空工业领域中，密度更是选材的关键指标之一。

常将密度小于 $5 \times 10^3 kg/m^3$ 的金属称为轻金属，密度大于 $5 \times 10^3 kg/m^3$ 的金属称为重金属。常用金属的密度见表 1-1 所列。

表 1-1 常用金属的物理性能

金属名称	符 号	密度（20℃）/ ρ [kg·m^{-3}·10^3]	熔点/℃	热导率 λ/[W/（m·K）]	热膨胀系数（0～100℃）	电阻率（0℃） ρ/[Ω·m·10^{-8}]
银	Ag	10.49	960.8	418.6	19.7	1.5
铝	Al	2.6984	660.1	221.9	23.6	2.655
铜	Cu	8.96	1083	393.5	17.0	1.67～1.68（20℃）
铬	Cr	7.19	1903	67	6.2	12.9
铁	Fe	7.84	1538	75.4	11.76	9.7
镁	Mg	1.74	650	153.7	24.3	4.47
锰	Mn	7.43	1244	4.98（-192℃）	37	185（20℃）
镍	Ni	8.90	1453	92.1	13.4	6.84
钛	Ti	4.508	1677	15.1	8.2	42.1～47.8
锡	Sn	7.298	231.91	62.8	2.3	11.5
钨	W	19.3	3380	166.2	4.6（20℃）	5.1

（2）熔点

物质的熔点，即在一定压力下，纯物质的固态和液态呈平衡时的温度。晶体有固定熔点，而非晶体则没有固定的熔点。金属材料属于晶体，其熔点是指金属和合金从固态向液态转变时的温度。

纯金属都有固定的熔点，而合金的熔点取决于它的化学成分，如钢和生铁虽然都是铁碳合金，但由于碳的质量分布不同，其熔点也不同。

熔点对于金属的铸造和焊接工艺都有重要影响。

熔点高的金属称为难熔金属（如钨、钼、钒等），可以用来制造耐高温零件，在火箭、导弹、燃气轮机和喷气飞机等方面得到了广泛应用。熔点低的金属称为易熔金属（如锡、铅等），常用于制造印刷铅字（铅与锑的合金）、保险丝（铅、锡，铋、镉的合金）和防火安全阀等。

（3）导热性和导电性

金属传导热量的能力称为导热性。金属导热性的大小常用热导率（亦称导热系数）来衡量，热导率用符号"λ"表示。金属的热导率越大，说明其导热性越好。一般说来，金属越纯，其导热能力就越大，合金的导热性比纯金属差。在纯金属中，银的导热能力最好，铜、铝次之。若某些零件在使用中需要大量吸热或散热时，则要用导热性好的材料，如凝汽器中的冷却水管采用导热性好的铜合金制造就是此原因。常用金属的热导率见表 1-1 所列。

物体传导电流的能力叫做导电性。一般说导电性好的材料，其导热性也好。导电性和导热性一样，是随合金成分的复杂化而降低的，因此纯金属的导电性总比合金好。各种金属的导电性各不相同，银的导电性最好，其次是铜和金。因此，工业上常用纯铜、纯铝做导电材料，而用导电性差的铜合金（康铜）和铁铬铝合金材料做电热元件。常用金属的电阻率见表 1-1 所列。

（4）热膨胀性

金属随着温度变化而膨胀、收缩的特性称为热膨胀性。一般来说，金属受热时膨胀而且体积增大，冷却时收缩而且体积缩小。

（5）磁性

金属在磁场中被磁化而呈现磁性强弱的性能称为磁性。根据在磁场中受到磁化程度的不同，金属材料可分为：

铁磁性材料——在外加磁场中，能强烈被磁化到很大程度，如铁、镍、钴等。

顺磁性材料——在外加磁场中呈现十分微弱的磁性，如锰、铬、钼等。

抗磁性材料——能够抗拒或减弱外加磁场磁化作用的金属材料，如铜、金、银、铅、锌等。

在铁磁性材料中，铁及其合金（包括钢与铸铁）具有明显的磁性，镍和钴也具有磁性，但远不如铁。铁磁性材料可用于制造变压器、电动机、测量仪表等。抗磁性材料则可用作要求避免电磁场干扰的零件和结构材料。

2. 化学性能

（1）耐腐蚀性

金属在常温下抵抗氧、水及其他化学介质腐蚀破坏作用的能力，称为耐腐蚀性。在腐蚀介质（如酸、碱、盐、有毒气体等）中工作的零件，其腐蚀现象比在空气中更为严重，其零件材料宜选用耐腐蚀性良好的金属或合金。

（2）抗氧化性

金属在加热时抵抗氧化作用的能力，称为抗氧化性。金属的氧化随温度升高而加速，例如钢材在铸造、锻造、热处理、焊接等热加工作业时，因温度过高而造成氧化比较严重，这不仅造成金属材料过量的损耗，也会形成各种缺陷，因此热加工作业时常常需要采取必要措施以减少金属材料的氧化。

（3） 化学稳定性

化学稳定性是金属的耐腐蚀性与抗氧化性的总称。金属在高温下的化学稳定性称为热稳定性。在高温条件下工作的设备（如锅炉、加热设备、汽轮机、喷气发动机等），其零部件需要选择热稳定性好的金属材料。

1.1.2 金属的力学性能

金属力学性能是指金属在力作用下所显示与弹性和非弹性反应相关或涉及力与应变关系的性能，其中包括弹性和刚度、强度、塑性、硬度、冲击韧度、断裂韧度及疲劳强度等。

1. 强度

强度是指金属材料在静载荷作用下抵抗塑性变形或断裂的能力。按外力作用的性质不同，主要有屈服强度、抗拉强度、抗压强度、抗弯强度等，工程上常用的是屈服强度和抗拉强度，这两个强度指标可通过拉伸试验测出。

（1） 拉伸试验

拉伸试验是检验金属材料力学性能普遍采用的一种极为重要的基本试验。根据GB/T228.1—2010《金属材料 室温拉伸试验方法》规定，拉伸试验是指沿试样轴向用静拉伸力进行拉伸，并测量拉伸力和相应的伸长量，来确定其力学性能的试验。拉伸时，一般要将拉伸试样拉至断裂，试验一般在室温 10～35℃范围内进行。通过拉伸试验可同时测得强度指标和塑性指标。

1） 拉伸试样

GB/T228.1—2010《金属材料 室温拉伸试验方法》规定了金属拉伸试样的形状、尺寸和加工要求。常用的圆柱形试样，如图 1-1 所示。

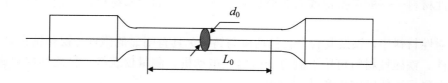

图 1-1 标准圆截面拉伸试样

图中 d_0 为试样的原始直径，L_0 为试样的原始标距长度。圆柱形试样可分为长比例试样（$L_0=10d_0$）和短比例试样（$L_0=5d_0$）两种；试验时应优先选用短比例试样，如果 $L_0<15$mm 时，则应选用长比例试样。

2） 力——伸长曲线

拉伸过程中，由拉伸试验机自动绘出的拉伸力 F 和试样相应伸长量 ΔL 之间的关系曲线，称为力——伸长曲线。图 1-2 所示为低碳钢试样的力——伸长曲线。图中，纵坐标表示拉伸力 F，单位为 N；横坐标表示试样的伸长量 ΔL，单位为 mm。

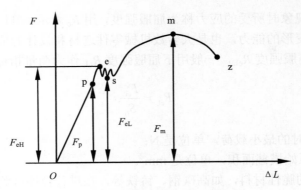

图 1-2　低碳钢的力——伸长曲线

由图可见，低碳钢在拉伸过程中表现出以下几个阶段：

① oe——弹性变形阶段

op 段为斜直线，伸长量 ΔL 和拉伸力 F 成正比，此阶段称为比例变形阶段，在此阶段，当去除拉伸力后试样可恢复原始形状。pe 为非线性弹性变形阶段。

② es——屈服阶段

拉伸力超过 F_e 后，试样开始产生塑性变形，即卸载后的试样只能恢复部分变形，仍保留了部分变形。在 es 段，力——伸长曲线出现平台和锯齿形，说明即使拉伸力不增加或略有减少时，试样也能继续伸长，这种现象称为屈服。

③ em——强化阶段

em 段为上升曲线。这个阶段，只有不断加大拉伸力，试样才能继续伸长，说明当拉伸力超过屈服拉伸力后，试样抵抗变形的能力将会随着变形的增加而增加，这种现象为冷变形强化。

④ mz——缩颈阶段

mz 段为一段下降曲线，试样的直径发生局部收缩变细的现象，称为缩颈，如图 1-3 所示。试样直径变小，继续变形需要的力变小。继续拉伸，试样从缩颈处断裂。

图 1-3　缩颈现象

（2）强度指标

强度通常用应力来表示。单位横截面积上的载荷称为应力，单位为 MPa。即

$$\sigma = \frac{F}{S}$$

式中　F——载荷，单位是 N；

　　　S——横截面积，单位是 mm^2。

1） 屈服强度

试样产生屈服现象时所受的应力称为屈服强度，用 R_e 表示，单位为 MPa。屈服强度是金属材料抵抗塑性变形的能力，也是大多数机械零件选材和设计的依据。屈服强度分为上屈服强度 R_{eH} 和下屈服强度 R_{eL}，一般用下屈服强度 R_{eL} 作为衡量指标。

$$R_{eL} = \frac{F_{eL}}{S_0}$$

式中　F_{eL}——屈服时的最小载荷，单位是 N；

　　　S_0——试样原始横截面积，单位是 mm^2。

工业上常使用的脆性材料，如高碳钢、铸铁等，在进行拉伸试验时并没有明显的屈服现象，也不会产生缩颈现象。此类金属材料，测量屈服强度很困难，工程上常采用残余伸长率为 0.2%时的应力，即规定残余伸长应力 $R_{r0.2}$ 作为其屈服强度指标，也称为条件屈服强度。如图 1-4 所示。

$$R_{r0.2} = \frac{F_{r0.2}}{S_0}$$

式中　$F_{r0.2}$——残余伸长率为 0.2%时的载荷，单位是 N。

图 1-4　铸铁的力—伸长曲线

2） 抗拉强度

试样拉断前所受的最大应力称为抗拉强度，用符号 R_m 表示，单位是 MPa。抗拉强度是金属材料抵抗断裂的能力。

$$R_m = \frac{F_m}{S_0}$$

式中　F_m——试样拉断前承受的最大载荷，单位是 N。

强度是金属材料重要的力学性能之一，是机械零部件和结构件首先应满足的基本要求，当机械零件或结构件在工作过程中承受的应力超出其材料强度时，就会发生变形失效或断裂失效。

2.　塑性

金属材料在载荷的作用下产生塑性变形而不断裂的能力称为塑性。塑性的指标为断后伸长率和断面收缩率。

（1）断后伸长率

试样拉断后的标距伸长量与原始标距的百分比，称为断后伸长率，用符号 A 表示（若用长比例试样测试，则用 $A_{11.3}$ 表示）。

$$A = \frac{L_u - L_0}{L_0} \times 100\%$$

式中　　L_0——试样原始标距长度。

L_u——试样拉断后的标距长度。

（2）断面收缩率

试样拉断处横截面积的缩减量与原始横截面积的百分比，称为断面收缩率，用符号 Z 表示。

$$Z = \frac{S_0 - S_u}{S_0} \times 100\%$$

式中　　S_0——试样的原始横截面积；

S_u——试样断口处的横截面积。

金属材料的断后伸长率和断面收缩率值越大，说明材料的塑性越好。工程中，$A \geqslant 5\%$ 的材料称为塑性材料，如低碳钢；$A \leqslant 5\%$ 的材料称为脆性材料，如灰铸铁。塑性好的材料易于成型，且使用时即使超载也能产生塑性变形从而避免突然断裂。因此，零件不但要求具有足够高的强度，而且要求具有一定的塑性。通常情况下，金属材料的断后伸长率达到 5% 或断面收缩率达 10% 即可满足大多数零件的塑性要求。

3.　硬度

材料局部抵抗硬物压入其表面的能力称为材料的硬度。金属材料的硬度是衡量金属材料软硬程度的一项重要的性能指标，它不是一个简单的物理概念，而是材料弹性、塑性、强度和韧性等力学性能的综合指标。实践证明，金属材料的各种硬度值之间，硬度值与强度值之间具有近似的相应关系。硬度影响零件或工具的耐磨性，一般来说，材料的硬度越高，零件或工具的耐磨性越好。

测试硬度的方法很多，压入法硬度试验应用最广泛，主要包括布氏硬度试验法、洛氏硬度试验法、维氏硬度试验法三种。

（1）布氏硬度

1）试验原理

布氏硬度的试验是使用硬质合金球压头，以规定的试验力压入试样表面，经规定保持时间后卸除试验力，测量表面压痕直径，以金属表面压痕单位面积上所承受载荷的大小来确定被测金属材料的硬度，如图 1-5 所示。

图 1-5 布氏硬度测试原理

布氏硬度用符号 HBW 表示。布氏硬度值可按下式计算：

$$HBW = \frac{F}{S} = 0.102 \times \frac{2F}{\pi D(D - \sqrt{D^2 - d^2})}$$

式中 F——试验力，单位是 N；

S——球面压痕面积，单位是 mm^2；

D——压头直径，单位是 mm；

d——压痕平均直径，单位是 mm。

布氏硬度的单位为 N/mm^2，但是习惯上只写出硬度值不标出单位。

试验时，应在两个相互垂直方向测量压痕直径，用压痕平均直径计算材料的布氏硬度值，或根据压痕平均直径查表（表 1-2）得到材料的布氏硬度值。

表 1-2　金属布氏硬度数值表（摘自 GB/T 231.4—2009）

球直径 D/mm				试验力-压头球直径平方的比率 $0.102 \times F/D^2$					
				30	15	10	5	2.5	1
				试验力 F/N					
10				29 420	14 710	9 807	4 903	2 452	980.7
	5			7 355	—	2 452	1 226	612.9	245.2
		2.5		1 839	—	612.9	306.5	153.2	61.29
			1	294.2	—	98.07	49.03	24.52	9.807
压痕平均直径 d/mm				布氏硬度 HBW					
2.40	1.200	0.600 0	0.240	653	327	218	109	54.5	21.8
2.41	1.205	0.602 4	0.241	648	324	216	108	54.0	21.6
2.42	1.210	0.605 0	0.242	643	321	214	107	53.5	21.4
2.43	1.215	0.607 5	0.243	637	319	212	106	53.1	21.2
2.44	1.220	0.610 0	0.244	632	316	211	105	52.7	21.1
2.45	1.225	0.612 5	0.245	627	313	209	104	52.2	20.9
2.46	1.230	0.615 0	0.246	621	311	207	104	51.8	20.7
2.47	1.235	0.617 5	0.247	616	308	205	103	51.4	20.5
2.48	1.240	0.620 0	0.248	611	306	204	102	50.9	20.4
2.49	1.245	0.622 5	0.249	606	303	202	101	50.5	20.2
2.50	1.250	0.625 0	0.250	601	301	200	100	50.1	20.0
2.51	1.255	0.627 5	0.251	597	298	199	99.4	49.7	19.9
2.52	1.260	0.630 0	0.252	592	296	197	98.6	49.3	19.7
2.53	1.265	0.632 5	0.253	587	294	196	97.8	48.9	19.6
2.54	1.270	0.635 0	0.254	582	291	194	97.1	48.5	19.4
2.55	1.275	0.637 5	0.255	578	289	193	96.3	48.1	19.3
2.56	1.280	0.640 0	0.256	573	287	191	95.5	47.8	19.1
2.57	1.285	0.642 5	0.257	569	284	190	94.8	47.4	19.0
2.58	1.290	0.645 0	0.258	564	282	188	94.0	47.0	18.8
2.59	1.295	0.647 5	0.259	560	280	187	93.3	46.3	18.5
2.60	1.300	0.650 0	0.260	555	278	185	92.6	46.3	18.5
2.61	1.305	0.652 5	0.261	551	276	184	91.8	45.9	18.4
2.62	1.310	0.655 0	0.262	547	273	182	91.1	45.6	18.2
2.63	1.315	0.657 5	0.263	543	271	181	90.4	45.2	18.1
2.64	1.320	0.660 0	0.264	538	269	179	89.7	44.9	17.9
2.65	1.325	0.662 5	0.265	534	267	178	89.0	44.5	17.8
2.66	1.330	0.665 0	0.266	530	265	177	88.4	44.2	17.7
2.67	1.335	0.667 5	0.267	526	263	175	87.7	43.8	17.5
2.68	1.340	0.670 0	0.268	522	261	174	87.0	43.5	17.4

（续表）

球直径 D/mm				试验力-压头球直径平方的比率 0.102×F/D^2					
				30	15	10	5	2.5	1
				试验力 F/N					
10				29 420	14 710	9 807	4 903	2 452	980.7
	5			7 355	—	2 452	1 226	612.9	245.2
		2.5		1 839	—	612.9	306.5	153.2	61.29
			1	294.2	—	98.07	49.03	24.52	9.807
压痕平均直径 d/mm				布氏硬度 HBW					
2.69	1.345	0.672 5	0.269	518	259	173	86.4	43.2	17.3
2.70	1.350	0.675 0	0.270	514	257	171	85.7	42.9	17.1
2.71	1.355	0.677 5	0.271	510	255	170	85.1	42.5	17.0
2.72	1.360	0.680 0	0.272	507	253	169	84.4	42.2	16.9
2.73	1.365	0.682 5	0.273	503	251	168	83.8	41.9	16.8
2.74	1.370	0.685 0	0.274	499	250	166	83.2	41.6	16.6
2.75	1.375	0.687 5	0.275	495	248	165	82.6	41.3	16.5
2.76	1.380	0.690 0	0.276	492	246	164	81.9	41.0	16.4
2.77	1.385	0.692 5	0.277	488	244	163	81.3	40.7	16.3
2.78	1.390	0.695 0	0.278	485	242	162	80.8	40.4	16.2
2.79	1.395	0.697 5	0.279	481	240	160	80.2	40.1	16.0
2.80	1.400	0.700 0	0.280	477	239	159	79.6	39.8	15.9
2.81	1.405	0.702 5	0.281	474	237	158	79.0	39.5	15.8
2.82	1.410	0.705 0	0.282	471	235	157	78.4	39.2	15.7
2.83	1.415	0.707 5	0.283	467	234	156	77.9	38.9	15.6
2.84	1.420	0.710 0	0.284	464	232	155	77.3	38.7	15.5
2.85	1.425	0.712 5	0.285	461	230	154	76.8	38.4	15.4
2.86	1.430	0.715 0	0.286	457	229	152	76.2	38.1	15.2
2.87	1.435	0.717 5	0.287	454	227	151	75.7	37.8	15.1
2.88	1.440	0.720 0	0.288	451	225	150	75.1	37.6	15.0
2.89	1.445	0.722 5	0.289	448	224	149	74.6	37.3	14.9
2.90	1.450	0.725 0	0.290	444	222	148	74.1	37.0	14.8
2.91	1.455	0.727 5	0.291	441	221	147	73.6	36.8	14.7
2.92	1.460	0.730 0	0.292	438	219	146	73.0	36.5	14.6
2.93	1.465	0.732 5	0.293	435	218	145	72.5	36.3	14.5
2.94	1.470	0.735 0	0.294	432	216	144	72.0	36.0	14.4
2.95	1.475	0.737 5	0.295	429	215	143	71.5	35.8	14.3
2.96	1.480	0.740 0	0.296	426	213	142	71.0	35.5	14.2
2.97	1.485	0.742 5	0.297	423	212	141	70.5	35.3	14.1
2.98	1.490	0.745 0	0.298	420	210	140	70.1	35.0	14.0
2.99	1.495	0.747 5	0.299	417	209	139	69.6	34.8	13.9
3.00	1.500	0.750 0	0.300	415	207	138	69.1	34.6	13.8
3.01	1.505	0.752 5	0.301	412	206	137	68.6	34.3	13.7
3.02	1.510	0.755 0	0.302	409	205	136	68.2	34.1	13.6

（续表）

球直径 D/mm				试验力-压头球直径平方的比率 0.102×F/D²					
				30	15	10	5	2.5	1
				试验力 F/N					
10				29 420	14 710	9 807	4 903	2 452	980.7
	5			7 355	—	2 452	1 226	612.9	245.2
		2.5		1 839	—	612.9	306.5	153.2	61.29
			1	294.2	—	98.07	49.03	24.52	9.807
压痕平均直径 d/mm				布氏硬度 HBW					
3.03	1.515	0.757 5	0.303	406	203	135	67.7	33.9	13.5
3.04	1.520	0.760 0	0.304	404	202	135	67.3	33.6	13.5
3.05	1.525	0.762 5	0.305	401	200	134	66.8	33.4	13.4
3.06	1.530	0.765 0	0.306	398	199	133	66.4	33.2	13.3
3.07	1.535	0.767 5	0.307	395	198	132	65.9	33.0	13.2
3.08	1.540	0.770 0	0.308	393	196	131	65.5	32.7	13.1
3.09	1.545	0.772 5	0.309	390	195	130	65.0	32.5	13.0
3.10	1.550	0.775 0	0.310	388	194	129	64.6	32.3	12.9
3.11	1.555	0.777 5	0.311	385	193	128	64.2	32.1	12.8
3.12	1.560	0.780 0	0.312	383	191	128	63.8	31.9	12.8
3.13	1.565	0.782 5	0.313	380	190	127	63.3	31.7	12.7
3.14	1.570	0.787 0	0.314	378	189	126	62.9	31.5	12.6
3.15	1.575	0.787 5	0.315	375	188	125	62.5	31.3	12.5
3.16	1.580	0.790 0	0.316	373	186	124	62.1	31.1	12.4
3.17	1.585	0.792 5	0.317	370	185	123	61.7	30.9	12.3
3.18	1.590	0.795 0	0.318	368	184	123	61.3	30.7	12.3
3.19	1.595	0.797 5	0.319	366	183	122	60.9	30.5	12.2
3.20	1.600	0.800 0	0.320	363	182	121	60.5	30.3	12.1
3.21	1.605	0.802 5	0.321	361	180	120	60.1	30.1	12.0
3.22	1.610	0.805 0	0.322	359	179	120	59.8	29.9	12.0
3.23	1.615	0.807 5	0.323	356	178	119	59.4	29.7	11.9
3.24	1.620	0.810 0	0.324	354	177	118	59.0	29.5	11.8
3.25	1.625	0.812 5	0.325	352	176	117	58.6	29.3	11.7
3.26	1.630	0.815 0	0.326	350	175	117	58.3	29.1	11.7
3.27	1.635	0.817 5	0.327	347	174	116	57.9	29.0	11.6
3.28	1.640	0.820 0	0.328	345	173	115	57.5	28.8	11.5
3.29	1.645	0.822 5	0.329	343	172	114	57.2	28.6	11.4
3.30	1.650	0.825 0	0.330	341	170	114	56.8	28.4	11.4
3.31	1.655	0.827 5	0.331	339	169	113	56.5	28.2	11.3
3.32	1.660	0.830 0	0.332	337	168	112	56.1	28.1	11.2
3.33	1.665	0.832 5	0.333	335	167	112	55.8	27.9	11.2
3.34	1.670	0.835 0	0.334	333	166	111	55.4	27.7	11.1
3.35	1.675	0.837 5	0.335	331	165	110	55.1	27.5	11.0
3.36	1.680	0.840 0	0.336	329	164	110	54.8	27.4	11.0

（续表）

球直径 D/mm				试验力-压头球直径平方的比率 $0.102 \times F/D^2$					
				30	15	10	5	2.5	1
				试验力 F/N					
10				29 420	14 710	9 807	4 903	2 452	980.7
	5			7 355	—	2 452	1 226	612.9	245.2
		2.5		1 839	—	612.9	306.5	153.2	61.29
			1	294.2	—	98.07	49.03	24.52	9.807
压痕平均直径 d/mm				布氏硬度 HBW					
3.37	1.685	0.842 5	0.337	326	163	109	54.4	27.2	10.9
3.38	1.690	0.845 0	0.338	325	162	108	54.1	27.0	10.8
3.39	1.695	0.847 5	0.339	323	161	108	53.8	26.9	10.8
3.40	1.700	0.850 0	0.340	321	160	107	53.4	26.7	10.7
3.41	1.705	0.852 5	0.341	319	159	106	53.1	26.6	10.6
3.42	1.710	0.855 0	0.342	317	158	106	52.8	26.4	10.6
3.43	1.715	0.857 5	0.343	315	157	105	52.5	26.2	10.5
3.44	1.720	0.860 0	0.344	313	156	104	52.2	26.1	10.4
3.45	1.725	0.862 5	0.345	311	156	104	51.8	25.9	10.4
3.46	1.730	0.865 0	0.346	309	155	103	51.5	25.8	10.3
3.47	1.735	0.867 5	0.347	307	154	102	51.2	25.6	10.2
3.48	1.740	0.870 0	0.348	306	153	102	50.9	25.5	10.2
3.49	1.745	0.872 5	0.349	304	152	101	50.6	25.3	10.1
3.50	1.750	0.875 0	0.350	302	151	101	50.3	25.2	10.1
3.51	1.755	0.877 5	0.351	300	150	100	50.0	25.0	10.0
3.52	1.760	0.880 0	0.352	298	149	99.5	49.7	24.9	9.95
3.53	1.765	0.882 5	0.353	297	148	98.9	49.4	24.7	9.89
3.54	1.770	0.885 0	0.354	295	147	98.3	49.2	24.6	9.83
3.55	1.775	0.887 5	0.355	293	147	97.7	48.9	24.4	9.77
3.56	1.780	0.890 0	0.356	292	146	97.2	48.6	24.3	9.72
3.57	1.785	0.892 5	0.357	290	145	96.6	48.3	24.2	9.66
3.58	1.790	0.895 0	0.358	288	144	96.1	48.0	24.0	9.61
3.59	1.795	0.897 5	0.359	286	143	95.5	47.7	23.9	9.55
3.60	1.800	0.900 0	0.360	285	142	95.0	47.5	23.7	9.50
3.61	1.805	0.902 5	0.361	283	142	94.4	47.2	23.6	9.44
3.62	1.810	0.905 0	0.362	282	141	93.9	46.9	23.5	9.39
3.63	1.815	0.907 5	0.363	280	140	93.3	46.7	23.3	9.33
3.64	1.820	0.910 0	0.364	278	139	92.8	46.4	23.2	9.28
3.65	1.825	0.912 5	0.365	277	138	92.3	46.1	23.1	9.23
3.66	1.830	0.915 0	0.366	275	138	91.8	45.9	22.9	9.18
3.67	1.835	0.917 5	0.367	274	137	91.2	45.6	22.8	9.12
3.68	1.840	0.920 0	0.368	272	136	90.7	45.4	22.7	9.07
3.69	1.845	0.922 5	0.369	271	135	90.2	45.1	22.6	9.02
3.70	1.850	0.925 0	0.370	269	135	89.7	44.9	22.4	8.97

球直径 D/mm				试验力-压头球直径平方的比率 0.102×F/D²					
				30	15	10	5	2.5	1
				试验力 F/N					
10				29 420	14 710	9 807	4 903	2 452	980.7
	5			7 355	—	2 452	1 226	612.9	245.2
		2.5		1 839	—	612.9	306.5	153.2	61.29
			1	294.2	—	98.07	49.03	24.52	9.807
压痕平均直径 d/mm				布氏硬度 HBW					
3.71	1.855	0.927 5	0.371	268	134	89.2	44.6	22.3	8.92
3.72	1.860	0.930 0	0.372	266	133	88.7	44.4	22.2	8.87
3.73	1.865	0.932 5	0.373	265	132	88.2	44.1	22.1	8.82
3.74	1.870	0.935 0	0.374	263	132	87.7	43.9	21.9	8.77
3.75	1.875	0.937 5	0.375	262	131	87.2	43.6	21.8	8.72
3.76	1.880	0.940 0	0.376	260	130	86.8	43.4	21.7	8.68
3.77	1.885	0.942 5	0.377	259	129	86.3	43.1	21.6	8.63
3.78	1.890	0.945 0	0.378	257	129	85.8	42.9	21.5	8.58
3.79	1.895	0.947 5	0.379	256	128	85.3	42.7	21.3	8.53
3.80	1.900	0.950 0	0.380	255	127	84.9	42.4	21.2	8.49
3.81	1.905	0.952 5	0.381	253	127	84.4	42.2	21.1	8.44
3.82	1.910	0.955 0	0.382	252	126	83.9	42.0	21.0	8.39
3.83	1.915	0.957 5	0.383	250	125	83.5	41.7	20.9	8.35
3.84	1.920	0.960 0	0.384	249	125	83.0	41.5	20.8	8.30
3.85	1.925	0.962 5	0.385	248	124	82.6	41.3	20.6	8.26
3.86	1.930	0.965 0	0.386	246	123	82.1	41.1	20.5	8.21
3.87	1.935	0.967 5	0.387	245	123	81.7	40.9	20.4	8.17
3.88	1.940	0.970 0	0.388	244	122	81.3	40.6	20.3	8.13
3.89	1.945	0.972 5	0.389	242	121	80.8	40.4	20.2	8.08
3.90	1.950	0.975 0	0.390	241	121	80.4	40.2	20.1	8.04
3.91	1.955	0.977 5	0.391	240	120	80.0	40.0	20.0	8.00
3.92	1.960	0.980 0	0.392	239	119	79.5	39.8	19.9	7.95
3.93	1.965	0.982 5	0.393	237	119	79.1	39.6	19.8	7.91
3.94	1.970	0.985 0	0.394	236	118	78.7	39.4	19.7	7.87
3.95	1.975	0.987 5	0.395	235	117	78.3	39.1	19.6	7.83
3.96	1.980	0.990 0	0.396	234	117	77.9	38.9	19.5	7.79
3.97	1.985	0.992 5	0.397	232	116	77.5	38.7	19.4	7.75
3.98	1.990	0.995 0	0.398	231	116	77.1	38.5	19.3	7.71
3.99	1.995	0.997 5	0.399	230	115	76.7	38.3	19.2	7.67
4.00	2.000	1.000 0	0.400	229	114	76.3	38.1	19.1	7.63
4.01	2.005	1.002 5	0.401	228	114	75.9	37.9	19.0	7.59
4.02	2.010	1.005 0	0.402	226	113	75.5	37.7	18.9	7.55
4.03	2.015	1.007 5	0.403	225	113	75.1	37.5	18.8	7.51
4.04	2.020	1.010 0	0.404	224	112	74.7	37.3	18.7	7.47

（续表）

球直径 D/mm				试验力-压头球直径平方的比率 $0.102\times F/D^2$					
				30	15	10	5	2.5	1
				试验力 F/N					
10				29 420	14 710	9 807	4 903	2 452	980.7
	5			7 355	—	2 452	1 226	612.9	245.2
		2.5		1 839	—	612.9	306.5	153.2	61.29
			1	294.2	—	98.07	49.03	24.52	9.807
压痕平均直径 d/mm				布氏硬度 HBW					
4.05	2.025	1.012 5	0.405	223	111	74.3	37.1	18.6	7.43
4.06	2.030	1.015 0	0.406	222	111	73.9	37.0	18.5	7.39
4.07	2.035	1.017 5	0.407	221	110	73.5	36.8	18.4	7.35
4.08	2.040	1.020 0	0.408	219	110	73.2	36.6	18.3	7.32
4.09	2.045	1.022 5	0.409	218	109	72.8	36.4	18.2	7.28
4.10	2.050	1.025 0	0.410	217	109	72.4	36.2	18.1	7.24
4.11	2.055	1.027 5	0.411	216	108	72.0	36.0	18.0	7.20
4.12	2.060	1.030 0	0.412	215	108	71.7	35.8	17.9	7.17
4.13	2.065	1.032 5	0.413	214	107	71.3	35.7	17.8	7.13
4.14	2.070	1.035 0	0.414	213	106	71.0	35.5	17.7	7.10
4.15	2.075	1.037 5	0.415	212	106	70.6	35.3	17.6	7.06
4.16	2.080	1.040 0	0.416	211	105	70.2	35.1	17.6	7.02
4.17	2.085	1.042 5	0.417	210	105	69.9	34.9	17.5	6.99
4.18	2.090	1.045 0	0.418	209	104	69.5	34.8	17.4	6.95
4.19	2.095	1.047 5	0.419	208	104	69.2	34.6	17.3	6.92
4.20	2.100	1.050 0	0.420	207	103	68.8	34.4	17.2	6.88
4.21	2.105	1.052 5	0.421	205	103	68.5	34.2	17.1	6.85
4.22	2.110	1.055 0	0.422	204	102	68.2	34.1	17.0	6.82
4.23	2.115	1.057 5	0.423	203	102	67.8	33.9	17.0	6.78
4.24	2.120	1.060 0	0.424	202	101	67.5	33.7	16.9	6.75
4.25	2.125	1.062 5	0.425	201	101	67.1	33.6	16.8	6.71
4.26	2.130	1.065 0	0.426	200	100	66.8	33.4	16.7	6.68
4.27	2.135	1.067 5	0.427	199	99.7	66.5	33.2	16.6	6.65
4.28	2.140	1.070 0	0.428	198	99.2	66.2	33.1	16.5	6.62
4.29	2.145	1.072 5	0.429	198	98.8	65.8	32.9	16.5	6.58
4.30	2.150	1.075 0	0.430	197	98.3	65.5	32.8	16.4	6.55
4.31	2.155	1.077 5	0.431	196	97.8	65.2	32.6	16.3	6.52
4.32	2.160	1.080 0	0.432	195	97.3	64.9	32.4	16.2	6.49
4.33	2.165	1.082 5	0.433	194	96.8	64.6	32.3	16.1	6.46
4.34	2.170	1.085 0	0.434	193	96.4	64.2	32.1	16.1	6.42
4.35	2.175	1.087 5	0.435	192	95.9	63.9	32.0	16.0	6.39
4.36	2.180	1.090 0	0.436	191	95.4	63.6	31.8	15.9	6.36
4.37	2.185	1.092 5	0.437	190	95.0	63.3	31.7	15.8	6.33
4.38	2.190	1.095 0	0.438	189	94.5	63.0	31.5	15.8	6.30

（续表）

球直径 D/mm				试验力-压头球直径平方的比率 0.102×F/D²					
				30	15	10	5	2.5	1
				试验力 F/N					
10				29 420	14 710	9 807	4 903	2 452	980.7
	5			7 355	—	2 452	1 226	612.9	245.2
		2.5		1 839	—	612.9	306.5	153.2	61.29
			1	294.2	—	98.07	49.03	24.52	9.807
压痕平均直径 d/mm				布氏硬度 HBW					
4.39	2.195	1.097 5	0.439	188	94.1	62.7	31.4	15.7	6.27
4.40	2.200	1.100 0	0.440	187	93.6	62.4	31.2	15.6	6.24
4.41	2.205	1.102 5	0.441	186	93.2	62.1	31.1	15.5	6.21
4.42	2.210	1.105 0	0.442	185	92.7	61.8	30.9	15.5	6.18
4.43	2.215	1.107 5	0.443	185	92.3	61.5	30.8	15.4	6.15
4.44	2.220	1.110 0	0.444	184	91.8	61.2	30.6	15.3	6.12
4.45	2.225	1.112 5	0.445	183	91.4	60.9	30.5	15.2	6.09
4.46	2.230	1.115 0	0.446	182	91.0	60.6	30.3	15.2	6.06
4.47	2.235	1.117 5	0.447	181	90.5	60.4	30.2	15.1	6.04
4.48	2.240	1.120 0	0.448	180	90.1	60.1	30.0	15.0	6.01
4.49	2.245	1.122 5	0.449	179	89.7	59.8	29.9	14.9	5.98
4.50	2.250	1.125 0	0.450	179	89.3	59.5	29.8	14.9	5.95
4.51	2.255	1.127 5	0.451	178	88.9	59.2	29.6	14.8	5.92
4.52	2.260	1.130 0	0.452	177	88.4	59.0	29.5	14.7	5.90
4.53	2.265	1.132 5	0.453	176	88.0	58.7	29.3	14.7	5.87
4.54	2.270	1.135 0	0.454	175	87.6	58.4	29.2	14.6	5.84
4.55	2.275	1.137 5	0.455	174	87.2	58.1	29.1	14.5	5.81
4.56	2.280	1.140 0	0.456	174	86.8	57.9	28.9	14.5	5.79
4.57	2.285	1.142 5	0.457	173	86.4	57.6	28.8	14.4	5.76
4.58	2.290	1.145 0	0.458	172	86.0	57.3	28.7	14.3	5.73
4.59	2.295	1.147 5	0.459	171	85.6	57.1	28.5	14.3	5.71
4.60	2.300	1.150 0	0.460	170	85.2	56.8	28.4	14.2	5.68
4.61	2.305	1.152 5	0.461	170	84.8	56.5	28.3	14.1	5.65
4.62	2.310	1.155 0	0.462	169	84.4	56.3	28.1	14.1	5.63
4.63	2.315	1.157 5	0.463	168	84.0	56.0	28.0	14.0	5.60
4.64	2.320	1.160 0	0.464	167	83.6	55.8	27.9	13.9	5.58
4.65	2.325	1.162 5	0.465	167	83.3	55.5	27.8	13.9	5.53
4.66	2.330	1.165 0	0.466	166	82.9	55.3	27.6	13.8	5.50
4.67	2.335	1.167 5	0.467	165	82.5	55.0	27.5	13.8	5.48
4.68	2.340	1.170 0	0.468	164	82.1	54.8	27.4	13.7	5.48
4.69	2.345	1.172 5	0.469	164	81.8	54.5	27.3	13.6	5.45
4.70	2.350	1.175 0	0.470	163	81.4	54.3	27.1	13.6	5.43
4.71	2.355	1.177 5	0.471	162	81.0	54.0	27.0	13.5	5.40
4.72	2.360	1.180 0	0.472	161	80.7	53.8	26.9	13.4	5.38

（续表）

球直径 D/mm				试验力-压头球直径平方的比率 0.102×F/D²					
				30	15	10	5	2.5	1
				试验力 F/N					
10				29 420	14 710	9 807	4 903	2 452	980.7
	5			7 355	—	2 452	1 226	612.9	245.2
		2.5		1 839	—	612.9	306.5	153.2	61.29
			1	294.2	—	98.07	49.03	24.52	9.807
压痕平均直径 d/mm				布氏硬度 HBW					
4.73	2.365	1.182 5	0.473	161	80.3	53.5	26.8	13.4	5.35
4.74	2.370	1.185 0	0.474	160	79.9	53.3	26.6	13.3	5.33
4.75	2.375	1.187 5	0.475	159	79.6	53.0	26.5	13.3	5.30
4.76	2.380	1.190 0	0.476	158	79.2	52.8	26.4	13.2	5.28
4.77	2.385	1.192 5	0.477	158	78.9	52.6	26.3	13.1	5.26
4.78	2.390	1.195 0	0.478	157	78.5	52.3	26.2	13.1	5.23
4.79	2.395	1.197 5	0.479	156	78.2	52.1	26.1	13.0	5.21
4.80	2.400	1.200 0	0.480	156	77.8	51.9	25.9	13.0	5.19
4.81	2.405	1.202 5	0.481	155	77.5	51.6	25.8	12.9	5.16
4.82	2.410	1.205 0	0.482	154	77.1	51.4	25.7	12.9	5.14
4.83	2.415	1.207 5	0.483	154	76.8	51.2	25.6	12.8	5.12
4.84	2.420	1.210 0	0.484	153	76.4	51.0	25.5	12.7	5.10
4.85	2.425	1.212 5	0.485	152	76.1	50.7	25.4	12.7	5.07
4.86	2.430	1.215 0	0.486	152	75.8	50.5	25.3	12.6	5.05
4.87	2.435	1.217 5	0.487	151	75.4	50.3	25.1	12.6	5.03
4.88	2.440	1.220 0	0.488	150	75.1	50.1	25.0	12.5	5.01
4.89	2.445	1.222 5	0.489	150	74.8	49.8	24.9	12.5	4.98
4.90	2.450	1.225 0	0.490	149	74.4	49.6	24.8	12.4	4.96
4.91	2.455	1.227 5	0.491	148	74.1	49.4	24.7	12.4	4.94
4.92	2.460	1.230 0	0.492	148	73.8	49.2	24.6	12.3	4.92
4.93	2.465	1.232 5	0.493	147	73.5	49.0	24.5	12.2	4.90
4.94	2.470	1.235 0	0.494	146	73.2	48.8	24.4	12.2	4.88
4.95	2.475	1.237 5	0.495	146	72.8	48.6	24.3	12.1	4.86
4.96	2.480	1.240 0	0.496	145	72.5	48.3	24.2	12.1	4.83
4.97	2.485	1.242 5	0.497	144	72.2	48.1	24.1	12.0	4.81
4.98	2.490	1.245 0	0.498	144	71.9	47.9	24.0	12.0	4.79
4.99	2.495	1.247 5	0.499	143	71.6	47.7	23.9	11.9	4.77
5.00	2.500	1.250 0	0.500	143	71.3	47.5	23.8	11.9	4.75
5.01	2.505	1.252 5	0.501	142	71.0	47.3	23.7	11.8	4.73
5.02	2.510	1.255 0	0.502	141	70.7	47.1	23.6	11.8	4.71
5.03	2.515	1.257 5	0.503	141	70.4	46.9	23.5	11.7	4.69
5.04	2.520	1.260 0	0.504	140	70.1	46.7	23.4	11.7	4.67
5.05	2.525	1.262 5	0.505	140	69.8	46.5	23.3	11.6	4.65
5.06	2.530	1.265 0	0.506	139	69.5	46.3	23.2	11.6	4.63

（续表）

球直径 D/mm				试验力-压头球直径平方的比率 0.102×F/D^2					
				30	15	10	5	2.5	1
				试验力 F/N					
10				29 420	14 710	9 807	4 903	2 452	980.7
	5			7 355	—	2 452	1 226	612.9	245.2
		2.5		1 839	—	612.9	306.5	153.2	61.29
			1	294.2	—	98.07	49.03	24.52	9.807
压痕平均直径 d/mm				布氏硬度 HBW					
5.07	2.535	1.267 5	0.507	138	69.2	46.1	23.1	11.5	4.61
5.08	2.540	1.270 0	0.508	138	68.9	45.9	23.0	11.5	4.59
5.09	2.545	1.272 5	0.509	137	68.6	45.7	22.9	11.4	4.57
5.10	2.550	1.275 0	0.510	137	68.3	45.5	22.8	11.4	4.55
5.11	2.555	1.277 5	0.511	136	68.0	45.3	22.7	11.3	4.53
5.12	2.560	1.280 0	0.512	135	67.7	45.1	22.6	11.3	4.51
5.13	2.565	1.282 5	0.513	135	67.4	45.0	22.5	11.2	4.50
5.14	2.570	1.285 0	0.514	134	67.1	44.8	22.4	11.2	4.48
5.15	2.575	1.287 5	0.515	134	66.9	44.6	22.3	11.1	4.46
5.16	2.580	1.290 0	0.516	133	66.6	44.4	22.2	11.1	4.44
5.17	2.585	1.292 5	0.517	133	66.3	44.2	22.1	11.1	4.42
5.18	2.590	1.295 0	0.518	132	66.0	44.0	22.0	11.0	4.40
5.19	2.595	1.297 5	0.519	132	65.8	43.8	21.9	11.0	4.38
5.20	2.600	1.300 0	0.520	131	65.5	43.7	21.8	10.9	4.37
5.21	2.605	1.302 5	0.521	130	65.2	43.5	21.7	10.9	4.35
5.22	2.610	1.305 0	0.522	130	64.9	43.3	21.6	10.8	4.33
5.23	2.615	1.307 5	0.523	129	64.7	43.1	21.6	10.8	4.31
5.24	2.620	1.310 0	0.524	129	64.4	42.9	21.5	10.7	4.29
5.25	2.625	1.312 5	0.525	128	64.1	42.8	21.4	10.7	4.28
5.26	2.630	1.315 0	0.526	128	63.9	42.6	21.3	10.6	4.26
5.27	2.635	1.317 5	0.527	127	63.6	42.4	21.2	10.6	4.24
5.28	2.640	1.320 0	0.528	127	63.3	42.2	21.1	10.6	4.22
5.29	2.645	1.322 5	0.529	126	63.1	42.1	21.0	10.5	4.21
5.30	2.650	1.325 0	0.530	126	62.8	41.9	20.9	10.5	4.19
5.31	2.655	1.327 5	0.531	125	62.6	41.7	20.9	10.4	4.17
5.32	2.660	1.330 0	0.532	125	62.1	41.4	20.8	10.3	4.14
5.33	2.665	1.332 5	0.533	124	62.1	41.4	20.7	10.3	4.12
5.34	2.670	1.335 0	0.534	124	61.8	41.2	20.6	10.3	4.12
5.35	2.675	1.337 5	0.535	123	61.5	41.0	20.5	10.3	4.10
5.36	2.680	1.340 0	0.536	123	61.3	40.9	20.4	10.2	4.09
5.37	2.685	1.342 5	0.537	122	61.0	40.7	20.3	10.2	4.07
5.38	2.690	1.345 0	0.538	122	60.8	40.5	20.3	10.1	4.05
5.39	2.695	1.347 5	0.539	121	60.6	40.4	20.2	10.1	4.04
5.40	2.700	1.350 0	0.540	121	60.3	40.2	20.1	10.1	4.02

（续表）

球直径 D/mm				试验力-压头球直径平方的比率 0.102×F/D²					
				30	15	10	5	2.5	1
				试验力 F/N					
10				29 420	14 710	9 807	4 903	2 452	980.7
	5			7 355	——	2 452	1 226	612.9	245.2
		2.5		1 839	——	612.9	306.5	153.2	61.29
			1	294.2	—	98.07	49.03	24.52	9.807
压痕平均直径 d/mm				布氏硬度 HBW					
5.41	2.705	1.352 5	0.541	120	60.1	40.0	20.0	10.0	4.00
5.42	2.710	1.355 0	0.542	120	59.8	39.9	19.9	9.97	3.99
5.43	2.715	1.357 5	0.543	119	59.6	39.7	19.9	9.93	3.97
5.44	2.720	1.360 0	0.544	119	59.3	39.6	19.8	9.89	3.96
5.45	2.725	1.362 5	0.545	118	59.1	39.4	19.7	9.85	3.94
5.46	2.730	1.365 0	0.546	118	58.9	39.2	19.6	9.81	3.92
5.47	2.735	1.367 5	0.547	117	58.6	39.1	19.5	9.77	3.91
5.48	2.740	1.370 0	0.548	117	58.4	38.8	19.5	9.73	3.89
5.49	2.745	1.372 5	0.549	116	58.2	38.8	19.4	9.69	3.88
5.50	2.750	1.375 0	0.550	116	57.9	38.6	19.3	9.66	3.86
5.51	2.755	1.377 5	0.551	115	57.7	38.5	19.2	9.62	3.85
5.52	2.760	1.380 0	0.552	115	57.5	38.3	19.2	9.58	3.83
5.53	2.765	1.382 5	0.553	114	57.2	38.2	19.1	9.54	3.82
5.54	2.770	1.385 0	0.554	114	57.0	38.0	19.0	9.50	3.80
5.55	2.775	1.387 5	0.555	114	56.8	37.9	18.9	9.47	3.79
5.56	2.780	1.390 0	0.556	113	56.6	37.7	18.9	9.43	3.77
5.57	2.785	1.392 5	0.557	113	56.3	37.6	18.8	9.39	3.76
5.58	2.790	1.395 0	0.558	112	56.1	37.4	18.7	9.35	3.74
5.59	2.795	1.397 5	0.559	112	55.9	37.3	18.6	9.32	3.73
5.60	2.800	1.400 0	0.560	111	55.7	37.1	18.6	9.28	3.71
5.61	2.805	1.402 5	0.561	111	55.5	37.0	18.5	9.24	3.70
5.62	2.810	1.405 0	0.562	110	55.2	36.8	18.4	9.21	3.68
5.63	2.815	1.407 5	0.563	110	55.0	36.7	18.3	9.17	3.67
5.64	2.820	1.410 0	0.564	110	54.8	36.5	18.3	9.14	3.65
5.65	2.825	1.412 5	0.565	109	54.6	36.4	18.2	9.10	3.64
5.66	2.830	1.415 0	0.566	109	54.4	36.3	18.1	9.06	3.63
5.67	2.835	1.417 5	0.567	108	54.2	36.1	18.1	9.03	3.61
5.68	2.840	1.420 0	0.568	108	54.0	36.0	18.0	8.99	3.60
5.69	2.845	1.422 5	0.569	107	53.7	35.8	17.9	8.96	3.58
5.70	2.850	1.425 0	0.570	107	53.5	35.7	17.8	8.92	3.57
5.71	2.855	1.427 5	0.571	107	53.3	35.6	17.8	8.89	3.56
5.72	2.860	1.430 0	0.572	106	53.1	35.4	17.7	8.85	3.54
5.73	2.865	1.432 5	0.573	106	52.9	35.3	17.6	8.82	3.53
5.74	2.870	1.435 0	0.574	105	52.7	35.1	17.6	8.79	3.51

（续表）

球直径 D/mm				试验力-压头球直径平方的比率 0.102×F/D²					
				30	15	10	5	2.5	1
				试验力 F/N					
10				29 420	14 710	9 807	4 903	2 452	980.7
	5			7 355	—	2 452	1 226	612.9	245.2
		2.5		1 839	—	612.9	306.5	153.2	61.29
			1	294.2	—	98.07	49.03	24.52	9.807
压痕平均直径 d/mm				布氏硬度 HBW					
5.75	2.875	1.437 5	0.575	105	52.5	35.0	17.5	8.75	3.50
5.76	2.880	1.440 0	0.576	105	52.3	34.9	17.4	8.72	3.49
5.77	2.885	1.442 5	0.577	104	52.1	34.7	17.4	8.68	3.47
5.78	2.890	1.445 0	0.578	104	51.9	34.6	17.3	8.65	3.46
5.79	2.895	1.447 5	0.579	103	51.7	34.5	17.2	8.62	3.45
5.80	2.900	1.450 0	0.580	103	51.5	34.3	17.2	8.59	3.43
5.81	2.905	1.452 5	0.581	103	51.3	34.2	17.1	8.55	3.42
5.82	2.910	1.455 0	0.582	102	51.1	34.1	17.0	8.52	3.41
5.83	2.915	1.457 5	0.583	102	50.9	33.9	17.0	8.49	3.39
5.84	2.920	1.460 0	0.584	101	50.7	33.8	16.9	8.45	3.38
5.85	2.925	1.462 5	0.585	101	50.5	33.7	16.8	8.42	3.37
5.86	2.930	1.465 0	0.586	101	50.3	33.6	16.8	8.39	3.36
5.87	2.935	1.467 5	0.587	100	50.2	33.4	16.7	8.36	3.34
5.88	2.940	1.470 0	0.588	99.9	50.0	33.3	16.7	8.33	3.33
5.89	2.945	1.472 5	0.589	99.5	49.8	33.2	16.6	8.30	3.32
5.90	2.950	1.475 0	0.590	99.2	49.6	33.1	16.5	8.26	3.31
5.91	2.955	1.477 5	0.591	98.8	49.4	32.9	16.5	8.23	3.29
5.92	2.960	1.480 0	0.592	98.4	49.2	32.8	16.4	8.20	3.28
5.93	2.965	1.482 5	0.593	98.0	49.0	32.7	16.3	8.17	3.27
5.94	2.970	1.485 0	0.594	97.7	48.8	32.6	16.3	8.14	3.26
5.95	2.975	1.487 5	0.595	97.3	48.7	32.4	16.2	8.11	3.24
5.96	2.980	1.490 0	0.596	96.9	48.5	32.3	16.2	8.08	3.23
5.97	2.985	1.492 5	0.597	96.6	48.3	32.2	16.1	8.05	3.22
5.98	2.990	1.495 0	0.598	96.2	48.1	32.1	16.0	8.02	3.21
5.99	2.995	1.497 5	0.599	95.9	47.9	32.0	16.0	7.99	3.20
6.00	3.000	1.500 0	0.600	95.5	47.7	31.8	15.9	7.96	3.18

2） 布氏硬度试验条件

GB/T231.1—2009《金属布氏硬度试验》中规定了布氏硬度试验条件。试样厚度至少为压痕深度的 8 倍，试验一般在 5～35℃室温下进行，对应温度严格的试验，温度为 23±5℃。做试验时，压头直径、试验力、试验力保持时间都应根据金属材料的种类、硬度值的范围及金属试样的厚度进行选择。硬度计应全部采用硬质合金球压头，且只有四个规格：1mm、2.5mm、5mm、10mm（注意：测量铸铁硬度时的布氏硬度试验压头球直径一般为 2.5mm、5mm 和 10mm 三种规格），应尽量选取大直径压头。试验力保持时间为 10～15s；对于要求试验力保持时间较长的材料，标准试验力保持时间允许误差为±2s。一般而言，软金属要获得稳定的布氏硬度值，其试验力保持时间应适当加长。试验力大小的选择应保证压痕平均直径在 0.24～0.6D 之间，可参考表 1-3。

表 1-3　布氏硬度试验力—压头直径平方之比的选择

材　　料	布氏硬度 HBW	试验力-压头球直径平方的比率 0.102F/D^2
钢、镍合金、钛合金		30
铸铁	<140	10
	≥140	30
铜及铜合金	<35	5
	35～200	10
	>200	30
轻金属及合金	<35	2.5
	35～80	5
		10
		15
	>80	10
		15
铅、锡		1

3） 表示方法

布氏硬度的表示方法：测定的硬度数值标注在硬度符号 HBW 的前面，符号后面按压头直径、试验力、试验力保持时间（保持时间为 10～15s 时省略标注）的顺序，用相应的数字表示试验条件。例如，600HBW1/30/20 表示用直径为 1mm 的硬质合金球，在 294.2N（30kgf）试验力下保持 20s，测定布氏硬度值为 600 HBW。

4） 特点及应用

① 优点。

布氏硬度试验的优点是压头直径大，压痕面积较大，硬度代表性好，能反映较大范围内金属各组成相综合影响的平均值，因此特别适用于测定灰铸铁、轴承合金和具有粗大晶粒的金属材料。它的试验数据稳定，精度高于洛氏，低于维氏。此外布氏硬度值与抗拉强度值之间存在较好的对应关系。通过测试布氏硬度可以间接得到材料近似的抗拉强度值，这一点在生产实际应用中具有重大意义。

② 缺点。

布氏硬度试验的缺点是压痕较大，不适宜测量薄件、成品件，不能测定硬度较高的材料。试验过程比洛氏硬度试验复杂，测量速度慢。金属的布氏硬度值的有效范围上限是 650HBW。

③ 应用。

布氏硬度试验主要用于测定灰铸铁、有色金属、退火钢、正火钢及部分调质钢等材料的硬度。

（2）洛氏硬度

1）试验原理

洛氏硬度试验原理如图 1-6 所示。

图 1-6　洛氏硬度试验原理

图中：1——在初试验力 F_0 下的压入深度；

2——由主试验力 F_1 引起的压入深度；

3——卸除主试验力 F_1 后的弹性回复深度；

4——残余压入深度 h；

5——试样表面；

6——测量基准面；

7——压头位置。

试验时，将压头（金刚石圆锥、硬质合金球），分两个步骤压入试样表面，经规定保持时间后，卸除主试验力，测量在初试验力下的残余压痕的深度，则洛氏硬度值为：

$$HR = N - \frac{h}{S}$$

式中　HR——洛氏硬度

h——残余压痕的深度；

N——常数，对于 A、C、D 标尺，$N=100$；对于其他标尺，$N=130$；

S——一个洛氏硬度单位，$S=0.002$。

在实际测量材料的洛氏硬度时，材料的洛氏硬度值可以从硬度计上直接读数。

2）洛氏硬度标尺和适用范围

洛氏硬度没有单位，是一个无量纲的力学性能指标。洛氏硬度试验采用三种试验力，三种压头，它们共有 9 种组合，对应于洛氏硬度的 9 个标尺（A、B、C、D、E、F、G、H、K），其中最常用的硬度标尺有 A、B、C 三种。三种洛氏硬度标尺的试验条件和应用范围如表 1-4 所示。

表 1-4　常用洛氏硬度标尺的试验条件及应用范围（表中数据摘自 GB/T230.1—2009）

硬度标尺	硬度符号	压　头	总载荷 kgf（N）	适用范围	使用范围
A	HRA	金钢石圆锥	60（588.4）	20HRA－88HRA	适用于测量硬质合金、表面淬火或渗碳层
B	HRB	1.5875mm（1/16″）球	100（980.1）	20HRB－100HRB	适用于测量有色金属、退火、正火钢等
C	HRC	金钢石圆锥	150（1471.1）	20HRC－70HRC	适用于测量调质钢、淬火钢等

试验一般在 5～35℃ 室温下进行，总试验力 F 保持时间为 4s±2s，两压痕中心之间的距离至少应为压痕直径的 4 倍，并且不应小于 2mm。

3）　表示方法

洛氏硬度的表示方法是，测定的硬度数值标注在符号 HR 的前面，符号后面标注标尺符号和压头的类型。压头类型采用硬质合金球压头时用 W 表示，采用淬火钢球压头时用 S 表示，采用金刚石圆锥压头时不用任何附加符号。例如 60HRBW，表示洛氏硬度 B 标尺，硬质合金球压头测定的洛氏硬度值为 60。洛氏硬度试验的硬度标尺、试验条件和表示方法等内容的详情可查阅 GB/T230.1—2009《洛氏硬度试验》。

4）　优缺点及应用

①　优点。

洛氏硬度试验的压痕小，宜测量薄件、半成品、成品件的硬度；试验操作简单，可直接读出硬度值；选用不同的标尺，可测量所有材料硬度，测试范围大。

②　缺点。

布氏硬度试验的压痕小，硬度代表性不好，组织不均匀时测到的硬度值波动较大，需在材料的不同部位测三次以上并取平均值；测量范围广，但是由于所用标尺不同，其硬度值之间不能比较。

③　应用。

洛氏硬度可用于测定硬质合金、表面淬火层、渗碳层、调质钢等硬度较高的场合，可测薄件、半成品、成品件的硬度。洛氏硬度压痕几乎不损伤工件表面，在实际生产的质量检验中应用最多。

（3）　维氏硬度

1）　试验原理

将顶部两相对面具有规定角度的正四棱锥体金刚石压头用一定的试验力压入试样表面，保持规定时间后，卸除试验力，测量试样表面压痕对角线长度，以压痕单位面积上承受的平均压力大小表示材料的硬度，如图 1-7 所示。

维氏硬度的单位为 N/mm^2，但是习惯上只写出硬度值不标出单位。试验时，不用计算，可以根据测得压痕对角线长度查 GB/T4340.4—2009《维氏硬度值表》得到材料的维氏硬度值。

图 1-7　维氏硬度的试验原理

2）　维氏硬度的表示方法

与布氏硬度基本相同表示，维氏硬度符号 HV 前面的数值为硬度值，后面为试验力数值。标准的试验保持时间为 10～15s，如果选用的时间超出这一范围，在试验力数值后面还要注上保持时间。例如：600HV30 表示采用 294.2N（30kgf）的试验力，保持时间 10～15s 时得到的维氏硬度值为 600。640HV30/20 表示采用 294.2N（30kgf）的试验力，保持时间 20s 时得到的硬度值为 640。

维氏试验的详细内容请查阅 GB/T4340.1—2009《维氏硬度试验》。

3）　优缺点

①　维氏硬度的优点。

相比于洛氏硬度，维氏硬度的优点在于其硬度值与试验力的大小无关，只要是硬度均匀的材料，可以任意选择试验力，其硬度值不变，使维氏硬度在一个很宽广的硬度范围内具有一个统一的标尺。

相比于布氏硬度，维氏硬度试验测量范围宽广，可以测量目前工业上所用到的几乎全部金属材料，从很软的材料（几个维氏硬度单位）到很硬的材料（3000 个维氏硬度单位）都可测量。

维氏硬度试验是常用硬度试验方法中精度最高的。维氏硬度试验的试验力可以很小，压痕非常小，特别适合测试薄小材料。

②　维氏硬度试验的缺点。

维氏硬度试验效率低，要求较高的试验技术，对于试样表面的粗糙度要求较高，通常需要制作专门的试样，操作麻烦费时，通常只用来测试小型精密零件的硬度、表面硬化层硬度和有效硬化层深度以及镀层的表面硬度、薄片材料和细线材的硬度、刀刃附近的硬度等。

硬度试验是材料试验中最简便的一种，与其他材料试验（如拉伸试验、冲击试验和扭转试验）相比，具有以下优点：试验可在零件上直接进行而不论零件大小、厚薄和形状；试验时留在表面上的痕迹很小，零件不被破坏；试验方法简单、迅速。硬度试验在机械工业中广泛用于检验原材料和零件在热处理后的质量。布氏硬度、洛氏硬度和维氏硬度之间具有一定的对应关系，硬度与其他力学性能有一定关系，也可根据硬度估计出零件和材料的其他力学性能。表 1-5 所列为钢铁材料的硬度及强度换算表。

表 1-5 钢铁材料硬度及强度换算表

硬度			碳钢抗拉强度	硬度			碳钢抗拉强度
洛氏	维氏	布氏	/MPa（kgf/mm²）	洛氏	维氏	布氏	/MPa（kgf/mm²）
HRB	HV	HBW		HRB	HV	HBW	
100.0	233	244	803（80.3）	80.0	146	133	508（50.8）
99.5	230	240	793（79.3）	79.5	145	132	503（50.3）
99.0	227	235	783（78.3）	79.0	143	130	498（49.8）
98.5	225	231	773（77.3）	78.5	142	129	494（49.4）
98.0	225	230	763（76.3）	78.0	140	128	489（48.9）
97.5	219	226	754（75.4）	77.5	139	127	485（48.5）
97.0	216	223	744（74.4）	77.0	138	126	480（48.0）
96.5	208	212	735（73.5）	76.5	136	125	476（47.6）
96.0	211	215	726（72.6）	76.0	135	124	472（47.2）
95.5	208	212	717（71.7）	75.5	134	123	468（46.8）
95.0	206	210	708（70.8）	75.0	132	122	464（46.4）
94.5	203	207	700（70.0）	74.5	131	121	460（46.0）
94.0	201	203	691（69.1）	74.0	130	120	456（45.6）
93.5	199	200	683（68.3）	73.5	129	119	452（45.2）
93.0	196	197	675（67.5）	73.0	128	118	449（44.9）
92.5	194	195	667（66.7）	72.5	126	117	445（44.5）
92.0	191	193	659（65.9）	72.0	125	116	442（44.2）
91.5	187	191	651（65.1）	71.5	124	115	435（43.5）
91.0	187	189	644（64.4）	71.0	123	115	435（43.5）
90.5	185	186	636（63.6）	70.5	122	114	432（43.2）
90.0	183	184	629（62.9）	70.0	121	113	429（42.9）
89.5	180	181	621（62.1）	69.5	120	112	426（42.6）
89.0	178	179	614（61.4）	69.0	119	112	423（42.3）
88.5	176	177	607（60.7）	68.5	118	111	420（42.0）
88.0	174	176	601（60.1）	68.0	117	110	418（41.8）
87.5	172	174	594（59.4）	67.5	116	110	415（41.5）
87.0	170	172	587（58.7）	67.0	115	109	412（41.2）
86.5	168	170	581（58.1）	66.5	115	108	410（41.0）
86.0	166	169	575（57.5）	66.0	114	108	407（40.7）
85.5	165	167	568（56.8）	65.5	113	107	405（40.5）
85.0	163	164	562（56.2）	65.0	112	107	403（40.3）
84.5	161	162	556（55.6）	64.5	111	106	400（40.0）
84.0	159	161	550（55.0）	64.0	110	106	398（39.8）
83.5	157	159	545（54.5）	63.5	110	105	396（39.6）
83.0	156	157	539（53.9）	63.0	109	105	394（39.4）
82.5	154	140	534（53.4）	62.5	108	104	392（39.2）
82.0	152	138	528（52.8）	62.0	108	104	390（39.0）
81.5	151	137	523（52.3）	61.5	107	103	388（38.8）
81.0	149	136	518（51.8）	61.0	106	103	386（38.6）
80.5	148	134	513（51.3）	60.5	105	102	385（38.5）

4. 韧性

韧性是材料在塑性变形和断裂的全过程中吸收能量的能力或材料抵抗裂纹扩展的能力。韧性是材料强度和塑性的综合表现。常用韧性指标包括冲击韧度和断裂韧度。

（1） 冲击韧性与冲击韧度的测定

1） 冲击韧性

金属材料抵抗冲击载荷作用而不破坏的能力称为冲击韧性，是用来评价材料在冲击载荷作用下的脆断倾向的。冲击韧性的好坏由冲击韧度的大小来反映。

2） 冲击韧度的测定

冲击韧度的测定方法为摆锤式冲击试验，详情请参阅 GB/T229—2007《金属资料 夏比摆锤冲击实验办法》，如图 1-8 所示，将被测材料制成标准缺口试样，在冲击试验机上由置于一定高度的重锤自由落下而一次冲断试样。冲断试样所消耗的能量称为冲击功 A_K，其数值为重锤冲断试样的势能差。冲击韧度值 α_K 就是试样缺口处单位截面积上所消耗的冲击功，这个值越大，受冲击时，越不容易断裂，则韧性越好。

图 1-8　冲击试验示意图

实践证明，冲击韧性对材料的缺陷很敏感，白点、夹杂以及过热等缺陷都会降低材料的冲击韧性。

（2） 断裂韧性

材料中宏观裂纹的出现会造成零件的低应力脆断，从而引发大量工程事故。

断裂韧性反映材料中有宏观裂纹存在时，材料抵抗脆性断裂的能力。断裂韧性的好坏由断裂韧度反映。断裂韧度是裂纹失稳扩展时的应力场强度因子的临界值，符号为 K_{IC}。K_{IC} 的值越大，材料裂纹扩展所需的外力越大，抵抗低应力脆断的能力越高。

断裂韧性与材料本身的成分、成型工艺有关，与裂纹的形状、尺寸及外应力的大小无关。

5. 疲劳强度

（1） 疲劳断裂

零件在交变载荷作用下，即使工作应力远低于零件材料的屈服强度，但经较长时间工作后也会发生断裂，这种断裂称为疲劳断裂，也称疲劳失效。构件的失效约 80%是疲劳失效。无论是韧性材料还是脆性材料，疲劳断裂前均无明显的塑性变形，因此疲劳断裂是一种无预兆、突然发生的断裂，危险性极大。

疲劳断裂的基本过程包括裂纹的产生、裂纹扩展、最后断裂，其断口示意图如图 1-9 所示。

图 1-9　疲劳断裂断口示意图

（2）　疲劳强度

疲劳强度是指材料在"无数"（试验时，钢材的循环次数以 10^7 为基数，有色金属的循环次数以 10^8 为基数）次重复交变载荷的作用下而不破坏的最大应力。当交变应力循环对称时，用符号 σ_{-1} 表示。σ_{-1} 的值越大，材料抵抗疲劳破坏的能力越强。

（3）　提高疲劳强度的措施

疲劳强度除与材料本质有关外，还与内部组织、零件表面状况、工作温度、腐蚀介质有关。零件表面粗糙、表面加工缺陷、表面尖角、温度升高和腐蚀环境都能降低疲劳强度。提高零件构件疲劳强度的措施主要有：

① 改善材料的内部组织，细化晶粒，减少缺陷。

② 降低零件构件的表面粗糙度。

③ 零件构件的表面尽量避免出现尖角、缺口和截面突变的结构。

④ 采取表面强化措施，如化学热处理、表面淬火、表面涂层、喷丸等，形成表面的压应力，以减少表面拉应力造成裂纹的可能性。

1.2　工程材料的工艺性能

金属材料的工艺性能是金属在加工制造过程中反映出来的性能。随不同的加工过程，工艺性能包括以下几个方面。

1.2.1　铸造性能

铸造性能是指金属材料铸造成形获得优良铸件的能力称为铸造性能。铸造性能用流动性、收缩性和偏析来衡量。

熔融金属的流动能力称为流动性。流动性好的金属易充满铸型，获得外形完整、尺寸精确、轮廓清晰的铸件。

铸件在凝固和冷却过程中，其体积和尺寸减少的现象称为收缩性。收缩不仅影响尺寸，还会使铸件产生缩孔、疏松、内应力、变形和开裂。

　　金属凝固后，铸锭或铸件化学成分和组织的不均匀现象称为偏析。偏析会使铸件各部分的力学性能有很大的差异，降低铸件的质量。

1.2.2　锻造性能（可锻性）

　　锻造性能是指金属进行锻造成形时而不开裂的能力。金属材料塑性好、变形抗力小，则其锻造性能好。低碳钢的锻造性能好于高碳钢。

1.2.3　焊接性能（可焊性）

　　金属材料对焊接加工的适应性称为焊接性。在机械行业中，焊接的主要对象是钢材。碳的质量分数是焊接性能好坏的主要因素。碳的质量分数和合金元素的质量分数越高，焊接性能越差。焊接性能还受到材料本身特性和工艺条件的影响。

1.2.4　切削加工性能

　　切削加工性能是指金属在进行切削加工时的难易程度，一般用切削后的表面质量（以表面粗糙度高低衡量）和刀具寿命来表示。金属具有适当的硬度和足够的脆性时切削性能良好。铸铁、铝合金、铜合金有较好的切削加工性能，高合金钢的切削性能较差。改变钢的化学成分（加入少量的铅、磷元素）和进行适当的热处理（低碳钢正火、高碳钢球化退火）可提高钢的切削加工性能。

1.2.5　热处理工艺性能

　　热处理工艺性能是指金属材料适应热处理工艺的能力。热处理工艺性能对于钢是非常重要的，包括淬透性、热应力倾向、加热和冷却过程中裂纹形成倾向等，主要考虑其淬透性即钢接受淬火的能力。含锰（Mn）、铬（Cr）、镍（Ni）等合金元素的合金钢淬透性比较好，碳钢的淬透性比较差。

 复习题一

1-1　填空题

1．材料的性能分为_____、_____和_____。

2．金属的使用性能包括_____、_____和_____等。

3．铁和铜的密度较大，称为_____金属．铝的密度较小则称为_____金属。

4．500HBW5/750 表示用压头直径为_____mm、材质为_____的压头，在_____kgf 的压力下，保持_____s，测得的_____硬度值为_____。

5．抗拉强度的符号是_____，其单位为_____。

6．衡量材料强度高低的主要指标有_____和_____。

7. 衡量材料塑性好坏的主要指标有_____和_____。

8. HBW 的测试范围是_____、压头类型是_____、主要用于测定_____。

9. HRC 的测试范围是_____、压头类型是_____、主要用于测定_____。

10. HRA 的测试范围是_____、压头类型是_____、主要用于测定_____。

1-2　选择题

1. 拉伸试验时，试样拉断前能承受的最大应力称为材料的（　　）。

　　A. 屈服强度　　　　　　　B. 抗拉强度　　　　　　　C. 弹性极限

2. 测定淬火钢的硬度，一般常选用（　　）来测试。

　　A. 布氏硬度计　　　　　　B. 洛氏硬度计　　　　　　C. 维氏硬度计

3. 拉伸试验时，试样承受的载荷为（　　）。

　　A. 静态力　　　　　　　　B. 冲击载荷　　　　　　　C. 循环载荷

4. 金属抵抗塑性变形和断裂的能力，称为（　　）。

　　A. 硬度　　　　　　　　　B. 塑性　　　　　　　　　C. 强度

5. 金属的（　　）越好，则其锻造性能就越好。

　　A. 强度　　　　　　　　　B. 塑性　　　　　　　　　C. 硬度

1-3　判断题

1. 金属的熔点及凝固点是同一温度。　　　　　　　　　　　　　　　　　（　　）

2. 1kg 钢和 1kg 铝的体积是相同的。　　　　　　　　　　　　　　　　（　　）

3. 导热性差的金属，加热和冷却时会产生内外温度差，导致内外不同的膨胀或收缩，从而使金属变形，甚至产生开裂。　　　　　　　　　　　　　　　　　　　（　　）

4. 金属的电阻率越大，导电性就越好。　　　　　　　　　　　　　　　　（　　）

5. 所有的金属都具有磁性，都能被磁铁所吸引。　　　　　　　　　　　　（　　）

6. 塑性变形能随载荷的卸除而消失。　　　　　　　　　　　　　　　　　（　　）

7. 所有金属在拉伸试验时都有显著的屈服现象。　　　　　　　　　　　　（　　）

8. 当布氏硬度的试验条件相同时，压痕直径越小，则金属的硬度越低。　　（　　）

9. 洛氏硬度值是根据压头压入被测金属的残余深度来确定的。　　　　　　（　　）

10. 小能量多次冲击抗力的大小主要取决于金属的强度高低。　　　　　　（　　）

1-4　简答题

1. 画出低碳钢的力—伸长曲线，并简述拉伸过程中的几个阶段。

2. 布氏硬度试验有哪些特点？

3. 有一钢试样，其直径为 10mm，标距长度为 50mm，实验测得 F_{eL}=18 840N。拉伸力加至 36 110N 时，试样产生缩颈现象，然后被拉断。拉断后标距长度为 73mm，断裂处直径为 6.7mm，求试样的 R_{eL}、R_m、A 和 Z。

第 2 章　工程材料的组织结构

【学习要点】

材料的内部组织结构决定了材料的性能优劣。改善材料的内部组织结构是挖掘材料潜力和提高产品寿命的重要手段。因此学习材料就必须学习材料的内部组织结构。本章主要学习金属的晶体结构和金属的结晶。

【基本要求】

掌握晶格、晶体缺陷、合金、相、过冷度等基本概念；掌握细化晶粒的方法。

2.1 金属的晶体结构

2.1.1 纯金属的晶体结构

1. 晶体与非晶体

固态物质分为晶体与非晶体。晶体是指其组成微粒（原子、离子或分子）具有规律、周期性的固体物质。晶体有以下三个特征：

① 晶体有一定的几何外形；

② 晶体有固定的熔点；

③ 晶体有各向异性的特点。金刚石、石墨及金属材料等都是晶体。非晶体是指其组成微粒无规则堆积的固体物质，如玻璃、沥青、石蜡、松香等都是非晶体。金属都是晶体，但是随着现代科技的发展，也制成了非晶体状态的金属材料。

2. 晶体结构的基本知识

（1）晶格

为了方便描述和理解原子在晶体中排列的规律性，可把晶体内部的原子近似地视为刚性质点，然后用一些假想的直线将这些质点连接起来，便形成了一个空间格子。这种抽象的、用于描述晶体中原子排列形式的空间几何格子，称为晶格，如图 2-1 所示。

（a）晶体中的原子排列   （b）晶格   （c）晶胞

图 2-1　简单立方晶格与晶胞示意图

（2）晶胞

因为晶体中的原子排列具有规律性和周期性，所以从晶格中选取某个几何单元就能充分反映晶体内部原子排列的规律性。这个组成晶格的最小几何单元称为晶胞，如图 2-1（c）所示。

（3）常见的金属晶格类型

在已知的金属元素中，虽然已经发现多种晶格类型，但下面三种类型最为常见：

1）体心立方晶格

这种晶格的晶胞是立方体，立方体的八个顶角和中心各有一个原子，其示意图如图 2-2 所示。

具有这种晶格的金属有钨（W）、钼（Mo）、铬（Cr）、钒（V）、α-Fe 等。

图 2-2　体心立方晶格示意图

2）　面心立方晶格

这种晶格的晶胞也是立方体，立方体的八个顶角和六个面的中心各有一个原子，如图 2-3 所示。具有这种晶格的金属有金（Au）、银（Ag）、铝（Al）、铜（Cu）、镍（Ni）、γ-Fe 等。

图 2-3　面心立方晶格示意图

3）　密排六方晶格

这种晶格的晶胞是六棱柱体，在六棱柱体的十二个顶角和上下底面中心各有一个原子，另外在上下面之间还有三个原子，如图 2-4 所示。具有此种晶格的金属有镁（Mg）、锌（Zn）、铍（Be）、α钛（α-Ti）等。

图 2-4　密排六方晶格示意图

3.　金属的实际晶体结构

（1）　实际金属都是多晶体

如果一块晶体内部的原子排列规律相同，且晶格位相完全一致，则称这块晶体为单晶体，单晶硅、单晶锗都是单晶体。由许多原子排列规律相同但位向不一致的小晶体组成的晶体称为多晶体，如图 2-5 所示。多晶体内部的小晶体为外形不规则的颗粒状，称为晶粒。晶粒之间的交界处称为晶界。

一般的金属都是多晶体，测出的材料性能都是各个位向不同的晶粒的平均性能，因此金属一般显示出各向同性。

图 2-5　多晶体结构示意图

（2）　实际金属内部有晶体缺陷

在理想完整的晶体中，原子按一定的顺序严格地处在空间有规则的、周期性的格点上。但在实际的晶体中，由于晶体形成条件、原子的热运动及其他条件的影响，原子的排列不可能那样完整和规则，往往存在偏离了理想晶体结构的区域。这些与完整周期性点阵结构的偏离就是晶体中的缺陷，简称晶体缺陷。根据几何形状和涉及的范围不同，晶体缺陷可分为点缺陷、线缺陷、面缺陷几种主要类型。

1）　点缺陷

点缺陷是晶体中呈点状的缺陷，即在三维空间上的尺寸都很小的晶体缺陷。最常见的点缺陷是晶格空位和间隙原子。原子空缺的位置叫空位；存在于晶格间隙位置的原子叫间隙原子，其示意图如图 2-6 所示。

间隙原子

晶格空位

图 2-6　晶格空位和间隙原子示意图

2）　线缺陷

线缺陷是指在三维空间的两个方向上尺寸很小的晶体缺陷，这种缺陷主要是指位错。所谓位错是指晶格中一列或若干列原子发生了某种有规律的错排现象。如图 2-7 所示的刃型位错。由于位错存在，造成金属晶格畸变，并对金属的性能（如强度、塑性、疲劳）及原子扩散、相变过程等都将产生重要影响。

图 2-7　刃型位错示意图

3）　面缺陷

面缺陷是指在二维方向上尺寸都很大、在第三个方向上的尺寸却很小、呈面状分布的缺陷，通常是指晶界或亚晶界，图 2-8 所示为晶界示意图。在晶界处，由于原子呈不规则排列，使晶格处于畸变状态，它在常温下对金属的塑性变形起阻碍作用，从而使金属材料的强度和硬度都有所提高。

图 2-8　晶界示意图

2.1.2　合金的晶体结构

1.　合金的相关概念

（1）　合金

合金是由两种或两种以上的金属元素或以金属为基添加其他非金属元素通过合金化（熔炼、机械合金化、烧结、气相沉积等）而形成的具有金属特性的金属材料。

（2）　组元

组成合金的最基本的、独立的物质称为合金的组元。通常情况下，组成合金的元素就是合金的组元，但有时也可将合金中的稳定的化合物视为组元。

（3）　合金系

由若干给定组元按不同比例配制而成的一系列成分不同的合金，这一系列合金就构成一个合金系统，简称合金系。

（4） 相

相是指合金中的具有相同成分、相同结构并以界面相互分开的各个均匀组成部分。例如，在铁碳合金中 α-Fe 为一个相，Fe_3C 为另外一个相；水和冰虽然化学成分相同，但其物理状态和结构不同，故为两个相。

（5） 组织

组织是指用金相观察方法看到的金属及其合金内部涉及相或晶粒的大小、方向、形状、排列状况等组成关系的构成情况。合金的性能取决于合金的内部组织。

2. 合金的晶体结构

合金的晶体结构比纯金属复杂。根据合金中各组元间的相互作用的方式不同，合金的晶体结构（也称相结构）可分为固溶体、金属化合物和机械混合物三种类型。

（1） 固溶体

将糖溶于水中，可以得到糖的水溶液，其中水是溶剂，糖是溶质。合金中也有类似的现象。在固态下一种组元的晶格内溶解了另一种组元的原子而形成的晶体相，称为固溶体。工业上所使用的金属材料大多是合金，绝大部分是以固溶体为基体的，有的甚至完全由固溶体所组成。根据溶质原子在溶剂晶格中所占位置的不同，可将固溶体分为置换固溶体和间隙固溶体。

1） 置换固溶体

溶质原子代替一部分溶剂原子占据溶剂晶格部分结点位置时所形成的晶体相，称为置换固溶体，如图 2-9（a）所示。按溶解度不同，置换固溶体又可分为有限固溶体和无限固溶体。固溶体的溶解度与组元的晶格类型、原子半径和原子结构有关。实践证明，大多数合金都只能有限互溶。只有两组元的晶格类型相同、原子半径相差很小时，才可以无限互溶，形成无限固溶体。

2） 间隙固溶体

溶质原子在溶剂晶格中不占据溶剂结点位置，而是嵌入各结点之间的间隙内，所形成的晶体相，称为间隙固溶体，如图 2-9（b）所示。

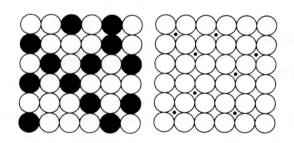

（a）置换固溶体　　　　（b）间隙固溶体

图 2-9　固溶体的两种类型

由于溶剂晶格的间隙有限，所以间隙固溶体只能有限溶解溶质原子，且只有在溶质原子与溶剂原子半径的比值小于 0.59 时，才能形成间隙固溶体。间隙固溶体的溶解度与温度、溶质与溶剂原子的半径比值及溶剂的晶格类型等有关。

　　应当指出：无论是置换固溶体还是间隙固溶体，异类原子的溶入都将使固溶体发生晶格畸变，增加位错运动的阻力，使固溶体的强度和硬度提高。这种通过溶入某种溶质来形成固溶体而使金属强化的现象称为固溶强化。固溶强化是强化金属材料的重要途径之一。

　　（2）　金属化合物

　　金属化合物是指合金中各组元原子按一定整数比结合而形成的晶体相，该晶体相具有金属特性。例如，铁碳合金中的渗碳体就是铁和碳组成的金属化合物相（Fe_3C）。金属化合物具有与其构成组元的晶格截然不同的特殊晶格，其性能特点是高熔点，硬度高而脆性大。合金中出现适量的金属化合物相时，合金的强度、硬度和耐磨性会明显提高，但塑性和韧性会有所下降。

　　（3）　机械混合物

　　由纯金属、固溶体、金属化合物这些合金的基本相按照固定比例构成的组织称为机械混合物。在机械混合物中各组成相仍然保持着它原有晶格类型和性能，而机械混合物的性能与组成相的性能以及组成相的数量、形状、大小和分布状况等因素有关。

2.2　金属的结晶

　　金属由液态转变为固态的过程称为凝固。通过凝固形成晶体的过程称为结晶。

2.2.1　结晶的条件

　　金属液内部存在着无数个细小的有序、规则排列的原子集团，称为近程有序排列。这些近程有序排列的原子集团是不稳定的，瞬时形成又瞬时消失，时聚时散，形成了结构起伏，为金属结晶提供了"结构条件"。

　　将金属熔化后冷却，在冷却过程中每隔一定时间测量一次温度，将测量结果绘制在温度-时间坐标上，即可得到纯金属冷却曲线，如图 2-10 所示。

（a）以极缓慢速度速速度冷却　　　　（b）在实际冷却条件下的冷却

图 2-10　纯金属结晶时的冷却曲线示意图

　　图 2-10（a）表明：在极缓慢的冷却速度条件下，液体金属在温度 T_0 完成结晶，这是一种理想状况。图 2-10（b）表明：在实际冷却条件下，液体金属在温度 T_0 并不能顺利结晶，只有冷却至温度 T_1 才能顺利结晶，T_0 称为理论结晶温度，T_1 称为实际结晶温度，T_0 与 T_1 之差 ΔT，称为过冷度。热力学理论认为，发生相变的条件是两相存在自由能差，自由能大小与温度有关；在温度 T_0，液体金属相与固体金属相的自由能相等，没有相变驱动

力，因此不会顺利结晶，而在温度 T_1，固相自由能低于液相自由能，有了相变驱动力，因此会顺利结晶。因此，金属的结晶必须在一定的过冷度下进行，金属液的过冷是金属结晶的必要条件。

金属结晶时的过冷度不是一个定值，其大小与冷却速度有关，冷却速度越大过冷度就越大，金属的实际结晶温度就越低。

2.2.2 金属的结晶过程

金属结晶的过程包括形核和长大两个基本过程。金属在过冷的条件下，液态金属中某些局部微小的区域内的原子自发地聚集在一起，这种原子规则排列的细小聚合体称为晶核，这种形核方式称为自发形核；当金属液中有细微的固态颗粒（自带或人工加入）时，也可以成为结晶的核心，这种形核方式称为非自发形核。形核后金属液中的原子不断向晶核表面迁移，使晶核不断长大，与此同时，不断有新的晶核产生并不断长大，直至金属液全部消失。凝固结束后，各个晶核长成的晶粒彼此相互接触，形成多晶体。纯金属结晶的过程如图 2-11 所示。

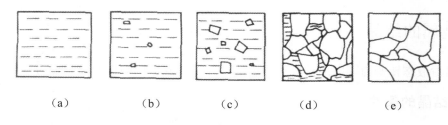

（a） （b） （c） （d） （e）

图 2-11 纯金属结晶过程示意图

2.2.3 晶粒的大小及控制

1. 晶粒的大小对金属力学性能的影响

金属结晶后形成由多个晶粒组成的多晶体，结晶条件不同，金属内部的晶粒的大小也不同。晶粒的大小对金属的力学性能有很大影响，一般情况下，晶粒愈细小，金属的强度、硬度就愈高，塑性、韧性也愈好，即细晶金属具有良好的综合力学性能。晶粒大小对纯铁力学性能的影响见表 2-1 所列。

表 2-1 纯铁晶粒大小对其强度和塑性的影响

晶粒子均直径 $d_{av} \times 100$ / mm	抗拉强度 Rm/MPa	伸长率 A/%
9.7	168	28.8
7.0	184	30.6
2.5	215	39.6
0.2	268	48.8
0.16	270	50.7
0.1	284	50

2. 晶粒大小的控制

在生产中，为了获得细小的晶粒，常采用以下方法：

（1）　加快金属液的冷却速度

通过加快冷却速度，形核率和长大速度都会增加，但形核率增加比长大速度增加要快，所以可使晶粒细化。降低浇注温度、采用蓄热大和散热快的金属铸型、局部加冷铁以及采用水冷铸型等措施都可以加快冷却速度而细化晶粒，但对大型铸件效果都不明显。

（2）　变质处理

在金属液中加入变质剂（高熔点的固体微粒），以增加结晶核心的数目，从而细化晶粒，这种方法称变质处理。变质处理在生产中应用广泛，特别对体积大的金属很难获得大的过冷度时，采用变质处理可有效地细化晶粒。

（3）　采用机械振动、超声波振动和电磁振动等

可使生长中的枝晶破碎，使晶核数目增多，从而细化晶粒。

2.3　非金属材料的结构简介

2.3.1　高分子材料的结构

高分子材料是以高分子化合物为主要成分的材料。低分子和高分子并无严格界限，一般分子量在 10 000 以上者常称作高分子化合物，每个高分子可含几千、几万至几十万个原子。高分子化合物的分子量虽然大，但其化学组成却比较简单，都是由一种或几种简单的低分子化合物以共价键形式重复连接而成的。这里的低分子化合物称单体，由一种或几种简单的低分子化合物通过共价键重复连接而形成的链称为大分子链，大分子链中的重复结构单元称为链节，链节的重复个数称为聚合度。例如，由数量足够多的乙烯（$CH_2 == CH_2$）作单体，通过聚合反应打开它们的双键便可生成聚乙烯。其反应式为：

$$nCH_2 == CH_2 \rightarrow [—CH_2—CH_2—]_n$$

这里"$—CH_2—CH_2—$"结构单元即链节，而链节的重复个数 n 即聚合度。因此，单体是组成大分子链的合成原料，链节则是组成大分子链的基本（重复）结构单元。

高分子材料的应用状态多样、性能各异，其性能不同的原因是不同材料的高分子成分、结合力及结构不同。高分子化合物的结构比低分子化合物复杂得多，按其研究单元不同可分为大分子链结构（分子内结构）和大分子聚集态结构（分子间结构）。

1.　大分子链结构

大分子链结构是指大分子的结构单元的化学组成、键接方式、空间构型（原子或原子团在空间的排列方式）以及大分子链的形态和构象（原子在空间占据不同位置所构成的分子链的各种形象）。

大分子链中原子之间、链节之间是以强有力的共价键形式形成相互作用。这种形成大分子主价力的结合力，其大小取决于链的化学组成，也是直接影响高分子化合物性质（如熔点、强度等）的重要因素。大分子之间的作用力为次价力（范德瓦尔斯键和氢键），这种结合力与主价力相比小得多，但因大分子链特别长，所以总的次价力超过了主价力，以致高分子材料受拉时，不是大分子链间先滑动，而是大分子链先断裂。因此，分子间力对高分子化合物的强度具有很大影响。

大分子链的几何形态可以分成线型结构和体型结构两种。

（1）线型结构

线型大分子链的结构是整个大分子链呈细长链状，如图 2-12（a）所示，分子直径与长度之比可达 1∶1000 以上。通常蜷曲呈不规则的线团状，受拉时可伸展呈直线状。另一些聚合物大分子链带有一些小支链，整个大分子链呈枝状，如图 2-12（b）所示，这也属于线型结构。线型结构聚合物的特点是：具有良好的弹性和塑性，在加工成型时，大分子链能够蜷曲、收缩、伸直，易于加工，并可反复使用；在一定溶剂中可溶胀、溶解；加热时将软化并熔化。属于这类结构的高分子材料有聚乙烯、聚氯乙烯、未硫化的橡胶及合成纤维等。

（2）体型结构

体型大分子链的结构是大分子链之间通过支链或化学键交联起来，在空间呈网状，也称网状结构，如图 2-12（c）所示。

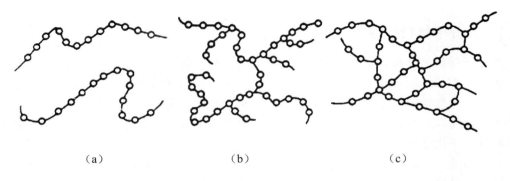

（a）　　　　　　　　　（b）　　　　　　　　　（c）

图 2-12　大分子链的形状示意图

具有体型结构的大分子链的主要特点是脆性大，弹性和塑性差，但具有较好的耐热性、难溶性、尺寸稳定性和力学强度，加工时只能一次成型（在网状结构形成之前进行）。热固性塑料、硫化橡胶等是属于这类结构的高分子材料。

2.　大分子聚集态结构

大分子聚集态结构是指内部大分子链之间的几何排列和堆砌结构，也称超分子结构。根据分子在空间排列的规整性，可将高分子化合物分为结晶型、部分结晶型和无定型三类。结晶型高分子化合物的分子排列规整有序，其聚集状态也称晶态；无定型高分子化合物的分子排列杂乱不规则，其聚集状态也称非晶态；部分结晶型高分子化合物的分子排列情况介于二者之间，其聚集状态也称部分晶态。如图 2-13 所示。

在实际生产中获得完全晶态高分子化合物是很困难的，大多数高分子化合物都是部分晶态或非晶态化合物。晶态结构在高分子化合物中所占的质量百分数或体积百分数称为结晶度。结晶度越高，分子间作用力越强，高分子化合物的强度、硬度、刚度和熔点越高，耐热性和化学稳定性也越好；同时，与键运动有关的性能，如弹性、延伸率、冲击韧度则降低。

（a）晶态   （b）部分晶态   （c）非晶态

图 2-13   高分子化合物的三种大分子聚集态结构示意图

2.3.2   陶瓷的组织结构

陶瓷的性能除了取决于它的化学成分及结合键外，还和显微组织及相结构有关。陶瓷的典型组织是由晶体相、玻璃相和气相三部分组成的。

金属晶体是以金属键相结合构成的，高聚物是以共价键结合构成的，而陶瓷则是由天然或人工的原料经高温烧结成的致密固体材料，其组织结构比金属复杂得多。

1. 晶体相

晶体相是陶瓷的主要组成部分，一般数量较大，其结构、数量、形态和分布决定了陶瓷的主要性能和应用。陶瓷中的晶体相主要有硅酸盐结构、氧化物结构、碳化物结构和氮化物结构等，当陶瓷中有数种晶体时，数量最多、作用明显的为主晶体相。日用陶瓷的主晶体相为莫来石，次晶体相主要有残留石英和其他可能残存的长石、云母等，但它们的影响也是不可忽视的。

2. 玻璃相

玻璃相是一种非晶态低熔点的固体相，它是熔融的陶瓷成分在快速冷却时原子还未来得及自行排列成周期性结构而形成的无定型固态玻璃。

陶瓷中玻璃相的作用是：将晶体互相黏连起来，填充晶体相之间的空隙，提高材料的致密度；降低烧结温度，加快烧结过程；阻止晶体转变，抑制晶体长大；获得一定程度的玻璃特性，如透光性等。但玻璃相对陶瓷的强度、介电性能、耐热性、耐火性等是不利的，所以不能成为陶瓷的主要组成部分，一般含量为 20%～40%。

3. 气相

气相是指陶瓷组织内部残留下来的气孔。常以孤立的状态分布在玻璃相、晶界和晶粒内。它的形成原因比较复杂，几乎与原料和生产工艺的各个过程都有密切联系，影响的因素也比较多。根据气孔情况，陶瓷可分为致密陶瓷、无开孔陶瓷和多孔陶瓷。除了多孔陶瓷以外，气孔的存在对陶瓷的性能都是不利的，它会引起应力集中，降低陶瓷强度和抗电击穿能力，也是造成裂纹的根源，所以应尽量使其比例降低。一般普通陶瓷的气孔率控制在 5%～10%，特种陶瓷的气孔率控制在 5%以下，金属陶瓷则要求低于 0.5%。

复习题二

2-1　填空题

1．晶体的特征是＿＿＿＿＿＿＿＿＿＿。

2．金属晶格的基本类型有＿＿＿＿＿＿、＿＿＿＿＿＿与＿＿＿＿＿＿三种。其中γ-Fe属于＿＿＿＿晶格类型，α-Fe属于＿＿＿＿晶格类型。

3．实际金属的晶体缺陷有＿＿＿＿＿＿、＿＿＿＿＿＿、＿＿＿＿＿＿三类。

4．金属结晶的过程包括＿＿＿＿＿＿和＿＿＿＿＿＿。

5．金属结晶的必要条件是＿＿＿＿＿＿。

6．金属结晶时＿＿＿＿越大，过冷度越大，金属的＿＿＿＿＿＿温度就越低。

7．金属的晶粒愈细小，其强度、硬度＿＿＿＿＿，塑性、韧性＿＿＿＿＿。

8．合金的晶体结构分为＿＿＿＿＿＿、＿＿＿＿＿＿与＿＿＿＿＿＿三种。

9．按溶质原子在溶剂晶格中所占据的位置不同，固溶体可分为＿＿＿＿、＿＿＿＿两类。

10．在大多数情况下，溶解度随着温度升高而＿＿＿＿＿＿。

11．冷速越大，金属实际结晶温度＿＿＿＿，得到晶粒＿＿＿＿，力学性能＿＿＿＿。当没有办法提高冷速时，要获得较细晶粒，通常采用的方法是＿＿＿＿。

2-2　判断题

1．纯铁在780℃是面心立方晶格的γ-Fe。　　　　　　　　　　　　（　　）

2．实际金属的晶体结构不仅是多晶体，而且还存在着多种缺陷。　（　　）

3．纯金属的结晶过程是在一个恒温下完成的。　　　　　　　　　（　　）

4．固溶体的晶格仍然保持溶剂的晶格类型。　　　　　　　　　　（　　）

5．间隙固溶体只能为有限固溶体，置换固溶体可以是无限固溶体。（　　）

2-3　简答题

1．常见的金属晶格类型有哪几种？

2．实际金属晶体中存在哪些晶体缺陷？对性能有何影响？

3．什么是过冷现象和过冷度？过冷度与冷却速度有什么关系？

4．简述纯金属的结晶过程？

5．金属在结晶时，影响晶粒大小的主要因素是什么？

6．陶瓷的典型组织由哪几部分组成？

7．什么是固溶体？什么是金属化合物？它们的结构特点和性能特点各是什么？

8．细化晶粒的途径有哪些？

第3章　铁碳合金相图

【学习要点】

钢铁材料是现代工业中应用最广泛的金属材料,钢铁材料属于铁碳合金。铁碳合金是由铁和碳组成的合金。本章主要学习铁碳合金的基本相、铁碳合金相图、铁碳合金的成分、组织、性能的关系等内容。

【基本要求】

掌握 δ - Fe、γ - Fe、α - Fe、铁素体、奥氏体、渗碳体、珠光体等概念及其表示符号;了解合金结晶过程的分析方法;掌握亚共析钢、共析钢、过共析钢的成分范围及其室温平衡组织;掌握铁碳合金成分、组织、性能的关系。

3.1 铁碳合金的基本相

3.1.1 纯铁的同素异晶转变

大多数金属结晶后其晶格类型都不再发生变化，但也有如 Fe、Co、Ti、Mn、Sn 等少数金属，结晶后其晶格类型会随温度变化而发生变化。

金属在固态下，随着温度的变化由一种晶格转变为另一种晶格的过程，称为同素异构转变，也叫同素异晶转变。

纯铁冷却过程中会发生同素异构转变。图 3-1 所示是纯铁的冷却曲线。

图 3-1 纯铁的冷却曲线

从图中可以看出：纯铁在 1538℃结晶出晶格类型为体心立方晶格的 δ-Fe，δ-Fe 冷却至 1394℃时发生同素异构转变，δ-Fe 转变为面心立方晶格的 γ-Fe；γ-Fe 冷却至 912℃时发生同素异构转变，γ-Fe 又转变为体心立方晶格的 α-Fe。

另外，纯铁冷却至 770℃时发生磁性转变，即 770℃以上纯铁没有磁性，770℃以下纯铁具有磁性。磁性转变过程中不发生晶格转变，不是同素异构转变。

金属的同素异构转变与液态金属的结晶相似，遵循结晶时的一般规律，即都有一定的转变温度、转变时需要过冷、转变时会释放潜热、转变过程由晶核的形成和晶核的长大两个过程组成。但金属的同素异构转变过程与液态金属的结晶过程也有区别，即同素异构转变过程是在固态下完成的，转变过程中原子的扩散较困难，需要更大的过冷度，且转变过程中伴随者体积变化，往往产生较大的内应力。

纯铁的同素异构转变是纯铁的一个重要特性，钢铁材料之所以应用非常广泛，其中一个重要原因就是因为钢铁材料中的铁元素具有同素异构转变现象。同素异构转变是分析铁碳合金组织转变的基础，也是钢铁材料能够进行热处理的根本原因。

3.1.2　铁碳合金的基本相

铁与碳是铁碳合金的两个基本组元，在液态下二者相互溶解，形成液相；在固态下二者相互作用，形成固溶体、金属化合物和机械混合物。更具体点说，铁碳合金中会形成铁素体、奥氏体、渗碳体等基本相和珠光体、莱氏体等机械混合物。

1.　铁素体

铁素体是碳溶于 α–Fe 中形成的间隙固溶体，用符号"**F**"表示。铁素体保持 α-Fe 的体心立方晶格晶格类型。

体心立方晶格的间隙较小，溶碳能力极差，碳在 α–Fe 中溶解度极小，在 727℃时最大溶解度为 0.0218%，而在室温时只有 0.0008%。

铁素体的强度、硬度较低（R_m=l80～280MPa，50～80HBS），塑性、韧性较好（A=30%～50%，α_{ku}=160～200J/cm^2）。铁素体是工业纯铁的主要组织。

铁素体的显微组织如图 3-2 所示，铁素体晶粒呈多边形，晶界曲折。

图 3-2　铁素体的显微组织

2.　奥氏体

奥氏体是碳溶于 γ-Fe 中形成的间隙固溶体，用符号"A"表示。奥氏体保持 γ-Fe 的面心立方晶格晶格类型。

面心立方晶格间隙较大，γ-Fe 中碳的溶解度较大，在 1148℃时溶碳量最大，为 2.11%；在 727℃时溶碳量为 0.77%。

奥氏体具有一定的强度和硬度（R_m=400MPa，160～200HBS），塑性、韧性较好（A=40%～50%）。奥氏体组织属于高温组织，存在温度范围为 727～1394℃，具有良好的塑性和小的变形抗力，是锻造加工的理想组织。

奥氏体的显微组织如图 3-3 所示，奥氏体晶粒呈多边形，晶内可见孪晶产生的平行的直线条，晶界比铁素体平直。

图 3-3　奥氏体的显微组织

3. 渗碳体

渗碳体是铁碳合金按亚稳定平衡系统凝固和冷却转变时析出的 Fe_3C 型碳化物，是一种具有复杂晶格的间隙化合物，其符号用化学分子式"Fe_3C"表示，也可用符号"C_m"表示，其晶格如图 3-4 所示。它的碳的质量分数为 6.69%，熔点约为 1227℃。渗碳体分为一次渗碳体（从液相中析出的，符号为 Fe_3C_I）、二次渗碳体（从奥氏体中析出的，符号为 Fe_3C_{II}）和三次渗碳体（从铁素体中析出的，符号为 Fe_3C_{III}）。

渗碳体硬度极高（800HBW），塑性和韧性极低（$A \approx 0\%$，$\alpha_{ku} \approx 0$），脆性大，是一种硬而脆的相。在铁碳合金中，渗碳体常以片状、网状、粒状等形态与其他相共存。渗碳体主要作为强化相存在于钢铁中，它的数量、形态（片状、网状、粒状等）、大小和分布对钢铁材料的性能有重要影响。

渗碳体是一种亚稳定相，在一定条件下可以分解出石墨。

图 3-4　渗碳体的晶体结构

4. 珠光体

珠光体是奥氏体发生共析转变形成的铁素体与渗碳体的共析体，其形态为铁素体薄层和渗碳体薄层交替重叠的层状复相物，也称片状珠光体，用符号"P"表示，其碳的质量分数为 0.77%。

珠光体的力学性能介于铁素体与渗碳体之间，强度较高，硬度适中，塑性和韧性较好（R_m=770MPa、180HBW、A=20%～35%、α_{ku}=40J/cm^2）。

在球化退火条件下，珠光体中的渗碳体由片状转变为粒状，这样的珠光体称为球状珠光体。片状珠光体和球状珠光体的显微组织如图 3-5 所示。

片状珠光体　　　　　　　　　　　球状珠光体

图 3-5　珠光体的显微组织图

5. 莱氏体

莱氏体是液态的铁碳合金发生共晶转变形成的奥氏体与渗碳体的共晶体，因其存在温度高，也称高温莱氏体，用符号"Ld"表示。当温度低于 727℃时，莱氏体中的奥氏体转变成珠光体，此时的莱氏体由珠光体和渗碳体组成，这种莱氏体称为低温莱氏体，用符号"Ld′"表示。

莱氏体的碳的质量分数高，为 4.3%。莱氏体的基体是硬而脆的渗碳体，莱氏体中 Fe$_3$C 相对量＞64%，其力学性能与渗碳体相似，表现为硬度高，塑性极差。莱氏体是白口铁的主要组织。

低温莱氏体的显微组织如图 3-6 所示。

图 3-6　莱氏体的显微组织

3.2　铁碳合金相图

各种合金都有对应的相图。合金平衡相图是指在平衡（极其缓慢的加热或冷却）条件下，反映合金的成分、温度、组织之间关系的图形。利用热分析法可以绘出合金相图。铁碳合金相图是对应铁碳合金的相图。

3.2.1 认识铁碳合金相图

由于碳的质量分数大于 6.69%的铁碳合金硬而脆，加工困难，生产中无实用价值，而且 Fe_3C 又是稳定的化合物，可以作为独立的组元，因此我们研究的铁碳合金相图实际上是 $Fe-Fe_3C$ 相图。此外，相图的左上角部分的实用价值也不大，我们也做了简化。我们需要学习的是 $Fe-Fe_3C$ 简化相图，如图 3-7 所示，相图的横坐标为铁碳合金的成分（碳的质量分数），纵坐标为温度。

图 3-7 $Fe-Fe_3C$ 简化相图

1. $Fe-Fe_3C$ 相图中的特性点

相图中用字母标出的点都有一定的特性含义，称为相图中的特性点。相图中的主要特性点对应的的温度、成分及含义见表 3-1 所列。

表 3-1 $Fe-Fe_3C$ 相图的特性点

特 性 点	温度 t/℃	w_C（%）	含 义
A	1538	0	表示纯铁的熔点为 1538℃
C	1148	4.3	共晶点，表示液态铁碳合金在此点发生共晶转变 $L \leftrightarrow Ld$
D	1227	6.69	表示渗碳体的熔点为 1227℃
E	1148	2.11	表示碳在 γ-Fe 中的溶解度在此点达到最大值 2.11%
G	912	0	表示纯铁在此点发生同素异晶转变点，α-Fe $\leftrightarrow$ γ-Fe
P	727	0.0218	表示碳在 α-Fe 中的溶解度在此点达到最大值 0.0218%
S	727	0.77	共析点，表示奥氏体在此点发生共析转变 $A \leftrightarrow P$

2. Fe-Fe₃C 相图的特性线

相图中各特性线的含义见表 3-2 所列。

表 3-2　Fe-Fe₃C 相图特性线

特性线	含　义
ACD	液相线，表示此线以上的铁碳合金呈液体状态，称为液相，用符号 L 表示；缓冷至 AC 线，液态铁碳合金开始结晶出奥氏体；缓冷至 CD 线，液态铁碳合金开始结晶出一次渗碳体
AECF	固相线，表示此线以下的铁碳合金呈固体状态
ECF	共晶线，表示液态铁碳合金冷却至此线时发生共晶转变，L↔Ld（A+Fe₃C）
PSK	共析线，表示液态铁碳合金冷却至此线时发生共析转变，A↔P（F+Fe₃C） 此线用于热处理工艺时，称为 A₁ 线
ES	碳在 γ-Fe 中的溶解度曲线；缓冷至 ES 线，奥氏体开始析出二次渗碳体，缓慢加热至 ES 线时，所有渗碳体全部溶入奥氏体 此线用于热处理工艺时，称为 A_cm 线
GS	奥氏体中与铁素体相互转变线。冷却至此线，表示奥氏体转变为铁素体的过程开始；加热至此线时，表示铁素体转变为奥氏体的过程结束 此线用于热处理工艺时，称为 A₃ 线
PQ	碳在 α-Fe 中的溶解度变化曲线

3. Fe-Fe₃C 相图的主要相区

Fe-Fe₃C 相图中的主要相区见表 3-3 所列。

表 3-3　Fe-Fe₃C 相图的主要相区

相　区	组　成　相	相区种类
ACD 以上	L	单相区
AESGA	A	单相区
GPQ	F	单相区
AECA	L+A	两相区
DFCD	L+ Fe₃C_I	两相区
GSPG	A+F	两相区

3.2.2　典型铁碳合金的结晶过程

根据含碳量的不同，铁碳合金可分为工业纯铁、钢和白口铸铁三类，见表 3-4 所列。

表 3-4　铁碳合金的分类、成分及平衡组织

铁碳合金类别		碳的质量分数	室温平衡组织
工业纯铁		0～0.0218%	F
钢	亚共析钢	0.0218%～0.77%	F+P
	共析钢	0.77%	P
	过共析钢	0.77%～2.11%	P+Fe₃C_II
白口铸铁	亚共晶白口铸铁	2.11%～4.3%	P+Fe₃C_II+ Ld'
	共晶白口铸铁	4.3%	Ld'
	过共晶白口铸铁	4.3%～6.69%	Ld'+Fe₃C_I

1. 共析钢的结晶过程

共析钢在冷却过程中，其成分线与相图中的 AC、AE 和 PSK 线分别交于 1、2、3 点。如图 3-8 所示。该合金在 1 点以上为液相；缓冷至 1 点时，结晶开始（液相中开始结晶出奥氏体）；缓冷至 2 点时，结晶结束，液相全部转变为奥氏体；当温度缓冷至 3 点时，奥氏体发生共析转变，奥氏体转变为"铁素体+渗碳体"的共析体——珠光体组织。当温度继续下降时，铁素体成分沿 PQ 线变化（Q 点见图 3-7 所示），铁素体中析出微量的三次渗碳体。三次渗碳体数量很少，与共析渗碳体混在一起，在显微镜下难以分辨，可以忽略不计。因此，共析钢的室温平衡组织为珠光体。

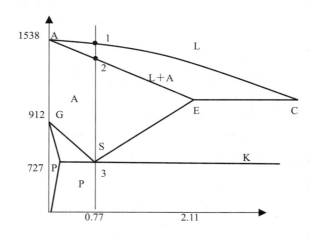

图 3-8　共析钢的平衡结晶示意图

珠光体的室温平衡组织如图 3-9 所示，珠光体为层片状复相物，铁素体层与渗碳体层交替重叠。

图 3-9　共析钢的室温平衡组织

2. 亚共析钢的结晶过程

亚共析钢在冷却过程中，其成分线与相图中的 AC、AE、GS 和 PSK 线分别交于 1、2、3、4 点。该合金在 3 点以上的结晶过程与共析钢相似。如图 3-10 所示。当其缓冷至 3 点时，发生纯铁的同素异晶转变，奥氏体开始向铁素体转变；在 3 点和 4 点之间，随着温度的降低，转变产物铁素体不断增多，奥氏体逐渐减少，奥氏体的碳的质量分数逐渐减少，沿 GP 线变化，此温度区间内，合金的组织为"奥氏体+铁素体"；当温度降至 4 点时，奥氏体的碳的质量分数达到共析成分 w_C =0.77%，发生共析转变，合金组织由"奥氏体+铁素体"转变为"珠光体+铁素体"。4 点以下，铁素体析出微量三次渗碳体 Fe_3C_{III}，可以忽略不计。因此亚共析钢的室温平衡组织为"珠光体+铁素体"。

图 3-10　亚共析钢的平衡结晶示意图

20 钢、45 钢和 60 钢是三种常用的亚共析钢，其平均碳的质量分数分别为 0.2%、0.45%、0.6%，其室温平衡组织如图 3-11 所示。图中白亮色部分为铁素体晶粒，黑色或片层状晶粒为珠光体晶粒。从图中可以看出，亚共析钢的含碳量越高，组织中的珠光体相对量越多，铁素体相对量越少。

（a）20 钢　　　　　　（b）45 钢　　　　　　（c）60 钢

图 3-11　亚共析钢的显微平衡组织

3. 过共析钢的结晶过程

过共析钢在冷却过程中，其成分线与 AC、AE、ES 和 PSK 线分别交于 1、2、3、4 点。该合金在 3 点以上的结晶过程与共析钢相似。如图 3-12 所示。当其缓冷至 3 点时，从奥氏体开始析出二次渗碳体。在 3 点和 4 点之间，随着温度的降低，析出的二次渗碳体逐渐增多，奥氏体的碳的质量分数逐渐降低（沿 ES 线降低），此温度区间内，合金的组织为"奥氏体+二次渗碳体"。当温度降至 4 点时，奥氏体达到共析温度，其成分达到共析成分（碳的质量分数为 0.77%），奥氏体发生共析转变，生成珠光体，合金组织由"奥氏体+二次渗碳体"转变为"珠光体+二次渗碳体"。4 点以下，珠光体中的铁素体析出微量三次渗碳体，可以忽略不计。因此，过共析钢室温平衡组织为"珠光体+二次渗碳体"。

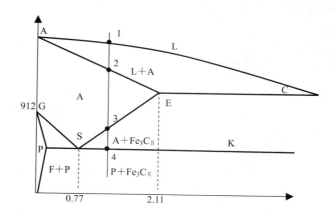

图 3-12　过共析钢的平衡结晶示意图

过共析钢的室温平衡组织如图 3-13 所示，片状或黑色晶粒为珠光体晶粒，白色组织为二次渗碳体。二次渗碳体沿珠光体晶粒的晶界分布，也称为网状渗碳体。网状渗碳体会降低钢的抗拉强度。过共析钢的含碳量越高，二次渗碳体的相对量越多。

图 3-13　过共析钢的室温平衡组织

4. 共晶白口铸铁的结晶过程

共晶白口铸铁的含碳量为 4.3%。如图 3-14 所示，该合金冷却过程中，其成分线分别与 ECF、PSK 线交于 1、2 点。合金从液态冷却到 1 点时，发生共晶反应，液态合金全部转变为莱氏体（此时的莱氏体存在于较高温度，称为高温莱氏体，符号为 Ld）。高温莱氏体是奥氏体和渗碳体的共晶体，其中的奥氏体和渗碳体又称共晶奥氏体和共晶渗碳体。在 1 点和 2 点之间，随着温度降低，共晶奥氏体不断析出二次渗碳体，其成分沿 ES 线变化。由于二次渗碳体与共晶奥氏体结合在一起而不易分辨，因而此时的组织仍是莱氏体。温度降到 2 点，共晶奥氏体发生共析转变，生成珠光体，此时合金的组织由"共晶奥氏体+共晶渗碳体"转变为"珠光体+共晶渗碳体"，"珠光体+共晶渗碳体"称为低温莱氏体（Ld′）。2 点以下，低温莱氏体中的铁素体析出微量三次渗碳体，可以忽略不计。因此，共晶白口铸铁的室温平衡组织为低温莱氏体。

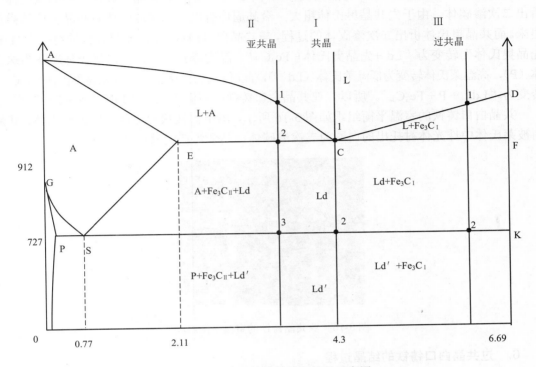

图 3-14　白口铸铁的平衡结晶示意图

共晶白口铸铁的显微组织如图 3-15 所示，图中黑色蜂窝状为珠光体，白色基体为共晶渗碳体。

图 3-15　共晶白口铸铁室温平衡组织

5. 亚共晶白口铸铁的结晶过程

在亚共晶白口铸铁冷却过程中，其成分线分别与 AC、ECF、PSK 线相交于 1、2、3 点。如图 3-14 所示，当液态合金冷却到 1 点时，液态合金中开始结晶出奥氏体，称奥氏体为一次奥氏体或先晶奥氏体。在 1～2 点之间，结晶出的奥氏体相对量不断增多并呈树枝状长大，此温度区间内，合金的组织为"液相+先晶奥氏体"。冷却到 2 点，剩余液相的成分沿 EC 线变化到 C 点，并发生共晶转变，转变为高温莱氏体（Ld），此时合金的组织由"液相+先晶奥氏体"转变为"Ld +先晶奥氏体"。在 2～3 点之间，先晶奥氏体和共晶奥氏体中析出二次渗碳体。由于先共晶奥氏体粗大，沿其周边析出的二次渗碳体被共晶奥氏体衬托出来。而共晶奥氏体析出二次渗碳体的过程，与共晶白口铸铁相同，此时合金的组织由"Ld+先晶奥氏体"转变为"Ld +先晶奥氏体+ Fe_3C_{II}"。温度降到 3 点，先晶奥氏体转变为珠光体（P），高温莱氏体转变为低温莱氏体（Ld′），此时合金的组织由"Ld+先晶奥氏体+Fe_3C_{II}"转变为"Ld′ + P + Fe_3C_{II}"。所以，亚共晶白口铸铁的室温组织为"Ld′ + P + Fe_3C_{II}"。

共晶白口铸铁的室温平衡组织如图 3-16 所示，图中树枝状的黑色粗块为珠光体，其周围被莱氏体中珠光体衬托出的白圈为二次渗碳体，其余为低温莱氏体。

图 3-16　亚共晶铸铁的室温平衡组织

6. 过共晶白口铸铁的结晶过程

过共晶白口铸铁在冷却过程中，其成分线分别与 CD、PSK 线相交于 1、2 点。如图 3-14 所示，合金在 1 点以上为液相。在 1～2 点间，液相结晶出粗条片状的一次渗碳体 Fe_3C_I，合金的内部为"液相+ Fe_3C_I"。冷却到 2 点时，发生共晶转变，液相全部转变为高温莱氏体（Ld），合金的内部由"液相+ Fe_3C_I"转变为"Ld + Fe_3C_I"。2 点时，高温莱氏体转变为低温莱氏体（Ld′），合金的内部由"Ld+ Fe_3C_I"转变为"Ld′ + Fe_3C_I"。2 点以下，合金内部几乎不发生变化，因此，过共晶白口铸铁的室温平衡组织为"Fe_3C_I+Ld′"。

过共晶白口铸铁的室温组织如图 3-17 所示，图中粗大的白色条片为一次渗碳体，其余为低温莱氏体。

图 3-17　过共晶白口铸铁的室温平衡组织

3.2.3　铁碳合金成分、组织、性能之间的关系

合金的成分决定合金的组织，而组织又决定了合金的性能优劣——这是合金的普遍规律。充分认识铁碳合金的成分、室温和性能之间的的变化规律，是正确选择钢铁材料的基础，对正确使用钢铁材料具有重要意义。

1.　碳的质量分数对铁碳合金组织的影响

（1）　对铁碳合金基本相的影响

在铁碳合金的室温平衡组织中，只有铁素体和渗碳体是基本相。通过对典型成分的铁碳合金的结晶过程分析可知，随着碳的质量分数的增加，铁碳合金室温组织中的铁素体的相对量逐渐在减少，而渗碳体的相对量在逐渐增多。

（2）　对铁碳合金组织的影响

由典型成分铁碳合金的结晶过程分析可知，随着碳的质量分数的增加，铁碳合金的组织的变化规律如下：

$$F+P \rightarrow P \rightarrow P+Fe_3C_{II} \rightarrow P+Fe_3C_{II}+Ld' \rightarrow Ld' \rightarrow Ld'+Fe_3C_I$$

对亚共析钢而言，随着碳的质量分数的增加，钢中的铁素体相对量逐渐减少，珠光体相对量逐渐增多；对过共析钢而言，随着碳的质量分数的增加，钢中的二次渗碳体相对量逐渐增多，珠光体相对量逐渐减少；对亚共晶白口铸铁而言，随着碳的质量分数的增加，珠光体和二次渗碳体相对量减少，低温莱氏体的量增多；而对过共晶白口铸铁而言，随着碳的质量分数的增加，一次渗碳体相对量增多。

2.　碳的质量分数对铁碳合金性能的影响

碳的质量分数与铁碳合金性能的关系如图 3-18 所示，随着碳的质量分数的增加，硬度呈线性关系升高，塑性和韧性呈非线性关系降低。当碳的质量分数小于 0.9% 时，铁碳合金的强度随着碳的质量分数的增加而增高；当碳的质量分数超过 0.9% 时，铁碳合金的强度随着碳的质量分数的增加反而降低。

图 3-18　碳的质量分数对铁碳合金性能的影响

3.2.4 Fe-Fe₃C 相图的应用

1. 在选材方面的应用

通过对铁碳合金的成分、组织、性能的关系分析，为合理选用钢铁材料提供了依据。铁碳合金相图在选材方面的作用主要体现在其对选用钢铁材料的指导性意义。例如，要求塑性、韧性好的各种型材和建筑用钢，通常选用碳的质量分数较低的钢；要求强韧性好的零件，通常选用碳的质量分数为 0.25%～0.55% 的钢；要求高强度、高硬度和高耐磨的工具，通常选用碳的质量分数大于 0.7% 的钢。

2. 在热加工工艺方面的应用

Fe-Fe₃C 相图在铸造、锻造、焊接、热处理等热加工工艺中，主要应用于加工工艺的制定，其中主要用于确定热加工工艺中的温度参数，例如，用 Fe-Fe₃C 相图确定铸造工艺的熔炼温度和浇注温度、锻造工艺的始锻温度和终锻温度、钢材的轧制温度、热处理工艺的加热温度，等等。

 复习题三

3-1 填空题

1. 碳溶解在_____中形成的间隙固溶体称为铁素体，其符号为_____。
2. 碳溶解在_____中形成的间隙固溶体称为奥氏体，其符号为_____。
3. 珠光体是奥氏体发生共析转变形成的_____与_____的共析体，其符号为_____。
4. 亚共析钢、共析钢和过共析钢的室温平衡组织分别是_____、_____、_____。

3-2 选择题

1. 属于金属化合物类型的相的是（   ）。

   A. A   B. F   C. P   D. Fe₃C

2. 共析钢的室温平衡组织是（   ）。

   A. P   B. P+F   C. P+A   D. P+ Fe₃C

3-3 问答题

1. 写出亚共析钢、共析钢和过共析钢的含碳量范围。
2. 为什么当碳的质量分数大于 0.9% 时，铁碳合金的强度随着碳的质量分数的增加而降低？
3. 简述铁碳合金的成分、组织、性能之间的关系。
4. 简述铁碳合金相图的应用。

第 4 章　钢的热处理

【学习要点】

本章主要学习钢的热处理原理以及钢的热处理工艺。

【基本要求】

通过本章学习，要掌握钢在加热和冷却时组织转变的产物以及达到的目的；掌握常用热处理工艺的工艺内容、工艺目的和工艺应用；掌握热处理工艺在整个零件加工过程中位置的确定。

4.1 概述

钢的热处理是指钢在固态范围内通过加热、保温和冷却，以获得所需要的组织和性能的工艺。

热处理的工艺过程一般由加热、保温和冷却三个基本过程组成。在零件的热处理工艺技术文件中，通常用热处理工艺曲线来表示零件的热处理工艺要求。热处理工艺曲线是用来表示热处理工艺过程和工艺参数的图形，图 4-1 所示是最简单的热处理工艺曲线。

图 4-1 热处理工艺曲线示意图

加热温度是热处理工艺的重要工艺参数，其选择依据是 Fe-Fe₃C 相图。由于热处理的加热和冷却条件大多是非平衡条件，冷却（或加热）时的组织转变是在一定的过冷度（或过热度）条件下完成的，因此，热处理工艺中，加热（或冷却）的临界点分别用 Ac_1、Ac_3、Ac_{cm}（Ar_1、Ar_3、Ar_{cm}）表示，如图 4-2 所示。

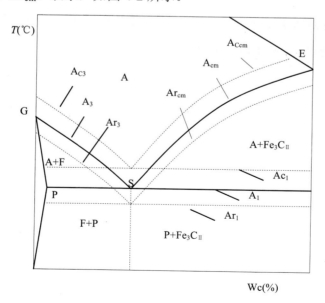

图 4-2 钢在加热和冷却时的临界温度

热处理分为整体热处理、表面热处理和化学热处理三大类。

热处理是提高零件使用性能和改善材料工艺性能的基本途径之一，是挖掘材料潜力、保证产品质量、延迟寿命的有力措施，在机械制造中被广泛应用，并占有十分重要的地位。

4.2　热处理原理

热处理之所以能够改变材料的性能，是因为热处理过程中材料的内部组织结构发生了改变。研究热处理的原理，就是研究热处理过程中的组织变化规律，这对正确制定热处理工艺具有重要意义。对于钢而言，其热处理过程中的组织转变主要包括钢在加热时的组织转变和钢在冷却时的组织转变。

4.2.1　钢在加热时的组织转变

由铁碳合金相图可知：将钢加热至临界点温度以上，其内部组织可转变为奥氏体。钢热处理时，加热的目的就是为了获得均匀的、细晶粒的奥氏体组织，为后续的组织转变做准备。将钢加热至临界点以上使钢的组织转变为奥氏体，这个热处理过程称为钢的奥氏体化。

1.　钢的奥氏体化

我们以共析钢为例，分析钢的奥氏体化。

将共析钢加热至 Ac_1 以上温度，共析钢将完成奥氏体化（P→A）。其过程分为四个阶段：形成奥氏体晶核、奥氏体晶核长大、残余渗碳体的溶解和奥氏体成分的均匀化。共析钢的奥氏体化过程如图 4-3 所示。

（a）A 形核　　　（b）A 长大　　（c）残余 Fe_3C 溶解　　（d）A 均匀化

图 4-3　共析钢奥氏体化示意图

（1）奥氏体晶核的形成

珠光体向奥氏体转变的第一步是形成奥氏体晶核。因为铁素体和渗碳体两相交界处碳浓度差大，而且界面处原子排列不规则，所以在铁素体和渗碳体的界面处优先形成奥氏体晶核。

（2）奥氏体晶核的长大

奥氏体晶核形成后，随着晶格的改组和原子的扩散，奥氏体晶核不断长大。

（3）残余渗碳体的溶解

在晶格结构和含碳量方面，渗碳体与奥氏体的差别远大于铁素体与奥氏体的差别，所以渗碳体向奥氏体的转变慢于铁素体，前两个过程结束后还有一部分渗碳体未溶解。随着保温时间的延长，这部分残余的渗碳体将溶于奥氏体，直至消失。

（4）奥氏体成分的均匀化

残余渗碳体全部溶解后，奥氏体晶粒中的碳浓度是不均匀的。原来的渗碳体处含碳较高，原来的铁素体处含碳较低。随着保温时间的延长，奥氏体的成分逐渐趋于均匀化。

亚共析钢和过共析钢的奥氏体化过程与共析钢的奥氏体化过程基本相同，在此不再详述。

2. 奥氏体的晶粒大小及其控制

钢奥氏体化后，其内部组织转变为奥氏体。奥氏体晶粒的大小，直接影响到热处理最终组织的晶粒大小，而热处理最终组织的晶粒大小又直接影响热处理质量。因此，在热处理的加热和保温过程中，必须采取必要措施来控制奥氏体晶粒大小。

（1）奥氏体的晶粒度

奥氏体的晶粒大小称为奥氏体的晶粒度。

奥氏体化刚完成时的奥氏体晶粒度称为奥氏体的起始晶粒度，其晶粒很细小。随着加热温度的升高和保温时间的延长，奥氏体晶粒会逐渐长大。不同成分的钢，其晶粒长大的倾向不同。晶粒长大的倾向，用本质晶粒度表示。把钢加热到 930 ± 10℃，保温 8h，冷却后测得的晶粒度为钢的本质晶粒度。本质晶粒度大，表示随着加热温度的升高和保温时间的延长，晶粒容易长大。

随着加热温度的升高，有些钢的奥氏体晶粒会迅速长大，称这类钢为本质粗晶粒钢；随着加热温度的升高，有些钢的奥氏体晶粒不易长大，只有当温度超过一定值时才会突然长大，称这类钢为本质细晶粒钢。生产中，需要热处理的零件，一般用本质细晶粒钢制造。

在具体给定的加热条件下所获得的奥氏体晶粒度称为实际晶粒度，它直接影响热处理的组织和性能。

（2）奥氏体的晶粒大小的控制

热处理加热时，影响奥氏体晶粒大小的因素包括加热温度、时间加热速度、保温时间、钢的成分、钢的原始组织等。加热温度越高、加热速度越慢、保温时间越长，获得的奥氏体晶粒越粗大。奥氏体中碳的质量分数增加，不利于获得细小奥氏体晶粒；钢中的合金元素（除 Mn，P 外）一般有利于获得细小的奥氏体晶粒；钢的原始组织中晶粒越细小，越利于获得细小的奥氏体晶粒。由此可以看出：在零件材料已确定的条件下，合理选择加热温度、加热速度和保温时间，是控制奥氏体晶粒度的主要工艺措施。

4.2.2 钢在冷却时的组织转变

处于临界点 A_1 以下的奥氏体称为过冷奥氏体，它是不稳定相，经过孕育期后将转变为其他组织。钢在冷却时的组织转变过程就是过冷奥氏体转变为其他组织的过程，这一过程称为过冷奥氏体转变。

热处理工艺中，常用的冷却方式有两种——等温冷却和连续冷却。等温冷却是将钢奥氏体化后，冷却至 Ar_1 或 Ar_3 以下，经保温后再冷却至室温；连续冷却是将钢奥氏体化后，以不同的冷却速度冷却到室温。据冷却方式不同，过冷奥氏体转变分为等温转变和连续冷却转变两种。

1.　过冷奥氏体的等温转变

（1）　等温转变曲线

综合反映过冷奥氏体在不同过冷度下等温温度、保持时间与转变产物所占的百分数的关系曲线称为等温转变曲线。

共析钢的等温转变曲线如图 4-4 所示，由于其形状像个"C"字，所以又称 C 曲线，国际上称为"TTT"曲线。

共析钢的等温转变曲线分析：如图 4-4 所示，左边的一条曲线为转变开始线，右边一条曲线为转变终了线。转变开始线和转变终了线之间的区域为转变区（过冷奥氏体与转变产物的共存区），转变终了线右方区域为产物区。Ar_1 线为奥氏体的临界点，高于临界点 Ar_1 的区域为正常奥氏体区；纵坐标与转变开始线之间的区域为过冷奥氏体区（也称为孕育区），该区不同温度对应的横坐标的长度表示孕育期的长短，C 曲线"鼻尖"处（约 550℃）孕育期最短，过冷奥氏体稳定性最差。

C 曲线下方的有两条水平线，M_s 为马氏体转变开始线，M_f 为马氏体转变终止线。M_f 线在 0℃ 以下。必须说明的是，马氏体转变不属于过冷奥氏体的等温转变。

图 4-4　共析钢的等温转变曲线

（2）　过冷奥氏体等温转变产物及其性能

由共析钢的 C 曲线可知，等温冷却时，过冷奥氏体会发生珠光体型转变和贝氏体型转变。

1）　珠光体型转变

转变温度 Ar_1～550℃，转变产物为层片状珠光体型组织。按片层间距的大小，珠光体型产物分为珠光体、索氏体和托氏体，如图 4-5 所示。

（a）珠光体 （b）索氏体 （c）托氏体

图 4-5 珠光体型组织

珠光体。转变温度 $Ar_1 \sim 650℃$，产物为片层间距较大的珠光体，称为粗片珠光体，用符号"P"表示，其片层形貌在 500 倍光学显微镜下就能分辨出来，其硬度为 160～250HBW。

索氏体。转变温度 650～600℃，产物为层片间距较小的珠光体，称为索氏体，又称细片珠光体，用符号"S"表示，其片层形貌在 800～1000 倍的光学显微镜下才能分辨出来，其硬度为 20～30HRC。

托氏体。转变温度 600～550℃，产物为层片间距极小的珠光体，称为托氏体，又称为极细片珠光体，用符号"T"表示，其片层形貌只有在电子显微镜下才能观察清楚，其硬度为 35～48HRC。

2）贝氏体型转变

转变温度 550～Ms，产物是贝氏体，用符号"B"表示，它是由铁素体及其内部分布的弥散的碳化物组成的亚稳组织。贝氏体分为上贝氏体和下贝氏体。

上贝氏体。转变温度 550～350℃。上贝氏体用符号"$B_上$"表示，在显微镜下呈羽毛状，硬度为 42～48HRC，由于韧性较差，在生产中应用较少。

下贝氏体。转变温度 350℃～Ms。下贝氏体用符号"$B_下$"表示，在光学显微镜下呈针状或竹叶状并互成一定角度，硬度为 48～58HRC。下贝氏体强度、硬度高，韧性好，具有良好的综合力学性能，因此生产中常用等温淬火工艺获得下贝氏体。

2. 过冷奥氏体连续冷却转变

在实际生产中，过冷奥氏体转变大多是在连续冷却条件下完成的。因此，研究过冷奥氏体的连续冷却转变具有十分重要的意义。

（1）过冷奥氏体的连续冷却曲线

过冷奥氏体的连续冷却曲线，简称"CCT"曲线"，它反映了在连续冷却条件下过冷奥氏体转变的规律，是制订热处理工艺的重要参考资料。

共析钢过冷奥氏体连续冷却转变曲线，如图 4-6 所示。

图中，P_s 线是过冷奥氏体向珠光体转变开始线，P_f 线是过冷奥氏体向珠光体转变终了线，K 线是过冷奥氏体向珠光体转变中止线；Ms 线是马氏体转变开始温度，M_f 是马氏体转变终止温度。V_k 称为上临界冷却速度（或称马氏体临界冷却速度），是获得全部马氏体的最小冷却速度。V_k' 称为下临界冷却速度，是获得全部珠光体的最大冷却速度。

图 4-6　共析钢过冷奥氏体连续冷却转变曲线

共析钢的"CCT"曲线表明：共析钢的连续冷却转变只发生珠光体转变和马氏体转变，不发生贝氏体转变。

（2）等温转变曲线在连续冷却中的应用

由于连续冷却转变曲线的测定比较困难，至今还有许多钢的连续冷却转变曲线未被测出，所以目前常用钢的等温转变曲线来定性地、近似地分析钢的连续冷却转变。其方法是：将连续冷却速度线画在等温转变曲线上，根据连续冷却速度线与等温转变曲线相交的位置，估计出连续冷却转变的产物。例如，用共析钢的 C 曲线估计共析钢连续转变的产物，如图 4-7 所示，V_1 相当于随炉冷却（退火）时的情况，可以估计其转变产物为珠光体。V_2 相当于空冷（正火），可以估计其转变产物为索氏体。V_3 相当于油冷，它与 C 曲线的开始相变线相交于鼻部附近，未与转变终止线相交，并通过 M_s 线，这表明一部分过冷奥氏体转变为托氏体，剩余的过冷奥氏体冷却到 M_s 线以下转变为马氏体，最后得到托氏体、马氏体、残余奥氏体的复相组织。V_4 相当于水冷（淬火），它不与 C 曲线相交，直接通过 M_s 线，过冷奥氏体转变为马氏体，得到马氏体和残余奥氏体的复相组织。临界冷却速度（V_k）是获得马氏体的最小冷却速度。

（3）马氏体转变。过冷奥氏体快速冷却，过冷奥氏体在 $M_s \sim M_f$ 温度区间转变为马氏体，此过程称为马氏体转变。只有在快速连续冷却和大的过冷度条件下，才能实现马氏体转变。马氏体转变是钢淬火工艺的主要组织转变过程。

马氏体转变的产物主要是马氏体。马氏体是碳在 α-Fe 中的过饱和固溶体，具有体心立方晶格，它硬度高、脆性大，其硬度与含碳量有关，含碳量越高，硬度越高。

马氏体有板条状和针叶状两种形态。过冷奥氏体的 $w_C < 0.25\%$ 时，形成板条状马氏体，又称低碳马氏体。过冷奥氏体的 $w_C > 1.0\%$ 时，形成针叶状马氏体，又称高碳马氏体。若

w_C 介于 0.6%～1.0% 之间，则形成板条和针叶状马氏体的复合组织。

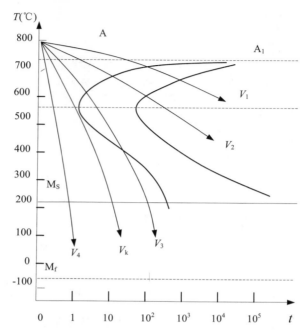

图 4-7　用等温转变曲线近似分析连续冷却转变产物示意图

板条状和针叶状马氏体的形态，见图 4-8 所示。

（a）板条状马氏体　　　　　　　　（b）针叶状马氏体

图 4-8　低碳马氏体和高碳马氏体

马氏体转变具有以下特点：

① 马氏体转变过程中会产生很大的应力。马氏体转变过程中不但有体积变化，而且有形状变化，由此产生大的应力。

② 马氏体转变属于非扩散性转变。在大的过冷度条件下，马氏体转变速度极快，转变过程中没有原子的扩散过程，奥氏体中的碳全部被"冻结"在 α-Fe 中。

③ 马氏体转变属于不完全性转变。即使冷却到 M_f 以下，奥氏体也很难全部转变为马氏体，总有部分奥氏体被保留下来。这部分奥氏体称为残余奥氏体。

④ 马氏体转变具有可逆性。

4.3　整体热处理

整体热处理是对工件整体进行穿透加热的热处理工艺。常用的整体热处理方法有退火、正火、淬火和回火。

一个零件的生产过程由多个工序组成。在零件的生产过程中，为了达到某些目的，会安排若干个热处理工序。根据热处理在零件生产中的目的和工序位置的不同，热处理可以分为预先热处理和最终热处理。预先热处理用以消除前道工序造成的缺陷，为后续的切削加工和最终热处理做准备；最终热处理用于保证零件的使用性能要求。本节介绍的退火和正火是常用的预先热处理方法，而淬火和回火的复合工艺是典型的最终热处理方法。

4.3.1　退火

退火是将金属缓慢加热到某一温度，保温足够时间，以适宜速度缓慢冷却（通常是缓慢冷却，有时是控制冷却）的一种热处理工艺。

退火的目的是降低硬度，改善切削加工性；消除残余应力，稳定尺寸，减少变形和裂纹倾向；细化晶粒，调整组织，消除组织缺陷，为后续的热处理做组织准备。

常用的退火方法有完全退火、不完全退火、等温退火、球化退火、去应力退火、均匀化退火等。

1.　完全退火

将亚共析钢加热到 Ac_3 以上 $20\sim30℃$ 时，保温足够时间，奥氏体随炉温缓慢冷却，从而得到接近平衡的组织，这种退火工艺称为钢的完全退火。所谓"完全"是指退火时钢的内部组织全部进行了重结晶（此时组织完全奥氏体化），因此完全退火又称为重结晶退火。

完全退火主要用于亚共析钢，一般是中碳钢、低中碳的合金钢的锻件、铸件、热轧型材，有时也用于它们的焊接结构，其目的是消除组织缺陷，细化晶粒，均匀组织，提高工件的塑性和韧性，调整硬度，改善工件的切削加工性能，并为工件的后续淬火做组织准备。

完全退火不适用于过共析钢，因为过共析钢进行完全退火时需加热到 Acm 以上，在缓慢冷却时，渗碳体会沿奥氏体晶界析出，呈网状分布，导致材料脆性增大，给最终热处理留下隐患。

2.　不完全退火

将钢加热到 Ac_1 以上 $40\sim60℃$ 时，保温一定时间（此时组织未达到完全奥氏体化），随之缓慢冷却，这种退火工艺称为钢的不完全退火。

不完全退火主要适用于中、高碳钢和低合金钢锻轧件，其主要目的是消除热加工过程中形成的内应力，降低硬度，提高塑性，改善切削加工性能，并为淬火做组织准备。

不完全退火可用于亚共析钢和过共析钢。对亚共析钢而言，一般只用于经正确加热、不需改善组织的亚共析钢，仅为降低硬度时才采用。对过共析钢而言，必须用正火消除网状渗碳体和组织缺陷后才能使用此方法。

3. 等温退火

将钢加热到高于 Ac3（或 Ac1）温度，保持适当时间后，先以较快速度冷却到珠光体转变温度区间的某一温度并等温保持一段时间，使奥氏体转变为珠光体型组织，然后再在空气中冷却，这种退火工艺称为等温退火。

等温退火的工艺目的与完全退火相同，但所用时间比完全退火缩短约 1/3，且能获得更加均匀的组织和性能，因此生产中常用等温退火代替完全退火或球化退火。但等温退火工艺操作和所需设备都比较复杂，所以等温退火主要用于过冷奥氏体在珠光体型转变区转变缓慢的合金钢。

4. 球化退火

球化退火是使钢中碳化物球化而进行的退火工艺。最常用的两种球化退火工艺是普通球化退火和等温球化退火。普通球化退火是将钢加热到 Ac1 以上 20～30℃时，保温适当时间，然后随炉缓慢冷却至 500℃ 左右出炉空冷。等温球化退火是将钢加热到 Ac1 以上 20～30℃，保温适当时间，先随炉冷却至略低于 Ar1 的温度，接着进行等温（等温时间为其加热保温时间的 1.5 倍），然后再随炉（等温炉）冷却至 500℃ 左右出炉空冷。和普通球化退火相比，等温球化退火不仅可缩短生产周期，而且可使球化组织均匀，并能严格地控制退火后的硬度。

经球化退火得到的是球状珠光体组织，其中的渗碳体呈球状颗粒，弥散分布在铁素体基体上。与片状珠光体相比，球状珠光体不但硬度较低，便于切削加工，而且在淬火加热时晶粒不易长大，淬火变形和开裂倾向小。

球化退火主要适用于共析钢和过共析钢，如碳素工具钢、合金工具钢、轴承钢等，其工艺目的是降低硬度，提高塑性，改善切削加工性，并为以后淬火做准备。

若钢中有明显的网状碳化物，则球化退火前须先进行正火，将其消除，才能保证球化退火正常进行。

5. 去应力退火

将钢缓慢加热至 Ac1 以下 100～200℃时，保温一段时间，随炉温缓慢冷却，550～600℃后出炉空冷，这种退火工艺称为去应力退火。去应力退火属于低温退火，退火过程中无组织转变。

去应力退火主要用于铸件、锻件、热轧型材、焊接结构、冷冲压件（或冷拔件）和切削加工工序，其工艺目的是消除残余内应力，稳定工件尺寸和形状，减少工件的变形和裂纹倾向。

6. 均匀化退火

将钢加热到略低于固相线温度，长时间保温（10～15h），然后随炉冷却，使钢的化学成分和组织均匀化，这种退火工艺称为均匀化退火。均匀化退火也称为扩散退火。

均匀化退火主要用于质量要求高的合金钢铸锭、铸件或锻坯，其工艺目的是消除成分偏析。

均匀化退火易使晶粒粗大。为细化晶粒，均匀化退火后应进行完全退火或正火。

4.3.2　正火

正火是将钢件加热到 Ac₃ 或 Accm 以上 30～50℃时，保温后在空气中冷却的热处理工艺，其目的是细化晶粒和碳化物分布均匀化。

正火的应用范围有：用于调整低碳钢的硬度，改善其切削加工性；可代替调质工艺作为中碳钢制造的轻载荷零件的最终热处理，也可用于中碳钢感应加热表面淬火前的预先热处理；用于过共析钢球化退火前的预先热处理，消除网状二次渗碳体，以保证球化退火时渗碳体全部球状化。

正火与退火工艺相似，但冷却速度稍大，因而正火组织要比退火组织更细一些，其力学性能也较退火有所提高。另外，正火炉外冷却，不占用设备，生产率较高，因此生产中尽可能采用正火来代替退火。

退火和正火的加热温度范围及热处理工艺曲线如图 4-9 所示。常用结构钢退火及正火工艺规范见表 4-1 所列。常用工具钢退火及正火工艺规范见表 4-2 所列。

图 4-9　退火和正火的加热温度范围及热处理工艺曲线

表 4-1　常用结构钢退火及正火工艺规范

牌　号	相变温度 / ℃			退　火			正　火	
	Ac₁	Ac₃	Ar₁	加热温度 / ℃	冷却	硬度 HBW	加热温度 / ℃	硬度 HBW
35	724	802	680	850～880	炉冷	≤187	860～890	≤191
45	724	780	682	800～840	炉冷	≤197	840～870	≤226
45Mn2	715	770	640	810～840	炉冷	≤217	820～860	187～241
40Cr	743	782	693	830～850	炉冷	≤207	850～870	≤250
35CrMo	755	800	695	830～850	炉冷	≤229	850～870	≤241
40MnB	730	780	650	820～860	炉冷	≤207	850～900	197～207
40CrNi	731	769	660	820～850	炉冷<600℃	—	870～900	≤250

（续表）

牌 号	相变温度 / ℃			退 火			正 火	
	Ac₁	Ac₃	Ar₁	加热温度 / ℃	冷却	硬度 HBW	加热温度 / ℃	硬度 HBW
40CrNiMoA	732	774	—	840～880	炉冷	≤229	890～920	—
65Mn	726	765	689	780～840	炉冷	≤229	820～860	≤269
60Si2Mn	755	810	700	—	—	—	830～860	≤254
50CrVA	752	788	688	—	—	—	850～880	≤288
20	735	855	680	—	—	—	890～920	≤156
20Cr	766	838	702	860～890	炉冷	≤179	870～900	≤270
20CrMnTi	740	825	650	—	—	—	950～970	156～207
20CrMnMo	710	830	620	850～870	炉冷	≤217	870～900	—
38CrMOAl	800	940	730	840～870	炉冷	≤229	930～970	—

表 4-2　常用工具钢退火及正火工艺规范

牌　号	相变温度 / ℃			退 火			正 火	
	Ac₁	AcM	Ar₁	加热温度/℃	等温温度/℃	硬度 HBW	加热温度/℃	硬度 HBW
T8A	730	—	700	740～760	650～680	≤187	760～780	241～302
T10A	730	800	700	750～770	680～700	≤197	800～850	255～321
T12A	730	820	700	750～770	680～700	≤207	850～870	269～341
9Mn2V	736	765	652	760～780	670～690	≤229	870～880	—
9SiCr	770	870	730	790～810	700～720	197～241	—	—
CrWMn	750	940	710	770～790	680～700	207～255	—	—
GCrl5	745	900	700	790～810	710～720	207～229	900～950	270～390
Cr12MoV	810	—	760	850～870	720～750	207～255	—	—
W18Cr4V	820	—	760	850～880	730～750	207～255	—	—
W6Mo5Cr4V2	845～880	—	740～805	850～870	740～750	≤255	—	—
5CrMnMo	710	760	650	850～870	～680	197～241	—	—
5CrNiMo	710	770	680	850～870	～680	197～241	—	—
3Cr2W8V	820	1100	790	850～860	720～740	—	—	—

4.3.3　淬火

　　钢的淬火是将钢加热到 Ac₃（亚共析钢）或 Ac₁（过共析钢）以上某一温度，保温一段时间，使组织全部或部分奥氏体化，然后以大于临界冷却速度的冷速快冷到 Ms 以下（或在 Ms 附近等温冷却）进行马氏体（或贝氏体）转变的热处理工艺。其目的是使过冷奥氏体进行马氏体或贝氏体转变，得到马氏体或贝氏体组织，然后配合不同温度的回火，大幅提高钢的强度、硬度、耐磨性、疲劳强度等，从而满足各种机械零件和工具的不同使用性能要求。

1.　淬火工艺

（1）　淬火加热温度

　　亚共析钢的淬火加热温度一般在 Ac₃ 以上 30～50℃。若淬火温度过高，则淬火后马氏体晶粒粗化，钢的力学性能变差，且淬火应力增大，易导致淬火变形和开裂；若温度过低，则淬火组织中出现铁素体，易导致淬火硬度不足缺陷。

共析钢和过共析钢的淬火加热温度在 Ac_1 以上 30~50℃。若加热温度过高，例如过共析钢淬火温度超过 Ac_{ccm}，则碳化物将全部溶入奥氏体中，淬火后残余奥氏体量增多，导致淬火硬度不足缺陷，钢的硬度和耐磨性降低。此外，淬火温度过高，淬火后得到有显微裂纹的粗片状马氏体，会导致钢的脆性增大。若淬火加热温度低于 Ac_1，则组织不发生相变，达不到淬火目的。

由以上分析可知，钢的淬火加热温度不宜过高或过低。碳钢的淬火加热温度范围如图 4-10 所示。

图 4-10　钢的淬火加热温度

（2）淬火加热时间

加热时间包括升温时间和保温时间。加热时间长短受加热方式、零件尺寸、成分、装炉量和加热设备等多种因素影响。加热时间一般用下述经验公式确定：

$$t=\alpha KD$$

式中　t——加热时间，min；

α——加热系数，min/mm；

K——装炉修正系数；

D——工件有效厚度，mm。

α、K、D 的数值可查阅有关资料确定。

（3）淬火冷却介质

冷却是决定淬火质量的关键工序，合理选用淬火冷却介质是保证淬火质量的一项重要措施。

淬火冷却介质的淬火冷却速度必须大于或等于钢的临界冷却速度 V_k，否则不利于获得马氏体组织，但冷却速度过快，又会产生很大的淬火应力，容易导致工件的变形和开裂，所以淬火冷却速度既不能过大也不能过小。淬火的理想冷却速度如图 4-11 所示，650℃以上冷却速度可以慢些，以减少淬火应力，减少变形和开裂倾向；650~400℃范围内，冷却速度应大于或等于 V_k，确保过了奥氏体不转变成珠光体型组织；300~200℃范围内，冷却速度应慢些，以减少淬火应力，减少变形和开裂倾向。

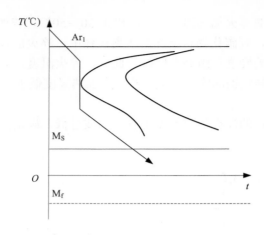

图 4-11　淬火的理想冷却速度

但到目前为止，还没有找到一种符合理想冷却速度要求的冷却介质。因此，生产中，常用与理想冷却速度接近的水、油、盐类或碱类水溶液等作为淬火冷却介质。

水是最常用的淬火冷却介质，它具有较强的冷却能力，且成本低廉，因此应用广泛。但是，水在 650～400℃ 范围内冷却速度过大，产生的淬火应力大，易导致工件的淬火变形和开裂，因此，水主要用于形状简单、截面较大的碳钢工件的淬火。

水中加入盐类或碱类物质形成的盐类或碱类水溶液，能提高 650～400℃ 范围内的冷却能力，可防止珠光体的转变，对碳钢的淬硬非常有利，但在 300～200℃ 范围内冷却速度仍然很快，变形和开裂倾向仍然很大。因此，盐类或碱类水溶液常用于形状简单、硬度要求高而均匀、表面要求光洁、对变形要求不严格的碳钢工件的淬火。

淬火常用的油包括机油、变压器油、柴油等。油在 300～200℃ 范围内的冷却速度较小，有利于减小淬火变形和开裂倾向，但在 650～400℃ 范围内冷却速度也较小，不利于淬硬，因此，油主要用于淬透性高的低合金钢和合金钢的淬火。

（4）淬火方法

为了使零件淬硬并防止变形和开裂，单纯依靠合理选择淬火介质是不够的，还必须选用正确的淬火方法。常用的淬火方法有以下几种：

① 单介质淬火。单介质淬火是将加热、保温后的工件放入一种介质中连续冷却的淬火方法，如水淬、油淬等。一般情况下，形状简单、尺寸较大的碳钢件采用水淬，合金钢件和尺寸较小的碳钢件采用油淬。单介质淬火操作简单，容易实现机械化，因此应用广泛。但是单介质淬火容易产生变形开裂、淬火硬度不足等缺陷，在生产中应谨慎选用。

② 双介质淬火。双介质淬火是将加热、保温后的工件先放入冷却能力较强的介质中冷却到 300℃ 左右，再在一种冷却能力较弱的介质中冷却的淬火方法，如：先水淬后油淬。若操作得当，采用双介质淬火可有效防止淬火变形和开裂。但双介质转换的时刻难以掌握，转换过早易淬不硬，转换过晚易出现淬火变形和开裂，操作难度大。目前双介质淬火主要用于形状复杂的高碳钢件和尺寸较大的合金钢件的淬火。

③ 分级淬火。分级淬火是将加热、保温后的工件先放入稍高于或稍低于 M_s 的盐浴或碱浴中，保持适当时间，待零件内外的温度均达到介质温度后取出空冷，以获得马氏体组

织的淬火方法。分级淬火能减小淬火应力，防止工件变形和开裂，且操作过程容易控制，主要用于截面尺寸较小、形状复杂、要求变形小、尺寸精度高的合金钢件或碳钢件以及部分工具的淬火。

④ 等温淬火。等温淬火是将加热、保温后的工件放入温度稍高于 Ms 的盐浴或碱浴中，保温足够长的时间，以获得下贝氏体组织的淬火方法。

等温淬火能有效的防止工件的淬火变形和开裂，但生产周期较长，效率低。目前等温淬火主要用于形状复杂、尺寸较小、要求变形小、尺寸精度要求较高的合金钢件或高碳钢件以及部分工具的淬火。

2. 淬透性与淬硬性

（1） 淬透性

淬透性是钢在一定条件下淬火时获得淬硬层深度的能力，它表示钢接受淬火的能力。淬硬层深度，也叫淬透层深度，是指钢表面到钢的半马氏体区（组织中马氏体占 50%、其余 50% 为珠光体类型组织）组织处的深度。

淬透性通常用淬透性指数或临界淬透直径表示。GB/T225—2006《钢的淬透性末端淬火试验方法》规定：淬透性指数用 J××—d 表示，其中“××”表示硬度值，或为 HRC，或为 HV30；“d”表示硬度测量点至淬火端面的距离，单位为毫米。例如，J35—15，表示距淬火端 15mm 处硬度值为 35HRC。临界淬透直径是指钢在某种介质中淬火后，心部得到全部马氏体或半马氏体组织时的试样最大直径。

淬透性主要取决于其临界冷却速度的大小，而临界冷却速度则主要取决于过冷奥氏体的稳定性。过冷奥氏体越稳定，钢的临界冷却速度越小，钢的淬透性越高。钢的化学成分、奥氏体的晶粒度和均匀程度、钢的原始组织等因素都影响奥氏体的稳定性，因此它们是决定钢淬透性高低的直接因素，例如，钢中的合金元素（除钴外），都能提高过冷奥氏体的稳定性，均使钢的 C 曲线右移，降低钢的临界冷却速度，从而提高钢的淬透性。

钢的淬透性属于钢的热处理工艺性能，是选择零件材料时必须考虑的因素。例如，承受重载荷的大截面的重要零件，为保证零件表面和心部全部淬透，一般都选用高淬透性的合金钢制造。

（2） 淬硬性

淬硬性是指钢淬火时的硬化能力，用淬火马氏体可能得到的最高硬度表示。钢的淬硬性主要决定于马氏体中的含碳量。马氏体中的含碳量越高，淬硬性越高。

钢的淬透性与淬硬性是两个不同的概念，两者没有关联关系，淬透性高的钢其淬硬性不一定高，而淬硬性高的钢也不一定淬透性高。例如，低合金钢淬透性高但淬硬性却不高，高碳钢的淬硬性高但淬透性却不高。

4.3.4 钢的回火

回火是将经过淬火的钢重新加热到低于下临界温度的适当温度，保温一段时间后在空气或水、油等介质中冷却的热处理工艺，其目的是减小或消除淬火应力，防止变形和开裂；稳定尺寸，保证精度；调整钢的力学性能，满足工件或工具的各种使用性能要求。

钢回火后的组织和性能主要取决于回火温度。回火温度与回火后钢的性能的关系，如图

4-12 所示。由图可知：随着回火温度的升高，强度和硬度逐渐降低，塑性和韧性逐渐提高。

图 4-12　回火温度与回火后钢的性能的关系示意图

1. 常用回火方法

根据回火温度的不同，回火分为低温回火、中温回火和高温回火。

（1）低温回火

回火温度为 150～250℃，回火后得到回火马氏体，用符号"M′"表示。回火马氏体在金相显微镜下呈黑色针叶状，马氏体内分布着极细的碳化物，如图 4-13 所示。低温回火的目的是在保持淬火钢的高硬度和高耐磨性的前提下，减小淬火应力，提高钢的韧性，因此，低温回火主要用于刃具、量具、冷冲模具、滚动轴承以及渗碳件的回火。

（2）中温回火

回火温度为 350～500℃，回火后得到回火托氏体，用符号"T′"表示。回火托氏体的金相显微组织，如图 4-14 所示，针叶状铁素体基体上分布着极细的粒状渗碳体。中温回火的目的是获得高的屈服强度、高的弹性极限和较高的韧性，因此，它主要用于弹性零件及热作模具的回火。

（3）高温回火

回火温度＞500℃，回火后得到回火索氏体，用符号"S′"表示。回火索氏体的金相显微组织，如图 4-15 所示，粒状铁素体基体上分布着粒状渗碳体。高温回火的目的是获得强度、硬度和塑性、韧性都较好的综合力学性能，它广泛用于机器中各种重要零件（如连杆，螺栓，齿轮及轴）的回火。

图 4-13　回火马氏体金相组织示意图

图 4-14　回火托氏体金相组织示意图

图 4-15　回火索氏体金相组织示意图

将淬火和高温回火的复合热处理工艺称为调质。机器中的很多零件,如轴类、连杆、螺栓、齿轮等,它们在各种复合应力下工作,只有调质才能满足它们的强韧性要求,尤其是重型机器制造中的大型部件,调质处理用得更多。因此,调质处理在热处理中占有十分重要的位置。

调质后的硬度与正火后的硬度相近,塑性和韧性却明显高于正火,所以,重要的结构件一般都要进行调质而不采用正火。

2.　回火脆性

回火温度与冲击韧度的关系曲线如图 4-16 所示。由图可知:一般情况下,淬火钢在回火时,随着回火温度的升高,韧性升高。但在 200~400℃ 和 500~650℃ 两个温度区间回火时出现韧性下降。这种淬火钢回火后出现韧性下降的现象称为回火脆性。在 200~400℃ 回火时出现的回火脆性称为第一类回火脆性,在 500~650℃ 回火时出现的回火脆性称为第二类回火脆性。

图 4-16　回火温度与冲击韧度的关系曲线

第一类回火脆性也称为低温回火脆性、不可逆回火脆性。其不可逆性是指此类回火脆性目前尚无有效消除办法,一旦出现就不能消除。想要避免此类回火脆性的出现,只能不在这个温度范围内回火。但采取降低钢中杂质元素含量、用 Al 脱氧或钢中加入 Nb、V、Ti、Mo、W、Cr、Si 等元素时,可以适当减轻第一类回火脆性。

第二类回火脆性也称为高温回火脆性、可逆回火脆性。其可逆性是指此类回火脆性可采用“重新加热后快冷”的方法予以消除。防止此类回火脆性的方法有:降低低碳钢中杂质元素含量、加入适量的 Mo、W 等合金元素、不在 450~600℃ 这个温度范围内回火、回火时采用快冷方式等。

常用钢种回火温度与硬度对照见表 4-3 所列。

表 4-3　常用钢种回火温度与硬度对照表

牌号	淬火规范			回火温度/℃与回火硬度 HRC												备注
	加热温度/℃	冷却剂	硬度 HRC	180±10	240±10	280±10	320±10	360±10	380±10	420±10	480±10	540±10	580±10	620±10	650±10	
35	860±10	水	>50	51±2	47±2	45±2	43±2	40±2	38±2	35±2	33±2	28±2	25±2	22±2	—	
45	830±10	水	>50	56±2	53±2	51±2	48±2	45±2	43±2	38±2	34±2	30±2	25±2	22±2	—	
T8、T8A	790±10	水、油	>62	62±2	58±2	56±2	54±2	51±2	49±2	45±2	39±2	34±2	29±2	25±2	—	
T10、T10A	780±10	水、油	>62	63±2	59±2	57±2	55±2	52±2	50±2	46±2	41±2	36±2	30±2	26±2	—	
40Cr	850±10	油	>55	54±2	53±2	52±2	50±2	49±2	47±2	44±2	41±2	36±2	31±2	26±2	30±2	具有回火脆性的钢，例如 40Cr、30CrMnSi 钢等，高温回火后，用清水或油冷却
50CrVA	850±10	油	>60	58±2	56±2	54±2	53±2	51±2	49±2	47±2	43±2	40±2	36±2	—	—	
60Si2Mn	870±10	油	>60	60±2	58±2	56±2	55±2	54±2	52±2	50±2	44±2	35±2	30±2	28±2	32±2	
65Mn	820±10	油	>60	58±2	56±2	54±2	52±2	50±2	47±2	44±2	40±2	34±2	32±2	34±2	26±2	
5CrMnMo	840±10	油	>52	55±2	53±2	52±2	48±2	45±2	44±2	44±2	43±2	38±2	36±2	32±2	—	
30CrMnSi	860±10	油	>48	48±2	48±2	47±2	—	43±2	42±2	—	—	36±2	—	30±2	—	
GCr15	850±10	油	>62	61±2	59±2	58±2	55±2	53±2	52±2	50±2	—	41±2	—	—	—	
9SiCr	850±10	油	>62	62±2	60±2	58±2	57±2	56±2	55±2	52±2	51±2	45±2	—	—	—	
CrWMn	830±10	油	>62	61±2	58±2	57±2	55±2	54±2	52±2	50±2	46±2	44±2	—	—	—	
9Mn2V	800±10	油	>62	60±2	58±2	56±2	54±2	51±2	49±2	41±2	—	—	—	—	—	
3Cr2W8V	1 100	分级、油	>48	62	59±2	—	57±2	—	—	55±2	46±2	48±2	48±2	43±2	41±2	一般采用 560～580℃回火 2 次
Cr12	980±10	分级、油	>62	62	62	—	—	—	—	—	—	52±2	45±2	45±2	45±2	
Cr12MoV	1 030±10	分级、油	>62	62	62	60	57±2	57±2	—	—	—	53±2	—	—	45±2	一般采用 560℃回火 3 次，每次 1h
W18Cr4V	1 270±10	分级、油	>64	—	—	—	—	—	—	—	—	—	—	—	45±2	

注：1. 水冷却剂为 10% NaCl 水溶液。

2. 淬火加热在盐浴炉内进行，回火在井式炉内进行。

3. 回火保温时间：非合金钢一般为 60～90 min，合金钢为 90～120 min。

4.4　表面热处理和化学热处理

一些在弯曲、扭转、冲击载荷、磨擦条件区工作的齿轮等机器零件，要求具有表面高硬度、高耐磨，心部韧性好、能抗冲击的特性。生产中此类零件广泛采用表面热处理或化学热处理来满足上述要求。

4.4.1　表面热处理

表面热处理是指为改变工件表面的组织和性能，仅对其表面进行热处理的热处理工艺。

表面淬火是将工件表面快速加热到淬火温度，迅速冷却，使工件表面得到一定深度的淬硬层，而心部仍保持未淬火状态组织的热处理工艺。

表面淬火是表面热处理的主要工艺，其目的是使工件获得高硬度的表面层和有利的内应力分布，以提高工件的耐磨性能、抗疲劳性能和抗冲击性能。

根据加热方法不同，表面淬火分为感应淬火、接触电阻加热淬火、火焰淬火、激光淬火和电子束淬火等，目前工业中应用最多的是感应淬火和火焰淬火。

1.　感应淬火

感应淬火是利用感应电流通过工件所产生的热量，使工件表层、局部或整体加热并快速冷却的淬火。

感应淬火原理如图 4-17 所示，连接交流电源的感应圈产生交变磁场。在磁场作用下，工件中产生感应电流。感应电流流过工件时产生电阻热，利用电阻热对工件实施加热。感应电流具有集肤效应，靠近工件表面的电流密度大，而中心几乎为零，电阻热主要集中在工件表层，因此，感应加热时工件表面温度快速升高至淬火温度，而心部温度仍低于淬火温度。感应加热后，立即把水喷射到工件表面，完成感应淬火。感应淬火后，工件表面硬而耐磨，而内部保持较好的韧性。

图 4-17　感应淬火

感应淬火时，电流频率越高，淬硬层越浅，因此，生产中可以用电流频率来控制工件的淬硬层深度。根据感应淬火时使用的交流电频率不同，感应淬火分为：工频感应淬火、低频感应淬火、中频感应淬火、超音频感应淬火、高频感应淬火、超高频感应淬火等，目前感应淬火以中频感应淬火、高频感应淬火、超高频感应淬火为主。

常用感应淬火的电流频率范围、淬硬层深度及应用，见表4-4所列。

表4-4 感应淬火的电流频率、淬硬层深度及应用

名　　称	电流频率范围	淬硬层深度	应　　用
高频感应淬火	50～200kHz	0.5～2 mm	小模数齿轮、中小轴等中小型零件
中频感应淬火	0.5～10kHz	2～10mm	较大直径的轴类零件、大中模数齿轮、钢轨、导轨
工频感应淬火	50Hz	10～20mm	直径大于300mm的轧辊、轴、火车车轮等

感应淬火具有淬硬层深度易控制、不产生氧化脱碳缺陷、工件变形小、比普通淬火硬度高、加热速度快、生产效率高、便于实现生产机械化和自动化等优点，但设备投入大、形状复杂的感应器不易制造，不适于单件生产，广泛用于既要求表面具有高的耐磨性、抗疲劳强度，又要求内部具有足够的塑性和韧性的零件，如齿轮、轴、导轨等。最适宜感应淬火的钢种是中碳钢和中碳合金钢，也可用于部分高碳工具钢和铸铁。

2. 火焰淬火

火焰淬火是应用氧-乙炔（或其他可燃气）火焰对零件表面进行加热，随之淬火冷却的工艺，如图4-18所示。火焰淬火适用于单件或小批量生产，淬硬层深度一般为2～6mm。

图4-18 火焰加热表面淬火示意图

火焰淬火设备简单，投资少，成本低，不受现场环境与工件大小的限制，操作简便，但生产率低，淬火质量不稳定，应用于大型工件的表面淬火。

4.4.2 化学热处理

化学热处理是将工件置于一定温度的活性介质中加热、保温，使一种或几种元素渗入其表层，以改变表层一定深度的化学成分、组织和性能的热处理工艺。其目的是提高表面的硬度、耐磨性、疲劳极限，或工件的物理、化学性能，如耐高温、耐腐蚀性等。

化学热处理由分解、吸收和扩散三个基本过程组成。分解是利用活性介质形成渗入元素活性原子的过程。吸收是活性原子被工件表层吸附和溶入铁的晶格形成固溶体或与钢中元素形成化合物的过程。扩散是渗入元素从工件表面向工件内部迁移的过程，通过扩散形

成一定厚度的渗层。

化学热处理工艺包括渗碳、碳氮共渗、渗氮、氮碳共渗、渗其他非金属、渗金属、多元共渗等，目前常用的是渗碳、碳氮共渗、渗氮。

1. 渗碳

渗碳是将工件放入渗碳介质中，加热并保温，使碳原子渗入到钢件表层，以提高工件表层碳的质量分数并在其中形成一定的碳的质量分数梯度的化学热处理工艺。

渗碳只能提高工件表层的碳的质量分数，不能有效地提高工件的使用性能，因此工件渗碳后必须进行适当的热处理。渗碳后的热处理工艺一般是"淬火+低温回火"。

渗碳工件的材料一般为低碳钢或低碳合金钢。渗碳后，工件表面的化学成分可接近高碳钢。工件渗碳后经过"淬火+低温回火"，以得到高的表面硬度、高的耐磨性和疲劳强度，并保持心部有低碳钢淬火后的强韧性，使工件能承受冲击载荷。

渗碳工艺广泛用于飞机、汽车和拖拉机中的零件，如齿轮、轴、凸轮轴等。

渗碳方法有固体渗碳、液体渗碳和气体渗碳，其中应用较为广泛的是气体渗碳。

气体渗碳是指工件在气体渗碳剂中进行渗碳。如图 4-19 所示，工件置于密封的加热炉中，加热温度为 900～950℃，滴入煤油、丙酮、甲醇等渗碳剂，在高温下活性碳原子溶入工件表层，并向内扩散，形成一定深度的渗碳层。渗碳时间一般为 3～9 小时，渗碳层深度一般在 0.5～2.5mm 之间，渗碳层的碳的质量分数可达 0.8%～1.1%。

图 4-19　气体渗碳法示意图

2. 渗氮

渗氮也称氮化，是在一定温度下、在一定介质中使氮原子渗入工件表层的化学热处理工艺。

渗入钢中的氮，一方面由表及里与铁形成不同含氮量的氮化铁，一方面与钢中的合金元素结合形成各种合金氮化物，特别是氮化铝、氮化铬。这些氮化物具有很高的硬度、热稳定性和很高的弥散度，因而可使渗氮后的工件得到高的表面硬度、高耐磨性、高疲劳强度、高的热硬性、并使工件具有良好的耐蚀性和小的缺口敏感性。

与渗碳工艺相比，渗氮能使钢件获得比渗碳更高的表面硬度（可高达 950～1200HV）和耐磨性，除此之外还使工件具有高的热硬性和良好的耐蚀性；渗氮温度低（480～600℃），工件变形小；渗碳后需要"淬火+低温回火"才能获得高的表面硬度，渗氮后一般不需要再进行其他热处理；氮化层较薄（大约 0.5mm），且脆性较大，不适合承受大的接触应力和冲击载荷；氮化周期长，一般几十甚至上百小时，成本高。

氮化主要用于耐磨性和精度要求很高的零件或承受交变载荷的重要零件，以及要求耐热、耐蚀的耐磨件，如精密机床主轴、镗床镗杆、发动机曲轴、高速传动的精密齿轮等。

氮化用钢主要是含铝、铬、钼等合金元素的合金钢，如 38CrMoAlA、35CrMo、Cr12、25Cr2MoVA 等，其中 38CrMoAlA 应用最广泛。

常用的渗氮方法有气体渗氮、离子渗氮。

气体渗氮是在气体介质中进行渗氮的工艺。气体渗氮一般以提高金属的耐磨性为主要目的。气体渗氮可采用一般渗氮法（即等温渗氮）或多段（二段、三段）渗氮法。前者是在整个渗氮过程中，渗氮温度和氨气分解率保持不变。温度一般在 480～520℃之间，氨气分解率为 15%～30%，保温时间近 80h。这种工艺适用于渗层浅、工件变形要求严、硬度要求高的零件，但处理时间过长。多段渗氮是在整个渗氮过程中按不同阶段分别采用不同温度、不同氨分解率、不同时间进行渗氮。整个渗氮时间可以缩短到近 50h，能获得较深的渗层，但渗氮温度较高，工件变形较大。还有以抗蚀为目的的气体渗氮，渗氮温度在 550～700℃之间，保温 0.5～3h，氨分解率为 35%～70%，工件表层可获得化学稳定性高的化合物层，防止工件受湿空气、过热蒸汽、气体燃烧产物等的腐蚀。

离子渗氮又称辉光渗氮，是利用辉光放电原理进行的。把工件放入通有含氮介质的负压容器中。在直流电压作用下（炉体接正极，工件接负极），含氮介质发生辉光放电成为正离子。随后阴极电压急剧下降，氮和氢等正离子高速冲向工件表面。离子的高动能转变为热能，加热工件表面至所需温度。由于离子的轰击，工件表面产生原子溅射而得到净化，同时由于吸附和扩散作用，氮原子渗入工件表面，形成渗氮层。

与一般的气体渗氮相比，离子渗氮速度快、时间短，渗层厚度和组织可以控制，渗氮层脆性小，对需要渗氮的部分可实现局部渗氮，能去除工件表面钝化膜实现工件的直接渗氮。

离子渗氮是先进的渗氮工艺，发展迅速，已广泛应用于机床的主轴、精密丝杆、齿轮、发动机曲轴及模具等。

3. 碳氮共渗与氮碳共渗

碳氮共渗与氮碳共渗都是向工件表层同时渗入碳和氮的化学热处理工艺，以渗碳为主的称为碳氮共渗，以渗氮为主的称为氮碳共渗。碳氮共渗多在中温或高温下进行，其主要目的是提高钢的硬度、耐磨性和疲劳强度；氮碳共渗多在低温下进行，其主要目的是提高钢的耐磨性和抗咬合性。

碳氮共渗与氮碳共渗工艺中，碳氮原子相互促进以便加快渗入速度，生产率高。渗层兼具渗碳层和渗氮层的优点，且设备简单，投资少，易操作，有时还能给工件以美观的外表，因此在生产中得到广泛应用。

4.5 热处理工艺设计

4.5.1 热处理的技术条件

机械制造过程中，大多数零件、所有工具以及模具都要进行热处理，要求在其图样中标出热处理的技术条件。

热处理的技术条件包括：最终热处理方法和应达到的力学性能指标。力学性能指标一般只标出硬度值，但对于力学性能要求高的零件，还应标出强度、塑性、韧性等性能指标，有时还要标出组织要求。表面热处理要求标出硬化层深度和性能，化学热处理要求标出渗层深度及性能。

在图样上标注热处理的技术条件时，推荐《金属热处理工艺分类及代号》（GB/T12603—2005）。热处理工艺代号的标注方法，如图 4-20 所示。

图 4-20 热处理工艺代号

热处理工艺代号采用 3 位数字系统。热处理工艺代号由基础分类代号和附加分类工艺代号组成。热处理基础分类代号包括热处理工艺总称代号、热处理工艺类型代号和热处理工艺名称代号，在热处理工艺代号中必须标注；附加分类工艺代号包括加热方式代号、退火工艺代号、冷却介质和方法代号，只有对基础工艺中的某些具体实施条件有明确要求时才需要标注。

化学热处理中，没有表明渗入元素的各种工艺，如多元共渗、渗金属、渗其他非金属，可以在其代号后用（化学符号）表示渗入元素种类，例如，渗铝工艺的代号为 536（Al）。

热处理工艺分类及代号见表 4-5 所列，加热方式及代号见表 4-6 所列，退火工艺代号见表 4-7 所列，淬火冷却介质和冷却方法及代号见表 4-8 所列。常用的热处理工艺代号见表 4-9 所列。

表 4-5　热处理工艺分类及代号

工艺总称	代　号	工艺类型	代　号	工艺名称	代　号
热处理	5	整体热处理	1	退火	1
				正火	2
				淬火	3
				淬火和回火	4
				调质	5
				稳定化处理	6
				固溶处理；水韧处理	7
				固溶处理+时效	8
		表面热处理	2	表面淬火和回火	1
				物理气相沉积	2
				化学气相沉积	3
				等离子体增强化学气相沉积	4
				离子注入	5
		化学热处理	3	渗碳	1
				碳氮共渗	2
				渗氮	3
				氮碳共渗	4
				渗其他非金属	5
				渗金属	6
				多元共渗	7

表 4-6　加热方式及代号

加热方式	可控气氛	真空	盐浴	感应	火焰	激光	电子束	等离子体	固体装箱	液态床	电接触
代号	01	02	03	04	05	06	07	08	09	10	11

表 4-7　退火工艺及代号

退火工艺	去应力退火	均匀化退火	再结晶退火	石墨化退火	脱氢退火	球化退火	等温退火	完全退火	不完全退火
代号	St	H	R	G	D	Sp	I	F	P

表 4-8　淬火冷却介质和冷却方法及代号

冷却介质和方法	空气	油	水	盐水	有机聚合物水溶液	热浴	加压淬火	双介质淬火	分级淬火	等温淬火	形变淬火	气冷淬火	冷处理
代号	A	O	W	B	Po	H	Pr	I	M	At	Af	G	C

表 4-9　常用的热处理工艺代号

工　艺	代　号	工　艺	代　号	工　艺	代　号
整体热处理	500	淬火	513	表面淬火+回火	521
退火	511	水冷淬火	513-W	感应淬火和回火	521-04
去应力退火	511-St	油冷淬火	513-Q	火焰淬火和回火	521-05
均匀化退火	511-H	双介质淬火	513-I	物理气相沉淀	522
再结晶退火	511-R	分级淬火	513-M	化学气相沉淀	523
球化退火	511-Sp	等温淬火	513-At	化学热处理	530
等温退火	511-I	淬火及冷处理	513-C	渗碳	531
完全退火	511-F	淬火+回火	514	可控气氛渗碳	531-01
石墨化退火	511-G	调质	515	碳氮共渗	532
正火	512	表面热处理	520	渗氮	533

例如，45 钢制小轴的热处理技术条件标注为 515,235～265HBW，表示对轴进行整体调质，调质处理后布氏硬度值达到 235～265HBW。

4.5.2　热处理工序位置安排

预先热处理包括退火、正火、调质等，其工艺目的主要是消除内应力、改善切削加工性能，为最终热处理做组织准备，其工序位置一般安排在毛坯生产之后、切削加工之前。

退火、正火工序位置：毛坯生产→退火（或正火）→切削加工。

调质工序位置：下料→锻造→正火（或退火）→粗加工（留余量）→调质→半精加工（或精加工）。

最终热处理包括淬火、回火、表面淬火及化学热处理等，其工艺目的是获得零件或工具要求的使用性能，其工序位置一般安排在半精加工之后、精加工之前。

整体淬火位置：下料→锻造→退火（或正火）→粗加工、半精加工（留磨量）→淬火、回火（低、中温）→磨削。

表面淬火位置：下料→锻造→退火（或正火）→粗加工→调质→半精加工（留磨量）→表面淬火、低温回火→磨削。

渗碳工序位置：渗碳件（整体与局部渗碳）的加工路线一般为：下料→锻造→正火→粗、半精加工→渗碳→淬火、低温回火→磨削。

渗氮工序位置：下料→锻造→退火→粗加工→调质→半精加工→去应力退火（俗称高温回火）→粗磨→渗氮→精磨或研磨或抛光。

4.6　金属材料表面处理新技术

4.6.1　热喷涂技术

为改善材料的耐磨性、耐蚀性、耐热性及绝缘性等，将热喷涂材料加热至熔化或半熔化状态，并以一定的速度喷射沉积到经过预处理的基体表面形成涂层的方法称为热喷涂技术。热喷涂有多种工艺方法，诸如等离子喷涂、电弧喷涂、火焰喷涂以及爆炸喷涂等。该技术现已广泛应用于航空航天、冶金、能源、石油化工、机械制造、交通运输、轻工机械、生物工程等各个领域，几乎涉及到所有固态工程材料。

1. 涂层的结构

热喷涂层是由无数变形粒子相互交错呈波浪式堆叠在一起的层状结构。喷涂层中颗粒之间以及喷涂层与基体之间主要是通过镶嵌、咬合、填塞等机械形式连接的，其次是微区冶金结合及化学键结合。值得注意的是，喷涂层的粒子之间不可避免地存在着孔隙和氧化物夹杂等缺陷。孔隙率因喷涂方法不同，一般在4%～20%之间，氧化物夹杂是喷涂材料在空气中发生氧化形成的。涂层的质量因孔隙和夹杂的存在而降低，可通过提高喷涂温度、喷速，采用保护气氛喷涂及喷后重熔处理等方法减少这些缺陷。

2. 热喷涂方法

按照热源不同，常用的热喷涂有以下几种方法。

① 火焰喷涂：多用氧-乙炔火焰作为热源，具有设备简单、操作方便、成本低的优点，但存在涂层质量不太高的不足，目前应用较广。

② 电弧喷涂：是以丝状喷涂材料作为自耗电极、以电弧作为热源的喷涂方法，与火焰喷涂相比，具有涂层结合强度高、能量利用率高、孔隙率低等优点。

③ 等离子喷涂：是一种利用等离子弧作为热源进行喷涂的方法，具有涂层质量优良、适应材料广泛的优点，但设备较复杂。

3. 热喷涂工艺

热喷涂的工艺流程：一般为表面预处理→预热→喷涂→喷后处理。表面预处理主要是在去油、除锈后对表面进行喷砂粗化，预热主要用于火焰喷涂，喷后处理主要包括封孔和重熔等。

4. 热喷涂的特点及应用

热喷涂的特点如下。

① 工艺灵活。热喷涂的对象小到中 $\phi 10$ mm 的内孔，大到铁塔、桥梁。可整体喷涂，也可局部喷涂。

② 基体及喷涂材料广泛。基体可以是金属和非金属，涂层材料可以是金属、合金及塑料陶瓷等。

③ 工件变形小。热喷涂是一种冷工艺，基体材料温度不超过250℃。

④ 热喷涂层可控。从几十微米到几毫米。

⑤ 生产效率高。

由于不同性能的涂层材料和不同的工艺方法，所获得的涂层性能差异很大，可制备热障、可磨耗封严、耐磨密封、抗高温氧化、导电绝缘、远红外辐射等功能涂层。涂层材料几乎涉及到所有固态工程材料的表面保护、强化及修复并满足特殊功能的需要。

4.6.2 气相沉积技术

气相沉积技术是指将含有沉积元素的气相物质，通过物理或化学的方法在工件表面形成功能性或装饰性的金属、非金属或化合物薄膜的一种新型镀膜技术。根据沉积过程成膜原理的不同，可分为物理气相沉积（Physical Vapor Deposition，PVD）和化学气相沉积（Chemical Vapor Deposition，CVD）两大类。

1.　物理气相沉积（PVD）

物理气相沉积是指在真空条件下，采用物理方法，将材料源——固体或液体表面汽化成气态原子、分子或部分电离成离子，并通过低压气体（或等离子体）过程，在基体表面沉积具有某种特殊功能的薄膜技术。物理沉积技术主要包括真空蒸镀、溅射镀、离子镀等三种基本方法。

真空蒸镀是蒸发成膜材料使其汽化或升华沉积到工件表面形成薄膜的方法。根据蒸镀材料熔点的不同，其加热方式有电阻加热、电子束加热、激光加热等多种。真空蒸镀的特点是设备、工艺及操作简单，但因汽化粒子动能低，镀层与基体结合力较弱，镀层较疏松，因而耐冲击、耐磨损性能不高。

溅射镀是在真空下通过辉光放电来电离氩气，氩离子在电场作用下加速轰击阴极，被溅射下来的粒子沉积到工件表面成膜的方法。其优点是汽化粒子动能大、适用材料广泛（包括基体材料和镀膜材料）、均镀能力好，但沉积速度慢、设备昂贵。

离子镀是在真空下利用气体放电技术，将蒸发的原子部分电离成离子，与此同时产生的大量高能中性粒子一起沉积到工件表面成膜的方法。其特点是镀层质量高、附着力强、均镀能力好、沉积速度快，但存在设备复杂、价格昂贵等缺点。

物理气相沉积具有适用的基体材料和膜层材料广泛，工艺简单、省材料、无污染，获得的膜层膜基附着力强、膜层厚度均匀、致密、针孔少等优点，已广泛用于机械、航空航天、电子、光学和轻工业等领域，用于制备耐磨、耐蚀、耐热、导电、绝缘、光学、磁性、压电、滑润、超导等薄膜。

2.　化学气相沉积（CVD）

化学气相沉积是指通过化学反应的方式，利用加热、等离子激励或光辐射等各种能源，在反应器内使气态或蒸汽状态的化学物质在气相或气固界面上经化学反应形成固态沉积物的技术。例如，气态的 $TiCl_4$ 与 N_2 和 H_2 在受热钢的表面反应生成 TiN，并沉积在钢的表面形成耐磨抗蚀的沉积层。

化学气相沉积的特点是：沉积物种类多，可沉积金属、半导体元素、碳化物、氮化物、硼化物等，并能在较大范围内控制膜的组成及晶型；能均匀涂覆几何形状复杂的零件；沉积速度快，膜层致密，与基体结合牢固；易于实现大批量生产等。

由于化学气相沉积膜层具有良好的耐磨性、耐蚀性、耐热性及电学、光学等特殊性能，现今已被广泛用于机械制造、航空航天、交通运输、煤化工等工业领域。

4.6.3　三束表面改性技术

三束表面改性技术是指将激光束、电子束和离子束（合称"三束"）等具有高能量密度的能源（一般大于 $10^3 W/cm^2$）施加到材料表面，使之发生物理、化学变化，以获得特殊表面性能的技术。三束对材料表面的改性是通过改变材料表面的成分和结构来实现的。由于这些束流具有极高的能量密度，可对材料表面进行快速加热和快速冷却，使表层的结构和成分发生大幅度改变（如形成微晶、纳米晶、非晶、亚稳成分固溶体和化合物等），从而获得所需要的特殊性能。此外，束流技术还具有能量利用率高、工件变形小、生产效率高等特点。

1. 激光束表面改性技术

激光是由受激辐射引起的并通过谐振放大了的光。激光与一般光的不同之处是纯单色，具有相干性，因而具有强大的能量密度。由于激光束能量密度高（10^6W/cm^2），可在短时间内将工件表面快速加热或融化，而心部温度基本不变；当激光辐射停止后，由于散热速度快，又会产生"自激冷"。激光束表面改性技术主要应用于以下几方面：

① 激光表面淬火。又称激光相变硬化。它以高能密度的激光束快速照射材料表面，使其需要硬化的部位瞬间吸收光能并立即转化为热能，从而使激光作用区的温度急剧上升到相变温度以上，然后随着材料自行冷却，材料表面得到硬化，材料的耐磨性和抗疲劳性得以大大提高。激光表面淬火件硬度高（比普通淬火高 15%～20%）、耐磨、耐疲劳，变形极小，表面光亮。已被广泛用于发动机缸套、滚动轴承圈、机床导轨、冷作模具等。

② 激光表面合金化。是在高能束激光的作用下，将一种或多种合金元素快速熔入基体表面，使母材与合金材料同时熔化，形成表面合金层，从而使基体表层具有特定的合金成分的技术。具体流程是预先用镀膜或喷涂等技术把所要求的合金元素涂敷到工件表面，再用激光束照射涂敷表面，使表面膜与基体材料表层融合在一起并迅速凝固，从而形成成分与结构均不同于基体的、具有特殊性能的合金化表层。利用这种方法可以进行局部表面合金化，使普通金属零件的局部表面经处理后可获得高级合金的性能。该方法还具有层深层宽可精密控制、合金用量少、对基体影响小，可将高熔点合金涂敷到低熔点合金表面等优点。已被成功用于发动机阀座和活塞环、涡轮叶片等零件的性能和寿命的改善方面。

激光束表面改性技术还可用于激光涂敷，以克服热喷涂层的气孔、夹杂和微裂纹缺陷；还可与气相沉积技术相结合，以提高沉积层与基体的结合力。

2. 电子束表面改性技术

电子束表面改性技术是以在电场中高速移动的电子作为载能体，电子束的能量密度最高可达 $10^9\text{W}/\text{cm}^2$。除所使用的热源不同外，电子束表面改性技术与激光束表面改性技术的原理和工艺基本类似，电子束表面改性的机理与激光束表面改性的机理基本一致，都是利用高能量束流作用于靶材表面产生的热效应以及由此引发的材料微观组织结构和应力状态的变化，从而达到材料表面改性的目的。因此，凡激光束可进行的处理，电子束也都可进行。

与激光束表面改性技术相比，电子束表面改性技术还具有以下特点：

① 由于电子束具有更高的能量密度，所以加热的尺寸范围和深度更大。

② 无需像激光束处理那样在处理之前进行"黑化"（吸光涂层），因此设备投资较低，操作较方便。

③ 因需要真空条件，故零件的尺寸受到限制。

3. 离子注入表面改性技术

离子注入是指在真空下，将注入元素离子在几万至几十万电子伏特电场作用下高速注入材料表面，使材料表面层的物理、化学和机械性能发生变化的方法。

　　离子注入的特点是：可注入任何元素，不受固溶度和热平衡的限制；注入温度可控，不氧化、不变形；注入层厚度可控，注入元素分布均匀；注入层与基体结合牢固，无明显界面；可同时注入多种元素，也可获得两层或两层以上性能不同的复合层。通过离子注入可提高材料的耐磨性、耐蚀性、抗疲劳性、抗氧化性及电、光等特性。

　　目前，离子注入在工具和模具制造工业的应用效果突出，在微电子技术、生物工程、宇航及医疗等高技术领域也获得了比较广泛地应用。

　　其他表面处理新技术还包括热渗镀技术（如热渗镀锌、热渗镀铝）、特种电镀技术（如电刷镀、低温镀铁）、化学镀技术（如化学镀镍、磷化处理） 等。

复习题四

4-1　填空题

1．热处理的基本过程包括_____、_____和_____。

2．热处理工艺分为_____、_____和_____。

3．热处理加热时，影响奥氏体晶粒度的工艺因素主要有_____与_____。

4．马氏体的形态主要有_____和_____两种。

5．马氏体的硬度主要取决于_____。

6．等温淬火获得的淬火组织是_____。

7．淬火的目的是获得_____组织。

4-2　选择题

1．过共析钢成分的碳钢件，其预先热处理方法通常选用（　　）。
　　A．完全退火　　　　B．球化退火　　　　C．等温退火　　　　D．正火

2．20 钢，其预先热处理方法通常选用（　　）。
　　A．完全退火　　　　B．球化退火　　　　C．等温退火　　　　D．正火

3．（　　）钢适合渗碳工艺。
　　A．45　　　　　　　B．20　　　　　　　C．60　　　　　　　D．40Cr

4．锉刀的最终热处理工艺一般是（　　）。
　　A．淬火+低温回火　　　B．调质　　　　C．淬火+中温回火　　　D．氮化

5．弹簧的最终热处理工艺一般是（　　）。
　　A．淬火+低温回火　　　B．调质　　　　C．淬火+中温回火　　　D．氮化

6．轴类零件的最终热处理工艺一般是（　　）。
　　A．淬火+低温回火　　　B．调质　　　　C．淬火+中温回火　　　D．氮化

7．淬火后硬度最高的是（　　）。
　　A．20　　　　　　　B．45　　　　　　　C．40Cr　　　　　　D．T12

8．以下材料牌号中淬透性最好的是（　　）。
　　A．20　　　　　　　B．45　　　　　　　C．40Cr　　　　　　D．T12

4-3 判断题

1. 钢的含碳量越高，淬火温度越高。 （　）
2. 分级淬火可以预防淬火裂纹。 （　）
3. 退火工艺是典型的最终热处理工艺。 （　）
4. 零件淬火后必须及时回火。 （　）
5. 钢的淬透性越高，淬硬性也越高。 （　）

4-4 问答题

1. 热处理工艺都是由哪三个阶段组成的？每个阶段的目的是什么？
2. 何谓钢的退火？其目的是什么？退火工艺有哪几类？
3. 何谓正火？怎样选择正火和退火？
4. 何谓钢的淬透性？何谓钢的淬硬性？它们各自取决于什么因素？
5. 常用的淬火冷却介质有哪几种？分别说明它们的冷却特性、优缺点及应用范围。
6. 常用的淬火方法有哪几种？说明它们的主要特点及其应用范围。
7. 何谓回火？回火的目的是什么？回火可分为哪几类？各用于什么场合？
8. 某汽车齿轮选用 20CrMnTi 制造，其工艺路线为：

下料→锻造→正火①→切削加工→渗碳②→淬火③→低温回火④→喷丸→磨削。

请说明①、②、③、④四项热处理工艺的目的。

第5章　钢铁材料

【学习要点】

钢铁材料在现代化大生产中占有极其重要的地位,材料质料的优劣和选用是否适当,直接关系到工程的质量寿命和人身安全。本章主要学习钢铁材料的基础知识,包括钢中元素的作用、钢铁材料的分类和牌号、常用钢铁材料的性能特点及应用等内容。

【基本要求】

掌握钢铁材料中的元素及其对钢铁材料的影响;掌握钢铁材料的牌号和分类方法;掌握常用钢铁材料的性能特点及应用。

5.1　钢铁材料的分类

钢铁材料又称黑色金属材料，是以铁和碳为主要组元的铁碳合金。钢铁材料包括钢和铸铁。钢是"以铁为主要元素、含碳量在 2.11%以下，并含有其他元素的材料"。铸铁是含碳量在 2.11%以上的铁碳合金，工业用铸铁一般含碳量为 2.11%～4.3%。

5.1.1　钢的分类

1.　传统分类方法

① 按钢的化学成分分类，分为碳素钢（简称碳钢）和合金钢。

② 按钢的质量分类（实质上是按钢中的有害杂质元素 S、P 的含量分类），分为：

普通质量钢 $w_S \leqslant 0.055\%$，$w_P \leqslant 0.045\%$；

优质钢 $w_S \leqslant 0.040\%$，$w_P \leqslant 0.040\%$；

高级优质钢 $w_S \leqslant 0.030\%$，$w_P \leqslant 0.035\%$；

特级优质钢 $w_S \leqslant 0.025\%$，$w_P \leqslant 0.030\%$；

③ 按脱氧程度分类，分为：

沸腾钢　指脱氧不完全的钢。用弱脱氧剂（如锰铁）脱氧后，钢水中留有的氧与碳发生化学反应，放出一氧化碳气体。因此，在浇注时钢水在钢锭模内呈沸腾现象，故称为沸腾钢。

镇静钢　指脱氧完全的钢。一般使用强脱氧剂（如硅铁或铝）脱氧。优质钢和合金钢一般都是镇静钢。

半镇静钢　指脱氧较完全的钢。脱氧程度介于沸腾钢和镇静钢之间，浇注时有沸腾现象，但较沸腾钢弱。

特殊镇静钢　指比镇静钢脱氧程度更充分彻底的钢。

④ 按用途分类，分为：

结构钢　主要用于制造各种机械零件和工程结构件的钢，通常其 $w_C < 0.7\%$。

工具钢　主要用于制造各种刃具、模具和量具的钢，通常其 $w_C \geqslant 0.7\%$。

专用钢　包括压力容器用钢、造船用钢、矿山用钢、易切钢等。

特殊性能钢　指含有特意添加的合金元素（用符号 M_e 表示）或者用特殊工艺方法生产的具有特殊的物理和化学性能的合金钢。

⑤ 碳钢按含碳量高低分类，分为：

低碳钢 $w_C = 0.08\% \sim 0.25\%$

中碳钢 $w_C = 0.25\% \sim 0.60\%$

高碳钢 $w_C = 0.60\% \sim 1.40\%$

⑥ 合金钢按合金元素总含量分类，分为：

低合金钢 $w_{Me} < 5\%$

中合金钢 $w_{Me} = 5\% \sim 10\%$

高合金钢 $w_{Me} > 10\%$

⑦ 合金钢按主加合金元素种类分类，分为：

铬钢、锰钢、铬镍钢、铬钼钢、硅锰钢、铬镍锰钢、硅锰钼矾钢等。

2. 新分类方法

按照 GB/13304—2008 "钢分类" 的规定，钢的分类分为两部分：第一部分，按化学成分分类；第二部分，按主要质量等级和主要性能或使用性能的分类。

① 按化学成分分类，分为非合金钢、低合金钢和合金钢。钢中元素处于表 5-1 中的非合金钢、低合金钢、合金钢相应元素的界限值范围内时，分别称为非合金钢、低合金钢、合金钢。

表 5-1 非合金钢、低合金钢和合金钢合金元素规定含量界限值

合金元素	合金元素规定含量界限值（质量分数）/%		
	非合金钢	低合金钢	合金钢
Al	<0.10	—	≥0.10
B	<0.0005	—	≥0.000 5
Bi	<0.10	—	≥0.10
Cr	<0.30	0.30～<0.50	≥0.50
Co	<0.10	—	≥0.10
Cu	<0.10	0.10～<0.50	≥0.50
Mn	<1.00	1.00～<1.40	≥1.40
Mo	<0.05	0.05～<0.10	≥1.40
Ni	<0.30	0.30～<0.50	≥0.10
Nb	<0.02	0.02～<0.06	≥0.50
Pb	<0.40	—	≥0.06
Se	<0.10	—	≥0.10
Si	<0.10	0.50～<0.90	≥0.90
Te	<0.10	—	≥0.10
Ti	<0.05	0.05～<0.13	≥0.13
W	<0.10	—	≥0.10
V	<0.04	0.04～<0.12	≥0.12
Zr	<0.05	0.05～<0.12	≥0.12
La 系（每一种元素）	<0.02	0.02～<0.05	≥0.05
其他元素（S、P、C、N 除外）	<0.05	—	≥0.05

除非合同或订单中另有协议，表中 Bi、Pb、Se、Te、La 系和其他元素（S、P、C、N 除外）的规定界限值不予考虑

注 1：La 系元素含量，也可作为混合稀土含量总量；

注 2：表中 "—" 表示不规定，不作为划分依据。

② 按主要质量等级和主要性能或使用性能的分类，见表 5-2 所列。

表 5-2 按主要质量等级和主要性能或使用性能的分类

类 别	质量等级、性能或特性	名 称
非合金钢	按主要质量等级分类	普通质量非合金钢
		优质非合金钢
		特殊质量非合金钢
	按主要性能或主要特性分类	以规定最高强度（或硬度）为主要特性的非合金钢
		以规定最低强度为主要特性的非合金钢

（续表）

类　别	质量等级、性能或特性	名　称
非合金钢	按主要性能或主要特性分类	以限制碳含量为主要特性的非合金钢
		非合金易切削钢
		非合金工具钢
		规定磁性能和电性能的非合金钢
		其他非合金钢
低合金钢	按主要质量等级分类	普通质量低合金钢
		优质低合金钢
		特殊质量低合金钢
	按主要性能或使用特性分类	可焊接的低合金高强度结构钢
		低合金耐候钢合金钢
		低合金混凝土用钢及预应力用钢
		矿用低合金钢
		铁道用低合金钢
		其他低合金钢
合金钢	按主要质量等级分类	优质合金钢
		特殊质量合金钢
	按主要性能或使用特性分类	工程结构用合金钢
		机械结构用合金钢
		不锈钢、耐蚀钢和耐热钢
		工具钢
		轴承钢
		特殊物理性能钢
		其他合金钢

5.1.2　铸铁的分类

1.　按碳在铸铁中的存在形式分类

按碳在铸铁中的存在分类有如下三种：

① 灰口铸铁，铸铁中的碳主要以石墨形式存在，断口呈暗灰色。

② 白口铸铁，铸铁中的碳主要以 Fe_3C 形式存在，断口呈亮白色。

③ 麻口铸铁，铸铁中的碳以石墨和 Fe_3C 两种形式存在，断口呈黑白相间的麻点。

2.　按石墨的形态分类

按石墨的形态分类有如下四种：

① 灰铸铁，铸铁中的石墨呈片状。

② 可锻铸铁，铸铁中的石墨呈团絮状。

③ 球墨铸铁，铸铁中的石墨呈球状。

④ 蠕墨铸铁，铸铁中的石墨呈蠕虫状。

3.　按化学成分分类

按化学成分分类有如下两种：

① 普通铸铁，不含特意加入合金元素的铸铁。

② 合金铸铁，指在普通铸铁中加入合金元素而具有特殊性能的铸铁。

5.1.3　钢铁及合金牌号统一数字代号

钢铁及合金牌号统一数字代号体系（GB/T17616—2013），其表示方法：统一数字代号由固定的六位符号组成，左边第一位用大写的拉丁字母作前缀（一般不适用"I"和"O"字母），后接五位阿拉伯数字。

统一数字代号的结构形式如下：

钢铁及合金的类型与统一数字代号见表 5-3 所列。非合金钢的细分类与统一数字代号见表 5-4 所列，低合金钢的细分类与统一数字代号见表 5-5 所列，合金结构钢的细分类与统一数字代号见表 5-6 所列，轴承钢的细分类与统一数字代号见表 5-7 所列，工具钢的细分类与统一数字代号见表 5-8 所列。

表 5-3　钢铁及合金的类型与统一数字代号

钢铁及合金的类型	前缀字母	统一数字代号
合金结构钢	A	A×××××
轴承钢	B	B×××××
铸铁、铸钢及铸造合金	C	C×××××
电工用钢和纯铁	E	E×××××
铁合金和生铁	F	F×××××
高温合金和耐蚀合金	H	H×××××
精密合金及其他特殊物理性能材料	J	J×××××
低合金钢	L	L×××××
杂类材料	M	M×××××
粉末及粉末材料	P	P×××××
快淬金属及合金	Q	Q×××××
不锈、耐蚀和耐热钢	S	S×××××
工具钢	T	T×××××
非合金钢	U	U×××××
焊接用钢及合金	W	W×××××

表 5-4　非合金钢的细分类和统一数字代号

统一数字代号	非合金钢细分类
U0××××	（暂空）
U1××××	非合金一般结构及工程结构钢（表示强度特性值的钢）
U2××××	非合金机械结构钢（包括非合金弹簧钢，表示成分特性值的钢）
U3××××	非合金特殊专用结构钢（表示强度特性值的钢）
U4××××	非合金特殊专用结构钢（一般非合金冷顶锻用钢，表示成分特性值的钢）
U5××××	非合金特殊专用结构钢（非合金锅炉压力容器用钢、非合金造船钢，表示成分特性值的钢）
U6××××	非合金铁道专用钢
U7××××	非合金易切削钢
U8××××	（暂空）
U9××××	（暂空）

表 5-5　低合金钢的细分类与统一数字代号

统一数字代号	低合金钢细分类
L0××××	低合金一般结构钢（表示强度特性值的钢）
L1××××	低合金专用结构钢（表示强度特性值的钢）
L2××××	低合金专用结构钢（表示成分特性值的钢）
L3××××	低合金钢筋钢（表示强度特性值的钢）
L4××××	低合金钢筋钢（表示成分特性值的钢）
L5××××	低合金耐候钢
L6××××	低合金铁道专用钢
L7××××	（暂空）
L8××××	（暂空）
L9××××	其他低合金

表 5-6　合金结构钢的细分类与统一数字代号

统一数字代号	合金结构钢（包括合金弹簧钢）细分类
A0××××	Mn（×）、MnMo（×）系钢
A1××××	SiMn（×）、SiMnMo（×）系钢
A2××××	Cr（×）、CrSi（×）、CrMn（×）、CrV（×）、CrMnSi（×）系钢
A3××××	CrMo（×）、 CrMoV（×）系钢
A4××××	CrNi（×）系钢
A5××××	CrNiMo（×）、CrNiW（×）系钢
A6××××	Ni（×）、NiMo（×）、NiCo Mo（×）、Mo（×）、MoWV（×）系钢
A7××××	B（×）、MnB（×）、SiMnB（×） 系钢
A8××××	（暂空）
A9××××	其他合金结构钢

表 5-7　轴承钢的细分类与统一数字代号

统一数字代号	轴承钢细分类
B0××××	高碳铬轴承钢
B1××××	渗碳轴承钢
B2××××	高温、不锈轴承钢

（续表）

统一数字代号	轴承钢细分类
B3××××	无磁轴承钢
B4××××	石墨轴承钢
B5××××	（暂空）
B6××××	（暂空）
B7××××	（暂空）
B8××××	（暂空）
B9××××	（暂空）

表 5-8　工具钢的细分类与统一数字代号

统一数字代号	工具钢细分类
T0××××	非合金工具钢（包括一般非合金工具钢、含锰非合金工具钢）
T1××××	非合金工具钢（包括非合金塑料模具钢、非合金钎具钢）
T2××××	合金工具钢（包括冷作、热作模具钢、合金塑料模具钢、无磁模具钢）
T3××××	合金工具钢（包括量具刃具钢）
T4××××	合金工具钢（包括耐冲击工具钢、钎具钢合金）
T5××××	高速工具钢（W 系高速工具钢）
T6××××	高速工具钢（W-Mo 系高速工具钢）
T7××××	高速工具钢（Co 系高速工具钢）
T8××××	（暂空）
T9××××	（暂空）

5.2　钢铁中的元素及其作用

钢铁材料中的元素可分为基本元素、杂质元素和合金元素。铁和碳是钢铁材料中的基本元素，其中的碳对钢铁材料的性能起着决定性作用。钢铁冶炼过程中，铁矿石、焦炭、脱氧剂等原料会带入 Si、Mn、P、S、O、N、H 等，这些元素是非有意加入的，称为杂质元素。钢铁冶炼过程中，为使钢铁材料具有某些性能，有目的地加入一定量的一种或多种元素，这些元素称为合金元素。

5.2.1　杂质元素对钢的影响

锰钢和硅钢除外，一般认为锰（Mn）、硅（Si）、磷（P）、硫（S）是钢中主要的杂质元素，它们在钢中的含量较低。

1．锰的影响

锰主要是炼钢时加入锰铁脱氧而残留在钢中的。锰的脱氧能力较好，能清除钢中的 FeO，提高钢的韧性；锰能溶入铁素体，形成合金铁素体，提高钢的强度和硬度。锰还能与硫形成 MnS，以减轻硫的有害作用。所以锰是钢中的有益元素。但是，锰作为杂质存在时，其含量一般不超过 0.8%，对钢的性能影响不大。

2．硅的影响

硅是炼钢时加入硅铁脱氧而残留在钢中的。硅的脱氧能力比锰强，更有利于提高钢的韧性，但硅含量过高时会降低钢的塑性和韧性；硅能溶入铁素体，形成合金铁素体，提高钢的强度和硬度。因此硅也是钢中的有益元素。但硅作为杂质存在时，其含量一般小于0.4%，对钢的性能影响不大。

3. 硫的影响

硫是炼钢时由矿石和燃料带入的。硫与铁形成化合物 FeS，FeS 与铁则形成低熔点（985℃）的共晶体并分布在晶界处。将钢加热到 1100～1200℃进行锻压加工时，晶界上的共晶体容易熔化，造成钢在锻压过程中开裂，这种现象称为"热脆"。因此，硫是钢中的有害元素，其含量应严格控制。

4. 磷的影响

磷是炼钢时由矿石带入的。磷可全部溶于铁素体，产生强烈的固溶强化，使钢的强度和硬度增加。但是，磷会使钢的塑性和韧性显著下降，这种脆化现象在低温时更为严重，故称为"冷脆"。磷在结晶时还容易偏析，产生局部冷脆。因此，磷也是钢中的有害元素，其含量必须严格控制。

虽然硫和磷是钢中的有害元素，但有时它们也会表现出其有利的一面。例如，切削硫或磷含量较多的钢时，切屑容易脆断而形成断裂切屑，硫或磷起到了改善切削加工性能的作用。

5.2.2 合金元素的作用

1. 合金元素在钢中的存在形式

钢中添加的合金元素种类很多，常用的有 Si、Mn、Cr、Ni、Al、B、Mo、W、V、Ti、Nb、Cu、Co、稀土等。合金元素在钢中有三种存在形式：固溶体、化合物、游离态。

（1） 固溶体

大多数合金元素（如 Mn、Cr、Ni 等）都能溶入铁素体、奥氏体、马氏体，形成合金铁素体、合金奥氏体和合金马氏体等固溶体。合金元素的溶入造成合金的固溶强化，例如合金元素溶于铁素体，引起铁素体晶格畸变，产生固溶强化，使铁素体的强度、硬度升高，塑性、韧性下降，如图 5-1 所示。

（a）对硬度的影响

（b）对韧性的影响

图 5-1 合金元素对铁素体力学性能的影响

（2）化合物

合金元素与钢中的碳、其他合金元素、杂质元素相互作用，形成碳化物、金属间化合物和非金属夹杂物。

碳化物：碳化物的主要形式是合金渗碳体{如（Fe，Mn）$_3$C、（Fe，Cr）$_3$C}和特殊碳化物（如 WC、MoC、VC、TiC）。

能形成碳化物的合金元素称为碳化物形成元素，如 Fe、Mn、Cr、Mo、W、V、Nb、Zr、Ti 等（按与碳亲和力由弱到强排列），其中，V、Ti、Nb、Zr 是强碳化物形成元素，Cr、Mo、W 属于中强碳化物形成元素，Fe、Mn 是弱碳化物形成元素。合金元素与碳的亲和力越强，碳化物的稳定性越高，硬度也越高。

合金元素形成碳化物，产生弥散强化，使钢的硬度、强度提高，塑性、韧性下降。

金属间化合物：在某些高合金钢中，合金元素之间相互作用，形成金属间化合物，如 Ni$_3$Al、Ni$_3$Ti 等，它们在钢中的作用类似于碳化物，有时会使钢具有某些特殊性能。

非金属夹杂物：合金元素与杂质元素相互作用，形成非金属夹杂物，如 Al$_2$O$_3$、SiO$_2$ 等，它们大多情况下是有害的，主要降低钢的强度，尤其是降低钢的韧性和疲劳强度，故应严格控制非金属夹杂物的级别。

（3）游离态

钢中的 Pb、Cu 等，既不溶于铁，也不形成化合物，而以游离态存在。通常情况下，游离态元素对钢的性能产生不利影响。

2. 合金元素对 Fe-Fe$_3$C 相图的影响

（1）合金元素对奥氏体相区的影响

Ni、Mn 等合金元素使奥氏体相区扩大，GS 线向左下移，A$_1$ 线、A$_3$ 线下降。当钢中的这类合金元素含量足够高时，可使奥氏体相区扩大至常温，得到室温平衡基体组织为奥氏体的钢，这类钢称为奥氏体钢。

Cr、Mo、Ti、Si、Al 等合金元素使单相奥氏体区缩小，GS 线向右上移，A$_1$ 线、A$_3$ 线升高。当钢中的这类合金元素含量足够大时，得到室温平衡基体组织为铁素体的钢，这类钢称为铁素体钢。

（2）合金元素对 S、E 点的影响

大多合金元素都使 Fe-Fe$_3$C 相图的 S 点和 E 点左移。S 点左移，使某些亚共析成分的钢具有过共析组织；E 点左移，使某些钢中出现莱氏体。这种含有莱氏体组织的高合金钢称为莱氏体钢。

3. 合金元素对钢热处理的影响

（1）对热处理加热时过程的影响

大多数合金元素能减小奥氏体化速度，其原因是钢中的化合物熔点高，溶解速度慢，且难以扩散。

大多数合金元素有利于获得细小的奥氏体晶粒，其原因是高熔点的化合物细小颗粒分散在奥氏体内，阻止了奥氏体晶粒的长大。

由以上分析可知：与碳钢相比，合金钢工件热处理时需要更高的加热温度和更长的保温时间，且一般不易出现过热缺陷。

（2） 对淬火工艺的影响

除 Co 外，大多数合金元素（如 Cr、Ni、Mn、Si、Mo、B 等）溶于奥氏体后都使钢的过冷奥氏体稳定性提高，从而使钢的淬透性提高。

除 Co、Al 以外，大多数合金元素都使 Ms 点和 M_f 下降，使合金钢淬火时的残余奥氏体量增多。

（3） 对回火工艺的影响

提高回火稳定性：淬火钢在回火时，抵抗强度、硬度下降的能力称为回火稳定性。因为溶入马氏体的合金元素阻碍马氏体的分解和残余奥氏体的转变，所以合金钢回火时强度、硬度下降缓慢，且需要比非合金钢更高的加热温度，即提高了钢的回火稳定性。

二次硬化：如钢中含有 Cr、Mo、V、Ti、Nb 等碳化物形成元素，经淬火并在 500～600℃之间回火时，不仅硬度不降低，反而升高到接近淬火钢的高硬度值，这种强化效应，称为合金钢的二次硬化，如图 5-2 所示。二次硬化的原因是回火时特殊碳化物的析出和奥氏体转变为马氏体或贝氏体。

产生第二类回火脆性：这是合金元素对回火的不利影响。

图 5-2　钼钢的回火温度与硬度关系曲线

5.3　非合金钢

非合金钢也称碳钢，其工艺性能良好，力学性能能满足大部分一般工程中的钢结构和机器中的零件使用性能要求，在工业中得到广泛应用。工业生产中常用的非合金钢主要有普通碳素结构钢、优质碳素结构钢、非合金工具钢等。

5.3.1　普通碳素结构钢

普通碳素结构钢的含碳量小于 0.38%，以小于 0.25%最为常见，其硫、磷含量较高。此类钢的强度较低，塑性、韧性较好，具有良好的焊接性能和冲压性能，广泛应用于制造各种工程中的结构件，少量用于制造机器中的普通零件。

碳素结构钢通常以各种板材、带材、棒材和型材等形式供应，一般在热轧状态下使用。

GB/T700—2006"碳素结构钢"规定：碳素结构钢的牌号由代表屈服强度的字母 Q、

屈服强度数值、质量等级符号（A、B、C、D）和脱氧方法符号（F、b、Z、TZ）等四部分按顺序组成。在牌号表示方法中，质量等级符号"Z"、"TZ"可以省略。例如：Q235AF，表示屈服强度不低于235MPa、质量等级为A级的碳素结构钢，属于沸腾钢。

碳素结构钢的牌号、性能和用途见表5-9所列。

表5-9　碳素结构钢的牌号、性能特点及用途

牌　号	统一数字代号[a]	质量等级	脱氧方法	主要性能	应用举例
Q195	U11952	-	F、Z	强度低，好的塑性和韧性，良好的焊接性能和压力加工性能	用于制造地脚螺栓、铆钉、铁钉、薄铁皮、钢丝、焊接结构等
Q215	U12152	A	F、Z		
	U12155	B			
Q235	U12352	A	F、Z	一定的强度，良好的塑性和韧性，良好的焊接性能和压力加工性能	用于制造一般机械中的螺栓、螺母、垫片、连杆、销、轴等，各种建筑、桥梁用角钢、槽钢、工字钢、钢筋等
	U12355	B			
	U12358	C	Z		
	U12359	D	TZ		
Q275	U12752	A	F、Z	较高的强度，较好的塑性和韧性，一定的焊接性能	用于制造强度要求较高的机械零件，如齿轮、轴、链轮、链节、键、螺栓、螺母及农机用型钢
	U12755	B	Z		
	U12758	C			
	U12759	D	TZ		

a 表中为镇静钢、特殊镇静钢牌号的统一数字代号，沸腾钢的统一数字代号如下：

Q195F——U11950

Q215AF——U12150，Q215BF——U12153

Q235AF——U12350，Q235BF——U12353

Q235AF——U12750

表中碳素结构钢牌号摘录于 GB/T700—2006 "碳素结构钢" 规定

5.3.2　优质碳素结构钢

优质碳素结构钢中的有害杂质 S、P 含量低，其硫（S）、磷（P）杂质元素含量一般控制在 0.035% 以下。此类钢必须同时保证化学成分和力学性能。此类钢产量较大，用途较广，一般轧（锻）制成圆、方、扁等型材、板材和无缝钢管，主要用于制造一般工程结构及机械结构零部件以及建筑结构件和输送流体用管道。优质碳素结构钢使用前一般都要进行热处理。

优质碳素结构钢按冶金质量等级不同，分为优质钢、高级优质钢和特级优质钢；按使用加工方法不同，分为压力加工用钢和切削加工用钢；按含碳量不同，可分为低碳钢（$w_C \leqslant 0.25\%$）、中碳钢（w_C 为 0.25%～0.6%）和高碳钢（$w_C > 0.6\%$）；按含锰量不同，分为正常含锰量（含锰 0.25%～0.8%）和较高含锰量（含锰 0.70%～1.20%）两组，后者具有较好的力学性能和加工性能。

依据 GB/T699—1999 规定，优质碳素结构钢的牌号用两位数字表示，其中的数字表示钢中平均含碳量的万分数。例如，45 钢表示 w_C=0.45% 的优质碳素结构钢。较高含锰量的优质碳素结构钢，在牌号后加 Mn。例如，65Mn，表示 w_C=0.65%，锰含量较高的优质碳素结构钢。如果是高级优质钢，在牌号后加 "A"，如果是特级优质钢，在牌号后加 "E"，对于沸腾钢，牌号后加 "F"，对于半镇静钢，牌号后加 "b"。

优质碳素结构钢的化学成分、性能和用途见表5-10所列。

表 5-10　优质碳素结构钢的化学成分、性能和用途（摘自 GB/T699—1999）

牌号	统一数字代号	R_m /MPa	性能特点	用途举例
08F	U20080	295	优质沸腾钢，强度、硬度低，塑性极好。深冲压、深拉延性好，冷加工性、焊接性好成分偏析倾向大，时效敏感性大，故冷加工时，可采用消除应力热处理，或水韧处理，防止冷加工断裂	易轧成薄板，薄带、冷变型材、冷拉钢丝，用作冲压件、压延件，各类不承受载荷的覆盖件、渗碳、渗氮、氰化件、制作各类套筒、靠模、支架
10F	U20100	315	强度低（稍高于 08 钢），塑性、韧性很好，焊接性优良，无回火脆性。易冷热加工成型、淬透性很差，正火或冷加工后切削性能好	宜用冷轧、冷冲、冷镦、冷弯、热轧、热挤压、热镦等工艺成型，制造要求受力不大、韧性高的零件，如摩擦片、深冲器皿、汽车车身、弹体等
15F	U20150	355	强度、硬度、塑性与 10F、10 钢相近。为改善其切削性能需进行正火或水韧处理适当提高硬度。淬透性、淬硬性低、韧性、焊接性好	制造受力不大，形状简单，但韧性要求较高或焊接性能较好的中、小结构件、螺钉、螺栓、拉杆、起重钩、焊接容器等
08	U20082	325	时效敏感性比 08F 弱，冲压性能也较稳定。强度不高，而塑性和韧性甚高，有良好的冲压、拉伸和弯曲性能，焊接性能良好。08Al 钢是深冲压专用钢板用钢	大多数生产高精度薄钢板，用于制造深冲压和深拉延制品，如汽车用深冲板、各种贮器、油桶、仪表板等；也用于制成管子、垫片及心部强度要求不高的渗碳和氰化零件，如套筒、短轴、离合器盘，及电焊条
10	U20102	335	强度低（稍高于 08 钢），塑性、韧性很好，焊接性优良，无回火脆性。易冷热加工成型、淬透性很差，正火或冷加工后切削性能好	宜用冷轧、冷冲、冷镦、冷弯、热轧、热挤压、热镦等工艺成型，制造要求受力不大、韧性高的零件，如摩擦片、深冲器皿、汽车车身、弹体等
15	U20152	375	强度、硬度、塑性与 10F、10 钢相近。为改善其切削性能需进行正火或水韧处理适当提高硬度。淬透性、淬硬性低、韧性、焊接性好	制造受力不大，形状简单，但韧性要求较高或焊接性能较好的中、小结构件、螺钉、螺栓、拉杆、起重钩、焊接容器等
20	U20202	410	强度硬度稍高于 15F，15 钢，塑性焊接性都好，热轧或正火后韧性好	制作不太重要的中、小型渗碳、碳氮共渗件、锻压件，如杠杆轴、变速箱变速叉、齿轮，重型机械拉杆、钩环等
25	U20152	450	具有一定强度、硬度。塑性和韧性好。焊接性、冷塑性加工性较高，被切削性中等、淬透性、淬硬性差。淬火后低温回火后强韧性好，无回火脆性	焊接件、热锻、热冲压件渗碳后用作耐磨件
30	U20302	490	强度、硬度较高，塑性好、焊接性尚好，可在正火或调质后使用，适于热锻、热压。被切削性良好	用于受力不大，温度<150℃的低载荷零件，如丝杆、拉杆、轴键、齿轮、轴套筒等，渗碳件表面耐磨性好，可作耐磨件
35	U20352	530	强度适当。塑性较好，冷塑性高，焊接性尚可。冷态下可局部镦粗和拉丝	淬透性低，正火或调质后使用，适于制造小截面零件，可承受较大载荷的零件，如曲轴、杠杆、连杆、钩环等，各种标准件、紧固件
40	U20402	570	强度较高，可切削性良好，冷变形能力中等，焊接性差，无回火脆性，淬透性低，易生水淬裂纹	多在调质或正火态使用，两者综合性能相近，表面淬火后可用于制造承受较大应力件适于制造曲轴心轴、传动轴、活塞杆、连杆、链轮、齿轮等，作焊接件时需先预热，焊后缓冷
45	U20452	600	最常用中碳调质钢，综合力学性能良好，淬透性低，水淬时易生裂纹	小型件宜采用调质处理，大型件宜采用正火处理 主要用于制造强度高的运动件，如蒸汽机叶轮、压缩机活塞及轴、齿轮、齿条、蜗杆等。焊接件注意焊前预热，焊后消除应力退火

（续表）

牌 号	统一数字代号	R_m/MPa	性能特点	用途举例
50	U20202	630	高强度中碳结构钢，冷变形能力低，可切削性中等。焊接性差，无回火脆性，淬透性较低，水淬时易生裂纹	使用状态：正火，淬火后回火，高频表面淬火，适用于在动载荷及冲击作用不大的条件下耐磨性高的机械零件、锻造齿轮、拉杆、轧辊、轴摩擦盘、机床主轴、发动机曲轴、农业机械犁铧、重载荷心轴及各种轴类零件等，及较次要的减振弹簧、弹簧垫圈等
55	U20552	645	具有高强度和硬度，塑性和韧性较差，被切削性中等，焊接性差，淬透性差，水淬时易淬裂	在正火或调质处理后使用，适于制造高强度、高弹性、高耐磨性机件、齿轮、连杆、轮圈、轮缘、机车轮箍、扁弹簧、热轧轧辊等
60	U20602	675	具有高强度、高硬度和高弹性。冷变形时塑性差，可切削性能中等，焊接性不好，淬透性差，水淬易生裂纹	故大型件用正火处理。轧辊、轴类、轮箍、弹簧圈、减振弹簧、离合器、钢丝绳
65	U20652	695	适当热处理或冷作硬化后具有较高强度与弹性。焊接性不好，易形成裂纹，不宜焊接，可切削性差，冷变形塑性低，淬透性不好，一般采用油淬，大截面件采用水淬油冷，或正火处理。其特点是在相同组态下其疲劳强度可与合金弹簧钢相当	宜用于制造截面、形状简单、受力小的扁形或螺形弹簧零件，如汽门弹簧、弹簧环等也宜用于制造高耐磨性零件，如轧辊、曲轴、凸轮及钢丝绳等
70	U20702	705	强度和弹性比 65 钢稍高，其他性能与65 钢近似	弹簧、钢丝、钢带、车轮圈等
75	U20752	1080	性能与65、70 钢相似，但强度较高而弹性略低，其淬透性亦不高	通常在淬火、回火后使用，板弹簧、螺旋弹簧、抗磨损零件、较低速车轮等
80	U20802	1080		
85	U20852	1130	含碳量最高的高碳结构钢，强度、硬度比其他高碳钢高，但弹性略低，其他性能与65,70,75,80 钢相近似	淬透性仍然不高，铁道车辆、扁形板弹簧、圆形螺旋弹簧、钢丝钢带等
15 Mn	U21152	410	含锰（w_{Mn}=0.70%～1.00%）较高的低碳渗碳钢，因锰高故其强度、塑性、可切削性和淬透性均比 15 钢提高，渗碳与淬火时表面形成软点较少，宜进行渗碳、碳氮共渗处理，得到表面耐磨而心部韧性好的综合性能	热轧或正火处理后韧性好，齿轮、曲柄轴、支架、铰链、螺钉、螺母及铆焊结构件，板材适于制造油罐等，寒冷地区农具，如奶油罐等
20 Mn	U21202	450	其强度和淬透性比 15Mn 钢略高，其他性能与 15Mn 钢相近	与 15Mn 钢基本相同
25 Mn	U21252	490	性能与20Mn 及 25 钢相近，强度稍高	与 20Mn 及 25 钢相近
30 Mn	U21302	540	与 30 钢相比具有较高的强度和淬透性，冷变形时塑性好，焊接性中等，可切削性良好。热处理时有回火脆性倾向及过热敏感性	螺栓、螺母、螺钉、拉杆、杠杆、小轴、刹车机齿轮
35 Mn	U21352	560	强度及淬透性比 30Mn 高，冷变形时的塑性中等。可切削性好，但焊接性较差	宜调质处理后使用，转轴、啮合杆、螺栓、螺母、螺钉等，心轴、齿轮等
40 Mn	U21402	590	淬透性略高于 40 钢。热处理后，强度、硬度、韧性比 40 钢稍高，冷变形塑性中等，可切削性好，焊接性低，具有过热敏感性和回火脆性，水淬易裂	耐疲劳件、曲轴、辊子、轴、连杆、高应力下工作的螺钉、螺母等

（续表）

牌　号	统一数字代号	R_m/MPa	性能特点	用途举例
45 Mn	U21452	620	中碳调质结构钢，调质后具有良好的综合力学性能。淬透性、强度、韧性比 45 钢高，可切削性尚好，冷变形塑性低，焊接性差，具有回火脆性倾向	转轴、心轴、花键轴、汽车半轴、万向接头轴、曲轴、连杆、制动杠杆、啮合杆、齿轮、离合器、螺栓、螺母等
50 Mn	U21502	645	性能与50钢相近，但其淬透性较高，热处理后强度、硬度、弹性均稍高于50钢。焊接性差，具有过热敏感性和回火脆性倾向	用作承受高应力零件。高耐磨零件。如齿轮、齿轮轴、摩擦盘、心轴、平板弹簧等
60 Mn	U21602	695	强度、硬度、弹性和淬透性比60钢稍高，退火态可切削性良好、冷变形塑性和焊接性差，具有过热敏感和回火脆性倾向	大尺寸螺旋弹簧、板簧、各种圆扁弹簧、弹簧环、片、冷拉钢丝及发条
65 Mn	U21652	735	强度、硬度、弹性和淬透性均比65钢高，具有过热敏感性和回火脆性倾向，水淬有形成裂纹倾向。退火态可切削性尚可，冷变形塑性低，焊接性差	受中等载荷的板弹簧，直径达 7～20mm 螺旋弹簧及弹簧垫圈、弹簧环。高耐磨性零件，如磨床主轴、弹簧卡头、精密机床丝杆、犁、切刀、螺旋辊子轴承上的套环、铁道钢轨等
70 Mn	U21702	785	性能与70钢相近，但淬透性稍高，热处理后强度、硬度、弹性均比70钢好，具有过热敏感性和回火脆性倾向，易脱碳及水淬时形成裂纹倾向、冷塑性变形能力差	承受大应力、磨损条件下工作零件，如各种弹簧圈、弹簧垫圈、止推环、锁紧圈、离合器盘等

5.3.3　非合金工具钢

　　非合金工具钢又称碳素工具钢，是指适宜于制作各种小型工模具的高碳非合金钢。碳素工具钢的加工性良好，价格低廉，使用范围广泛，所以它在工具生产中用量较大。碳素工具钢分为优质钢和高级优质钢，一般以退火状态交货，根据需方要求也可以不退火状态交货。

　　碳素工具钢的碳含量范围为 0.65%～1.35%，硬度高、耐磨性好，易于冷、热加工，但红硬性较差，淬透性低。

　　碳素工具钢的牌号、性能和用途见表 5-11 所列。

表 5-11　碳素工具钢的牌号、成分、性能和用途

牌　号	性能特点	用　途
T7	为亚共析钢，淬火回火后具有较高的强度和韧性，且有一定的硬度，但热硬性低，淬透性差、淬火变形大	用于制造能承受振动和撞击，要求较高韧性，但切削性能要求不太高的工具，如凿子、冲头等小尺寸风动工具，木工用锯和凿、简单胶木模、锻模、剪刀、手锤、镰刀等
T8	为共析钢，淬火回火后具有较高的硬度和耐磨性，但热硬性低，淬透性差、加热时容易过热，变形也大，塑性强度也较低	用于不受大冲击，需要较高硬度和耐磨性的工具，如简单的模子和冲头、切削软金属的刀具，木工用的铣刀和斧、凿、錾、圆锯片以及钳工装配工具，虎钳钳口等
T8Mn	性能同 T8 近似，但因加入了锰，淬透性较好，淬硬层较深	用途同 T8，但可制造断面较大的工具
T9	性能同 T8，但因碳含量较高一些，故硬度和耐磨性较高，韧性较差	用作硬度较高，有一定韧性，但不受剧烈震动冲击的工具，如中心铣、冲模、冲头、木工切削工具以及饲料机刀片、凿岩石凿子等

（续表）

牌　号	性能特点	用　途
T10	为过共析钢，在淬火加热时不易过热，仍保持细晶粒。韧性尚可，强度及耐磨性均较 T7、T9 高些，但热硬性低，淬透性仍然不高，淬火变形大	这种钢应用较广，适于制造切削条件较差、耐磨性要求较高且不受突然和剧烈冲击振动而需要一定的韧性及具有锋利刃口的各种工具，如车刀、刨刀、钻头、丝锥、扩孔刀具、螺丝板牙、铣刀手锯锯条、小尺寸冷切边模及冲孔模，低精度而形状简单的量具（如卡板等），也可用作不受较大冲击的耐磨零件
T11	为过共析钢，其碳含量介于 T10、T12 之间，具有较好的综合力学性能	用途与 T10 钢基本相同，但不如 T10 钢应用广泛
T12	含碳高、耐磨性好，但脆性较大	用作不受冲击的各种工具和耐磨零件，如车刀、铣刀、丝锥、扳牙、锉刀、刮刀以及小的冷切边模、冲孔模等
T13	是碳素工具钢中碳含量最高的钢种，耐磨性最高，也最脆	用途与 T12 基本相同，适于制作切削高硬度材料的刃具和加工坚硬岩石的工具，如锉刀、刻刀、拉丝模具、雕刻工具等，受冲击而要求极高耐磨性的机械零件

5.3.4　铸造碳钢

在实际生产中，有一些要求高强度、形状复杂的零件，很难用锻压、焊接方法成型，用铸铁材料又难以满足使用性能要求，因此此类零件必须采用铸钢件。特别是近年来铸造技术的进步，精密铸造的发展，铸钢件在组织、性能、精度和表面粗糙度等方面都已接近锻钢件，可在不经切削加工或只需少量切削加工后使用，能大量节约钢材和成本，因此铸钢得到了更加广泛的应用。

铸钢含碳量 0.15%～0.60% 之间。若碳的质量分数过高，则钢的塑性变差，在铸造时易产生裂纹。

铸钢的牌号：ZG×××—×××。后面的两组数字，第一组表示屈服强度，第二组表示抗拉强度。例如 ZG200—400，表示 $R_{el}=200\text{MPa}$、$R_m=400\text{ MPa}$ 的铸造碳钢。

铸钢一般均需热处理。它与铸铁相比，铸造性能相对较差，但力学性能优良。铸钢的组织特点是晶粒粗大，偏析严重、铸造内应力大。为了消除或减轻这些铸钢组织中的缺陷，应对铸钢件进行完全退火或正火，细化晶粒，消除铸造内应力，从而改善铸钢的力学性能。此外，对某些局部表面要求耐磨的中碳钢铸件，可采用局部表面淬火，如铸钢大齿轮，可逐齿进行火焰淬火。较小的中碳铸钢件，可采用调质以改善其力学性能。工程用铸造碳钢的牌号、成分、性能和用途，见表 5-12 所列。

表 5-12　工程用铸造碳钢的牌号、成分、性能和用途

牌　号	化学成分/%					性　能				用　途
	C	Si	Mn	S	P	R_{el_s}/MPa	R_m/MPa	A/%	A_{KV}/J	
ZG200-400	0.20	0.50	0.80			200	400	25	30	良好的塑性、韧性好焊接性，用于受力不大的机械零件，如机座、变速箱壳等
ZG230-450	0.30	0.50	0.90	0.04	0.04	230	450	22	25	一定的强度和好的塑性、韧性，焊接性良好。用于受力不大，韧性好的机械零件，如外壳、轴承盖、阀体等

（续表）

牌 号	化学成分/%					性　能				用　途
	C	Si	Mn	S	P	Re_{ls}/MPa	Rm/MPa	A/%	A_{kV}/J	
ZG270-500	0.40	0.50	0.90			270	500	18	22	较高的强度和较好的塑性。铸造型良好，焊接性尚好，切削性好。用于轧钢机机架、轴承座、连杆、箱体、曲轴、缸体等
ZG310-570	0.50	0.60	0.90			310	570	15	15	强度和切削性良好，塑性、韧性较低。用于载荷较高的大齿轮、缸体、制动轮、辊子等
ZG340-640	0.60	0.60	0.90			340	640	10	10	有高的轻度和耐磨性，切削性好，焊接性较差，流动性好，裂纹敏感性较大。用作齿轮、棘轮等

5.4　低合金钢

按照 GB11344—2008 规定，低合金钢指含有合金元素且合金元素含量在规定范围内的钢，其合金元素总含量不超过 5%（一般不超过 3%）。低合金钢包括可焊接的低合金高强度钢、低合金耐候钢和低合金专业用钢（铁道用低合金钢、矿用低合金钢等）。

5.4.1　可焊接的低合金高强度结构钢

可焊接的低合金高强度结构钢指在低碳钢中添加少量合金元素、使机械热轧制状态或正火轧制状态钢的屈服强度超过 275MPa 的低合金工程结构钢。目前，新型的低合金高强度钢以低碳（≤0.1%）和低硫（≤0.015%）为主要特征，主加合金元素为锰。低合金高强度结构钢以钢板、钢带、型钢、钢棒等形式供货。

1.　牌号

按照 GB1591—2008 规定，低合金高强度钢的牌号由代表屈服强度的汉语拼音字母（Q）、屈服强度数值、质量等级符号（A、B、C、D、E）三个部分组成。

例如：Q390D。

其中：Q——钢材屈服点的"屈"字汉语拼音的首位字母；

　　　390——屈服点数值，单位 MPa；

　　　D——质量等级为 D 级。

2.　性能特点

低合金高强度钢具有较高的强度、屈强比和足够的塑性、韧性及低温韧性，其屈服强度一般在 300 MPa 以上，比相同碳质量分数的碳钢高 25%～50%；断后伸长率 A=15%～23%，冲击韧度 α_k≥60～80J/mm²，−40℃时 α_k≥35J/mm²。

低合金高强度钢具有良好的焊接性和冷、热塑性加工性能，不易在焊缝处出现淬火组织或裂纹。

低合金高强度钢具有一定的耐蚀性能。由于 Al、Cr、Cu、P 等元素的作用，低合金高强度结构钢比碳素结构钢具有更高的在各种大气条件下的耐蚀性能。

低合金高强度钢大多数在热轧空冷状态下使用，考虑到零件加工特点，有时也可在正火、"正火+高温回火"或冷塑性变形状态下使用。对于厚度超过 20mm 的钢板，为使其组织和性能稳定，最好进行正火处理。低合金高强度钢广泛应用于建筑、石油、化工、铁道、桥梁、船舶等工业。

低合金高强度钢的牌号、性能、用途，见表 5-13 所列。

表 5-13　低合金高强度钢的牌号、性能、用途　（摘自 GB/T1591—2008）

牌　号	质量等级	力学性能		应用举例
		下屈服强度（R_{el}）/MPa	断后伸长率（A）/%	
Q345	A、B、C、D、E	≥345	≥20	船舶、桥梁、起重机械、矿山机械、铁路车辆、管道、压力容器、石油储罐、电站设备、厂房钢架等
Q390	A、B、C、D、E	≥390	≥20	
Q420	A、B、C、D、E	≥420	≥19	
Q460	C、D、E	≥460	≥17	
Q500	C、D、E	≥500	≥17	
Q550	C、D、E	≥550	≥16	
Q620	C、D、E	≥620	≥15	
Q690	C、D、E	≥690	≥14	

注：表中下屈服强度数值是钢板厚度≤16mm 时的数值；表中断后伸长率数值是钢板厚度≤40mm 时的数值，质量为 D、E 级的 Q345 要求 A≥21%。

5.4.2　低合金耐候钢

耐候钢是指通过添加少量合金元素，如 Cu、P、Cr、Ni 等，使其在金属基体表面形成保护层，以提高耐大气腐蚀的钢。耐候钢通常是低合金工程结构钢，分为高耐候钢和焊接耐候钢。低合金耐候钢以钢板、钢带、型钢等形式供货。

1.　牌号

按照 GB4171—2008 规定，低合金耐候钢的牌号由"屈服强度""高耐候"或"耐候"的汉语拼音首位字母"Q"、"GNH"或"NH"、屈服强度下限值以及质量等级符号（A、B、C、D、E）组成。

例如：Q355GNHC。

其中：Q——屈服强度中"屈"字汉语拼音的首位字母；

　　　　355——屈服强度下限值，单位 MPa；

　　　　GNH——分别为"高""耐"和"候"字汉语拼音的首位字母；

　　　　C——质量等级为 C 级。

2.　性能特点及应用

低合金耐候钢是介于普通钢和不锈钢之间的低合金钢系列，具有良好的强韧性、抗疲劳性能和良好的耐候性、焊接性能。与普通钢相比，耐候钢在大气中具有更优良的抗蚀性能，耐候性为普通钢的 2～8 倍；与不锈钢相比，耐候钢只含有微量的合金元素，价格较为低廉。

耐候钢主要用于铁道、车辆、桥梁、塔架等长期暴露在大气中使用的钢结构。用于制造集装箱、铁道车辆、石油井架、海港建筑、采油平台及化工石油设备中含硫化氢腐蚀介质的容器等结构件。低合金耐候钢的牌号性能和应用，见表 5-14 所列。

表 5-14　低合金耐候钢的牌号性能和应用（摘自 GB/T4171—2008）

类　别	牌　号	力学性能		生产方式	用　途
		下屈服强度（R_{el}）/MPa	断后伸长率（A）/%		
高耐候钢	Q265GNH	≥265	≥27	热轧	车辆、集装箱、建筑、塔架等，与焊接耐候钢相比，具有较好的耐大气腐蚀性
	Q310GNH	≥310	≥26		
	Q295GNH	≥295	≥24	冷轧	
	Q355GNH	≥355	≥22		
焊接耐候钢	Q235NH	≥235	≥25	热轧	车辆、桥梁、集装箱、建筑、塔架等，与高耐候钢相比，具有较好的焊接性能
	Q295NH	≥295	≥24		
	Q355NH	≥355	≥22		
	Q415NH	≥415	≥22		
	Q460NH	≥460	≥20		
	Q500NH	≥500	≥18		
	Q550NH	≥550	≥16		

注：表中下屈服强度数值、断后伸长率数值是钢板厚度≤16mm 时的数值。

5.5　合金钢

合金钢按其主要特性或使用特性不同，分为工程结构用合金钢、机械结构用合金钢、轴承钢、不锈钢、耐热钢、工具钢、特殊物理性能钢、其他用钢等。

5.5.1　合金钢的牌号

1.　合金结构钢的牌号

按 GB/T221—2008 规定合金结构钢的牌号由四部分组成。

第一部分：用两位阿拉伯数字表示平均碳含量（以万分之几计）；

第二部分：合金元素含量，以化学元素符号和阿拉伯数字表示，具体表示方法为：平均含量小于 1.5% 时，牌号中仅标明元素，不标明含量；当 w_{Me}=1.5%～2.49%、2.5%～3.49%、3.5%～4.49%…时，在合金元素符号后面相应写成 2、3、4…。

第三部分：钢的冶金质量，即高级优质钢、特殊质量钢分别以 A、E 表示，优质钢不用字母表示；

第四部分（必要时）：产品用途、特性或工艺方法符号，见表 5-15 所列。

例如：20CrMnTi，表示平均碳含量为 0.2%、平均铬含量小于 1.5%、平均锰含量小于 1.5% 的合金渗碳钢。

40Cr，表示平均碳含量为 0.4%、平均铬含量小于 1.5% 的合金调质钢。

60Si2Mn，表示平均碳含量为 0.6%、平均硅含量为 2%、平均锰含量小于 1.5% 的合金弹簧钢。

表 5-15　产品用途、特性或工艺方法符号

产品名称	采用字母	位　　置
锅炉和压力容器用钢	R	牌号尾
锅炉用钢（管）	G	牌号尾
低温压力容器用钢	DR	牌号尾
桥梁用钢	Q	牌号尾
耐候钢	NH	牌号尾
高耐候钢	GNH	牌号尾
汽车大梁用钢	L	牌号尾
高性能建筑结构用钢	GJ	牌号尾
低焊接裂纹敏感性钢	CF	牌号尾
保证淬透性钢	H	牌号尾
矿用钢	K	牌号尾

2. 合金工具钢和高速工具钢的牌号

合金工具钢的牌号按 GB/T221—2008 规定由两部分组成。

第一部分：平均碳含量小于 1.00% 时，采用一位阿拉伯数字表示碳含量（以千分之几计）；平均碳含量不小于 1.00% 时，不标明碳含量数字。

第二部分：合金元素含量，以化学元素符号和阿拉伯数字表示，具体表示方法同合金结构钢第二部分；即平均含量小于 1.5% 时，牌号中仅标明元素，不标明含量；当 w_{Me}=1.5%～2.49%、2.5%～3.49%、3.5%～4.49%…时，在合金元素符号后面相应写成 2、3、4…。低铬（平均铬含量小于 1%）合金工具钢，在铬含量（以千分之几计）前加数字 "0"。

高速工具钢的牌号按 GB/T221—2008 规定，表示方法与合金结构钢相同，但在牌号头部一般不标明碳含量的阿拉伯数字。为了区分牌号，在牌号头部加 "C" 表示高碳高速工具钢。

例如：W18Cr4V，表示钨平均含量为 18%、铬平均为 4%、钒的含量低于 1.5% 的高速工具钢。

CW6Mo5Cr4V2，表示钨平均含量为 6%、钼平均含量为 5%、钒平均含量为 2% 的高碳高速工具钢。

3. 不锈钢和耐热钢的牌号

按 GB/T221—2008 规定，不锈钢和耐热钢的牌号用 "碳含量+合金元素及含量" 表示。碳含量只规定上限者，用两位数字表示碳含量的万分之几，当碳含量上限不大于 0.10% 时，以其上限的 3/4 表示，当碳含量上限大于 0.10% 时，以其上限的 4/5 表示。对于超低碳不锈钢（碳含量不大于 0.030%），用三位数字表示碳含量的十万分之几，碳含量上限为 0.030% 时，以 "022" 表示；碳含量上限为 0.020% 时，以 "015" 表示；碳含量同时规定上下限者，以平均含碳量×100 表示。合金元素及含量以化学元素符号和阿拉伯数字表示，表示方法与合金结构钢牌号中合金元素及含量表示方法相同，即合金元素含量低于 1.50% 时，仅标元素符号；当 w_{Me}=1.5%～2.49%、2.5%～3.49%、3.5%～4.49%…时，在合金元素符号后面相应写成 2、3、4…。

例如：06Cr19Ni10，表示碳含量不大于 0.08%、铬平均含量为 19%、镍平均含量为 10%

的不锈钢。

022Cr18Ti，表示碳含量不大于 0.030%、铬平均含量为 18%、钛平均含量低于 1.5%的不锈钢。

20Cr15Mn15Ni2N，表示铬平均含量为 15%、锰平均含量为 15%、镍平均含量为 2%、氮平均含量低于 1.5%的不锈钢。

20Cr25Ni20，表示碳平均含量为 0.2%、铬平均含量为 25%、镍平均含量为 20%的耐热钢。

4. 轴承钢的牌号

高碳铬轴承钢的牌号：在牌号头部加符号"G"（"滚"字汉语拼音首位字母）表示轴承钢，但不标明含碳量，后面为化学符号"Cr"和铬含量（以千分之几计）。如 GCr15，表示铬平均含量为 1.5%的滚动轴承钢。

渗碳轴承钢的牌号：采用合金结构钢的牌号表示方法，另在牌号头部加符号"G"。如 G20CrNiMo，表示 w_C=0.20%、Cr、Ni 和 Mo 的含量均≤1.50%的滚动轴承钢。高级优质渗碳轴承钢，在牌号尾部加"A"。如 G20CrNiMoA，表示 w_C=0.20%、Cr、Ni 和 Mo 的含量均≤1.50%、高级优质的滚动轴承钢。

不锈轴承和高温轴承钢的牌号：采用不锈钢和耐热钢的牌号表示方法，牌号头部不加符号"G"。例如，高碳铬不锈轴承钢"9Cr18"和高温轴承钢"10Cr14Mo"。其牌号的详细情况请参阅 GB/T221—2008。

5.5.2 机械结构用合金钢

1. 表面硬化合金结构钢

表面硬化合金结构钢也称合金渗碳钢，是指经过渗碳热处理后使用的低碳合金结构钢，具有外硬内韧的特点，用于承受冲击的耐磨件，如汽车、拖拉机中的变速齿轮，内燃机上的凸轮轴、活塞销等。

（1）成分特点

低碳，一般 w_C=0.10%～0.25%，以保证零件心部具有足够的塑性、韧性。主要合金元素是 Cr，还可加入 Ni、Mn、B、W、Mo、V、Ti 等，其中，Cr、Ni、Mn、B 的主要作用是提高淬透性，使大尺寸零件淬火后心部得到低碳马氏体组织，以提高强度和韧性；少量的 W、Mo、V、Ti 能形成细小、难溶的碳化物，以阻止渗碳过程中高温、长时间保温条件下晶粒长大。

（2）热处理工艺

预先热处理为正火，其目的是为了改变锻造状态的不正常组织，获得合适的硬度以利切削加工。最终热处理一般是渗碳后淬火加上低温回火。使表层获得高碳回火马氏体加碳化物，表面硬度一般为 58～64HRC；而心部组织则视钢的淬透性高低及零件尺寸的大小而定，可得到低碳回火马氏体或其他非马氏体组织，心部具有良好强韧性。

合金渗碳钢按淬透性分为低淬透性合金渗碳钢、中淬透性合金渗碳钢、高淬透性合金渗碳钢。常用合金渗碳钢的牌号、热处理、力学性能与用途，见表 5-16 所列。

表 5-16 常用合金渗碳钢的牌号、热处理、力学性能与用途（摘自 GB/T3077—1999）

类　别	牌　号	统一数字代号	力学性能（不小于）				用　途
			R_m/MPa	R_{el}/MPa	A/%	A_{KV}/J	
低淬透性	15 Cr	A20152	735	490	10	55	截面不大、心部要求较高强度和韧性、表面承受磨损的零件，如齿轮、凸轮、活塞、活塞环、联轴器、轴等
	20Cr	A20202	835	540	10	47	截面在 30mm 以下形状复杂、心部要求较高强度、载荷不大、工作表面承受磨损的零件，如机床变速箱齿轮、凸轮、蜗杆、活塞销等
	20MnV	A01202	785	590	10	55	锅炉、高压容器、大型高压管道等较高载荷的焊接结构件，使用温度上限 450～475℃，亦可用于冷拉、冷冲压零件，如活塞销、齿轮等
中淬透性	20CrNi3	A42202	930	735	11	78	在高载荷条件下工作的齿轮、蜗杆、轴、螺杆、双头螺柱、销钉等
	20CrMnTi	A26202	1 080	850	10	55	汽车、拖拉机截面在 30 mm 以下、承受高速、中或重载荷以及受冲击、摩擦的重要渗碳件，如齿轮、轴、齿轮轴、爪形离合器、蜗杆等
	20MnVB	A73202	1 080	885	10	55	模数较大、载荷较重的中小渗碳件，如重型机床上的齿轮、轴、汽车后桥主动、被动齿轮等淬透性件
高淬透性	20Cr2Ni4	A43202	1 080	835	10	71	大截面渗碳件，大截面、载荷较高、缺口敏感性低的重要零件，如重型载重车、坦克的齿轮等
	18Cr2Ni4WA	A52183	1 180	930	10	78	大截面、高强度、良好韧性重要渗碳件，如大截面的齿轮、传动轴、曲轴、花键轴、活塞销、精密机床上控制进刀的蜗轮等

2. 调质处理合金结构钢

调质处理合金结构钢也称合金调质钢，是指经调质处理后使用的中碳合金结构钢，主要用于制造在多种载荷（如扭转、弯曲、冲击等）下工作、受力比较复杂、要求具有良好综合力学性能的重要零件，如汽车、拖拉机、机床上的齿轮、机床主轴、汽车拖拉机的后桥半轴、柴油发动机曲轴、连杆、高强度螺栓等。它是机械结构用合金钢的主体。

（1） 成分特点

合金调质钢为中碳成分，碳的质量分数 w_C =0.25%～0.50%，以保证调质处理后具有良好的综合力学性能。主加合金元素有 Cr、Ni、Mn、Si、B 等，能提高淬透性和强化钢材，而加入少量的 W、Mo、V、Ti 等元素可形成稳定的合金碳化物，阻止奥氏体晶粒长大，起细化晶粒及防止回火脆性的作用。

（2） 热处理工艺

合金调质钢零件的预先热处理为退火或正火，一般采用正火。合金调质钢零件的最终热处理通常为调质处理；对于某些要求综合力学性能良好、局部要求高硬度、高耐磨性的零件，可在调质后进行局部表面淬火或调质后氮化处理。合金调质钢淬火一般都用油淬，淬透性特别高时甚至可以空冷，这样能减少热处理缺陷。为防止第二类回火脆性，回火后快速冷却（水冷或油冷），有利于韧性的提高。

合金调质钢按淬透性分为低淬透性调质钢、中淬透性调质钢、高淬透性调质钢三类。常用合金调质钢的牌号、力学性能与用途见表 5-17 所列。

表 5-17　常用合金调质钢的牌号、热处理、力学性能及用途（摘自 GB/T3077—1999）

类　　别	牌　　号	统一数字代号	力学性能（不小于）				用　　途
			R_m/MPa	R_{el}/MPa	A/%	A_{KV}/J	
低淬透性	40Cr	A20402	980	785	9	47	是应用最广泛的合金调质钢，主要用于较为重要的中小型调质件，如机床齿轮、汽车后半轴、花键轴、顶尖套等
	40MnB	A71402	980	785	10	47	代替 40Cr 钢制造中、小截面重要调质件等
中淬透性	35CrMo	A30352	980	835	12	63	适用于制造截面较大、载荷较重的调质件和较为重要的中型调质件，如汽轮机的转子、重型汽车的曲轴、大电机轴等
	38CrMoAl	A33382	980	835	14	71	主要用于制造尺寸精确、表面耐磨性要求很高的中小型调质件，如精密磨床主轴、精密镗床丝杠、精密齿轮、高压阀门、压缩机活塞杆等
高淬透性	37CrNi3	A42372	1130	980	10	47	用于制造重载、受冲击、截面较大的零件，或低温、受冲击的零件或热锻、热冲压的零件，如转子轴、叶轮、重要的紧固件等
	40CrNiMoA	A50403	980	835	12	78	适宜于制作重载、大截面的重要调质件，如挖掘机传动轴、卷板机轴、汽轮机轴等

3. 合金弹簧钢

在各种机器设备中（仪器、仪表），弹簧的主要作用是吸收冲击能量，缓和机械的振动和冲击作用，此外，弹簧还可储存能量。弹簧钢是指用于制造各种弹簧或其他弹性零件的钢种。中碳钢和高碳钢都可作弹簧使用，但因其淬透性和强度较低，只能用来制造截面较小、受力较小的弹簧。合金弹簧钢则可制造截面较大、屈服极限较高的重要弹簧。合金弹簧钢必须具有高的屈服强度和屈强比、弹性极限、抗疲劳性能，以保证弹簧有足够的弹性变形能力并能承受较大的载荷。同时，合金弹簧钢还要求具有一定的塑性与韧性，一定的淬透性，不易脱碳及不易过热。一些特殊弹簧还要求有耐热性、耐蚀性或在长时间内有稳定的弹性。

（1）成分特点

合金弹簧钢为中、高碳，一般 w_C=0.5%～0.7%，以满足高弹性、高强度的性能要求。加入的合金元素主要是 Si、 Mn、Cr，作用是强化铁素体、提高淬透性和耐回火性。但加入过多的 Si 会造成钢在加热时表面容易脱碳，加入过多的 Mn 容易使晶粒长大。加入少量的 V 和 Mo 可细化晶粒，从而进一步提高强度并改善韧性。此外，它们还有进一步提高淬透性和耐回火性的作用。

（2）热处理工艺

为保证弹簧具有高的强度和足够的韧性，弹簧的热处理通常采用"淬火+中温回火"。对热成型弹簧，可采用热成型余热淬火，对热冷成型的弹簧，有时可省去淬火、中温回火工艺，成型后只需进行 200～300℃去应力退火即可。弹簧钢热处理后通常进行喷丸处理，其目的是在弹簧表面产生残余压应力，以提高弹簧的疲劳强度。常用合金弹簧钢的牌号、热处理、力学性能及用途见表 5-18 所列。

表 5-18　常用合金弹簧钢的牌号、热处理、力学性能与用途（摘 GB/T1222—2007）

类　别	牌　号	统一数字代号	力学性能（不小于）			用　途
			R_m/MPa	R_{el}/MPa	Z/%	
硅锰系（si）	55SiMnVB	A77552	1375	1225	30	60Si2Mn 钢是应用最广泛的合金弹簧钢，其生产量约为合金弹簧钢产量的 80%。适于制造厚度小于 10mm 的板簧和截面尺寸小于 25mm 的螺旋弹簧，在重型机械、铁道车辆、汽车、拖拉机上都有广泛的应用
	60Si2Mn	A11602	1275	1180	20	
硅铬系	60Si2CrA	A21603	1 765	1 570	20	用作承受高应力及 300～350℃以下的弹簧，如汽轮机汽封弹簧、破碎机用弹簧等
	60Si2CrVA	A28603	1860	1665	20	
铬锰系（cr）	55CrMnA	A22553	1 225	1 080	20	用作载荷的汽车、拖拉机的板簧和直径较大的螺旋弹簧
	60CrMnA	A22603	1 225	1 080	20	
铬钒系	50CrVA	A23503	1275	1130	40	常用于制作承受重载荷、工作温度较高（＜400℃）及截面尺寸较大的弹簧，如阀门弹簧、活塞弹簧、安全阀弹簧等
	30W4Cr2VA	A27303	1 470	1 325	40	用作工作温度≤500℃的耐热弹簧，如锅炉主安全阀弹簧、汽轮机汽封弹簧等

5.5.3　滚动轴承钢

用于制造滚动轴承套圈和滚动体的专用钢，称为滚动轴承钢。滚动轴承在工作中需承受强烈摩擦和很高的交变载荷，滚动体与内外圈之间的接触应力大，同时又工作在润滑剂介质中。因此，滚动轴承钢具有高的抗压强度和抗疲劳强度，高硬度、高的耐磨性，有一定的韧性、塑性和耐蚀性，钢的内部组织、成分均匀，热处理后有良好的尺寸稳定性。

滚动轴承钢可分为高碳铬轴承钢、渗碳轴承钢、不锈轴承钢和高温轴承钢四大类，其中使用量最大的是高碳铬轴承钢。

1. 高碳铬轴承钢

（1）成分特点

高碳铬轴承钢一般为高碳（w_C=0.95%～1.20%），以获得高强度、高硬度、高耐磨性；钢中合金元素有铬、钼、硅、锰。铬可提高钢的力学性能、淬透性和组织均匀性，还能增加钢的耐蚀能力；钼能取代钢中的铬，在增加钢的淬透性上，钼比铬强，所以已发展了高淬透性的含钼高碳铬轴承钢。制造大轴承时，用硅、锰提高淬透性。同时，还要严格控制 P、S 含量。

（2） 热处理工艺

轴承钢的预先热处理为球化退火。退火温度一般为 780～800℃，退火时要防止脱碳。如果轧制钢材存在过粗的网状渗碳体，则退火前需先进行正火处理。轴承钢的最终热处理为"淬火+低温回火"，铬轴承钢通常在 830～860℃之间加热，油淬，150～180℃回火。对于精密轴承，为提高轴承使用过程中的尺寸稳定性，淬火后通常进行冷处理，然后再低温回火，且磨削后再在 120～140℃下进行长时间的稳定化处理。

常用高碳铬轴承钢的牌号、热处理、性能及用途见表 5-19 所列。

表 5-19　常用高碳铬轴承钢的牌号、热处理、性能及用途（摘自 GB/T18254—2002）

牌　号	统一数字代号	热　处　理			用　途
		淬火温度/℃	回火温度/℃	回火后硬度/HRC	
GCr4	B00040	850～870 表面淬火	150 自回火	表面 60～66 心部 35～45	用于制造承受高冲击载荷条件下工作的铁路用轴承内套、轧机轴承等
GCr15	B00150	825～845	150～170	62～66	制造高转速、高载荷大型机械用轴承的钢球、套圈；也可制造精密量具、冷冲模和一般刀具等
GCr15SiMn	B01150	820～840	150～180	≥62	
GCr15SiMo	B03150	850～860	170～190	≥62	大型轴承或特大轴承的滚动体和内、外套圈
GCr15Mo	B02180	850～865	160～200	≥63	用于制造尺寸较大如高速列车轴承、轧机轴承的套圈、滚动体

2. 渗碳轴承钢

渗碳轴承钢指某些低碳的合金渗碳钢，如 G20CrMo、G20CrNiMo、G20Cr2Mn2Mo 等，经"渗碳+淬火+低温回火"后，表层具有高硬度和高耐磨性，心部保持高的强韧性，同时表面处于压应力状态，对提高疲劳寿命有利，主要用于制造工作温度低于 100℃的大型轧机、发电机及矿山机械上的、在极高的接触应力下工作、频繁地经受冲击和磨损的大型（外径大于 450mm）轴承。

3. 不锈轴承钢

在各种腐蚀环境中工作的轴承必须有高的耐蚀性能，一般铬质量分数的轴承钢已不能胜任，因此发展了高碳高铬不锈轴承钢，如 9Cr18、9Cr18Mo 等，铬是此类钢的主要合金元素，它主要用于制造化学、石油、造船等工业装备中的轴承。

4. 高温轴承钢

高温轴承钢指添加了强碳化物形成元素，具有足够高的高温硬度、高温耐磨性、高温接触疲劳强度、抗氧化性和高温尺寸稳定性，能在高温环境中工作的轴承钢。例如，航空发动机、航天飞行器、燃气轮机等装置中的轴承是在高温、高速和高负荷条件下工作的，其工作温度在 300℃以上，要求具有足够高的高温硬度、高温耐磨性、高温接触疲劳强度及高的抗氧化性、高温抗冲击性能和高温尺寸稳定性等。

目前高温轴承钢有两类：

第一类是高速钢类轴承钢。用高速钢 W18Cr4V 和 W6Mo5Cr4V2 制作的轴承可以在 430℃下长期工作，此时的高温硬度大于 57HRC。Cr4Mo4V 是性能较好的高温轴承钢，其热处理工艺与性能具有高速钢的特点，因其含合金元素少，其高温硬度不如高速钢，但加工性能优于高速钢，主要用于航空发动机中的轴承，可以在 315℃温度下长期工作（此时高温硬度大于 57HRC），工作时间较短时可在 430℃温度下工作（高温硬度大于 54HRC）。

第二类是高铬马氏体不锈钢。Cr14Mo4V 是在 9Cr18Mo 的基础上升 Mo 降 Cr 并加入少量 V 而形成，提高了钢的高温性能，钢的高温硬度较高，耐蚀性良好，因 V 量较少（$w_V \approx 0.15\%$），其耐磨性比 Cr4Mo4V 稍差，但加工性能更好，适宜制作承受中、低负荷，在 300℃下长期工作的轴承。

5.5.4　合金工具钢和高速工具钢

工具钢是用以制造切削刀具、量具、模具的钢。按照化学成分不同，工具钢分为非合金工具钢、合金工具钢和高速工具钢三类。

1.　合金工具钢

合金工具钢是指钢中除了含较高碳之外，还含有 Cr、W、Mo、V、Si、Mn、Ni 等合金元素，适宜于制作各种工具、模具和量具的合金钢。由于 Cr、W、Mo、V、Si、Mn、Ni 等合金元素的作用，合金工具钢的淬硬性、淬透性、耐磨性和韧性均高于非合金工具钢，它主要用于制造量具、刃具、耐冲击工具和冷、热模具及一些特殊用途的工具。合金工具钢按用途分为量具刃具钢、耐冲击工具钢、热作模具钢、冷作模具钢、无磁模具钢和塑料模具钢等。

（1）量具刃具钢

主要用于制造量具（如卡尺、千分尺、块规、样板等）及低速切削刃具（如木工工具、丝锥、板牙、铣刀、拉刀等）。量具刃具钢要求具有高硬度（62～65HRC）、高耐磨性、足够的强韧性、高的热硬性（即刃具在高温时仍能保持高的硬度）和良好的尺寸稳定性。

① 成分特点：高碳，w_C =0.8%～1.50%，以保证高的硬度和耐磨性。主要合金元素有 Cr、Si、Mn、W 等，用以提高钢的淬透性、耐回火性、热硬性和耐磨性。

② 热处理工艺：量具刃具钢的预先热处理为球化退火。最终热处理为"淬火+低温回火"，热处理后硬度达 60～65HRC。高精度量具在淬火后可进行冷处理，以减少残余奥氏体量，从而增加其尺寸稳定性。为了进一步提高尺寸稳定性，淬火回火后，还可进行时效处理。

常用量具刃具钢的牌号、成分、热处理和用途见表 5-20 所列。

表 5-20　常用量具刃具钢的牌号、成分、热处理和用途（摘自 GB/T1299—2000）

牌　　号	统一数字代号	热　处　理			用　　途
		淬火温度/℃	冷却剂	淬火后硬度/HRC	
9SiCr	T30100	820～860	油	≥62	板牙、丝锥、钻头、铰刀、齿轮铣刀、拉刀等，还可做冷冲模、冷轧辊等
Cr06	T30060	780～810	水	≥64	作剃刀、刀片、手术刀具以及刮片、刻刀等
Cr2	T30201	830～860	油	≥62	制作车刀、插刀、铰刀、钻套、量具、样板、偏心轮、拉丝模、大尺寸冷冲模等
9Cr2	T30100	820～850	油	≥62	主要用作冷轧辊、钢印、冲孔凿、冷冲模、冲头量具及木工工具等

（2）热作模具钢

热作模具包括热锻模、热挤压模和压铸模等。热作模具工作时除要承受巨大的机械应力和较高的冲击载荷外，还要承受反复受热和冷却而引起的很大的热应力，故要求热作模具钢除应具有高的硬度、强度、红硬性、耐磨性和韧性外，还应具有良好的高温强度、耐疲劳性、导热性和耐蚀性，此外还要求具有较高的淬透性。

① 成分特点：中碳，w_C =0.3%～0.6%，以获得较高的综合力学性能；合金元素有 Cr、Mn、Ni、Mo、W、Si 等。其中 Cr、Mn、Ni 的主要作用是提高淬透性，W、Mo 提高耐回火性并防止回火脆性，Cr、W、Mo、Si 还提高钢的耐热疲劳性。

② 热处理工艺：热锻模坯料锻造后需进行退火，以消除锻造应力，降低硬度，利于切削加工；最终热处理为淬火、高温（或中温）回火，回火后获得均匀的回火索氏体或回火托氏体，硬度约为 40HRC 左右。

常用热作模具钢的牌号、热处理及用途，见表 5-21 所列。

表 5-21　常用热作模具钢的牌号、热处理及用途（摘自 GB/T1299—2000）

牌　　号	统一数字代号	热　处　理			用　　途
		淬火温度/℃	回火温度/℃	淬火后硬度/HRC	
5CrMnMo	T20102	820～850	490～640	30～47	中小型热锻模
5CrNiMo	T20103	830～860	490～660	30～47	形状复杂、冲击载荷大的各种大、中型热锻模
3Cr2W8V	T20280	1075～1125	600～620	50～54	压铸模，平锻机上的凸模和凹模、镶块，铜合金挤压模等
4Cr5W2VSi	T20520	1030～1050	560～580	47～49	用于高速锤用模具与冲头、热挤压用模具及芯棒、压铸模等

（3）冷作模具钢

冷作模具包括冷冲模、冷镦模、冷挤压模、压弯模和拉丝模等。冷作模具在工作时，模具的工作部分承受很大的压力、强烈的摩擦和一定的冲击，因此，要求具有高硬度、耐磨性和较高的韧性。此外，形状复杂、精密、大型的模具还要求具有较高的淬透性和小的热处理变形。冷作模具种类较多，常用的冷作模具钢可分为碳素工具钢、低合金工具钢、高碳高铬钢、高速钢等。碳素工具钢，如 T8A、T10A、T12A 等，主要用于制造工作受力不大、形状简单、尺寸较小、变形要求不太严格的模具。低合金工具钢，如 9Mn2V、CrWMn、GCr15、9SiCr 等，用于制造工作受力较大、形状复杂或尺寸较大的模具。高碳高铬钢，如 Cr12、Cr12MoV、Cr6WV 等，主要用于制造要求高耐磨性、高淬透性和变形量小的高精度、重负荷模具。高速钢，如 W18Cr4V、W6Mo5Cr4V2，主要用于制造冷挤、冷镦模具。

以下介绍应用广泛的"Cr12 型"冷作模具钢。

"Cr12 型"模具钢属于高碳、高铬型莱氏体钢，含碳 1.40%～2.30%，含铬 11%～13%，具有高硬度、高耐磨性和高淬透性。淬火变形量小，其中 Cr12MoV 淬火后的变形量最微小，故有"微变形钢"之称。但由于其合金元素含量高，导热性差，并且碳化物偏析严重，热处理工艺复杂。

Cr12 型模具钢的热处理：预先热处理是在锻后进行球化退火，以消除锻坯的锻造应力，改善组织和降低硬度，以便后续的机械加工，并为最终热处理做组织准备。为消除机械加工中产生的应力，减少最终热处理变形，常在机械加工之后安排去应力退火或调质处理。

最终热处理方法有如下两种：

①一次硬化法——"淬火+低温回火"，此法适用于要求高硬度、高耐磨性、变形小、重载荷、形状复杂的模具。

②二次硬化法——"淬火+多次回火（或加深冷处理）"，二次硬化法的优点是可获得一定的热硬性，耐磨性较好；其缺点是淬火温度高，晶粒较粗大，韧性较低，变形量较小，适用于在 400～450℃ 条件下工作或需进行氮化处理的模具。

常用冷作模具钢的牌号、热处理及用途，见表 5-22 所列。

表 5-22　常用冷作模具钢的牌号、热处理及用途（摘自 GB/T1299—2000）

牌　　号	统一数字代号	热　处　理			用途举例
		淬火温度/℃	冷却剂	硬度/HRC	
Cr12	T21200	950～1000	油	60	用于制造受冲击荷载较小，且要求高耐磨性的冷冲模和冲头、拉丝模、压印模、搓丝板、拉延模和螺丝滚模等
Cr12MoV	T21201	950～1000	油	58	用于制造断面较大、形状复杂、耐磨性要求高、承受较大冲击负荷的冷作模具如高精度冲模、搓丝板、螺纹滚模形状复杂的冲孔凹模等
9Mn2V	T20000	780～810	油	62	用于制造各种精密量具尺寸较小的冲模、冷压模、雕刻模、料模、剪刀、丝锥、板牙和铰刀等
CrWMn	T20111	800～830	油	62	使用较为广泛的冷作模具钢，用于制造形状复杂的高精度冲模、量具、板牙等

（4）耐冲击工具钢、无磁模具钢和塑料模具钢

①耐冲击工具钢：是可承受较大冲击性动载荷的合金工具钢。常用的耐冲击工具钢有 CrW2Si、5CrW2S、6CrW2Si 等。CrW2Si 用于制造承受高冲击负荷的工具，如风动工具、錾、冲裁切边复合模、冲模、冷切用的剪刀工具，以及小型热作模具等；5CrW2Si 用于制造冷剪金属的刀片、铲搓丝板的铲刀、冷冲裁和切边的凹模和木工工具，以及手用或风动凿子、空气锤工具、锅炉工具、顶头模和冲头、剪刀（重震动）、切割器（重震动）、混凝土破裂器等；6CrW2Si 用于制造承受冲载荷要求有较高耐磨性的工具，如风动工具、凿子、冲击模具、冷剪机刀片、冲裁切边用凹模和空气锤用工具等。

②无磁模具钢：主要用于磁性材料和磁性塑料的压制成型用模具。因为无磁模具钢在磁场中不被磁化，同时考虑脱模方便，所以应具有稳定的奥氏体组织，磁导率在 1.05～1.10 之间，且要求具有较高的硬度和耐磨性。典型的无磁模具钢是 7Mn15Cr2Al3V2WMo，用于制造无磁模具、无磁轴承、使用温度超过 700℃ 的热作模具等。

③塑料模具钢：适合于制作塑料制品成型生产所用模具的工具钢。塑料模具工作时，持续受热、受压，并受到一定程度的摩擦和有害气体的腐蚀，因此，要求塑料模具钢具有一定的强度和韧性，较高的耐磨性和耐蚀性，并要求具有良好的工艺性能。我国过去无专用的塑料模具钢，一般塑料模具用正火的 45 和 40Cr 经调质后制造，因而模具硬度低、耐磨性差，表面粗糙度值高，加工出来的塑料产品外观质量较差，而且模具使用寿命低；精

密塑料模具及硬度高塑料模具采用 CrWMo、Cr12MoV 等合金工具钢制造，不仅机械加工性能差，而且难以加工复杂的型腔，更无法解决热处理变形问题。经过多年努力，我国已有了自己的专用模具钢系列，目前已纳入国家标准的有两种，即 3Cr2Mo 和 3Cr2MnNiMo。

2. 高速工具钢

高速切削时，刀具承受压力、震动和冲击，还受到强烈的摩擦以及由此产生的高温，因此，高速工具刀具应具有高硬度、高耐磨性、高热硬性，足够的强韧性和高的淬透性。目前，最常用的高速刀具材料是高速工具钢和硬质合金。

高速工具钢，又名风钢或锋钢，意思是淬火时即使在空气中冷却也能硬化，并且很锋利。它是一种高碳高合金莱氏体钢，含有钨、钼、铬、钒、钴等碳化物形成元素，合金元素总量在 10%～25% 之间。常用的高速工具钢有 W18Cr4V、W6Mo5Cr4V2 和 W9Mo3Cr4V）等。

与非合金工具钢、合金工具钢相比，其最大特点是具有更高的热硬性（可达 600℃），且具有很高的淬透性，广泛用于制造尺寸大，切削速度高，负荷重的车刀、铣刀、刨刀、钻头等。

高速钢的热处理工艺：高速钢锻造成型以后必须经过球化退火，其目的是消除应力，降低硬度，使显微组织均匀，为刀具的切削加工和淬火做准备。由于导热性差，高速钢的淬火一般分两阶段进行，先在 800～850℃ 预热，然后迅速加热到淬火温度 1190～1290℃，然后油冷或空冷。为了消除淬火应力、稳定组织、减少残余奥氏体量、达到所需要的性能。高速钢一般要进行 2～3 次回火，回火温度 560℃。图 5-3 所示为 W18Cr4V 的热处理工艺曲线。

图 5-3　W18Cr4V 的热处理工艺曲线

5.5.5　不锈钢和耐热钢

1. 不锈钢

不锈钢是指以不锈、耐蚀为主要特性，且铬含量至少为 10.5%，碳含量不超过 1.2% 的钢，又称不锈耐酸钢。实际应用中，常将耐弱腐蚀介质腐蚀的钢称为不锈钢，而将耐化学介质腐蚀的钢称为耐酸钢。

不锈钢的耐蚀性随含碳量的增加而降低。因此，大多数不锈钢的含碳量均较低，有些钢的含碳量甚至低于 0.03%。只有部分马氏体不锈钢的含碳量较高，但最大不超过 1.2%。不锈钢中的主要合金元素是 Cr，其铬含量一般至少为 10.5%。

不锈钢按照组织状态不同，分为奥氏体型不锈钢、奥氏体-铁素体（双相）型不锈钢、铁素体型不锈钢、马氏体型不锈钢和沉淀硬化型不锈钢。

（1）铁素体型不锈钢

这类钢也属于铬不锈钢，铬含量较高，一般为 12%～30%，碳含量较低，一般小于 0.12%。其耐蚀性、韧性和可焊性随含铬量的增加而提高，耐氯化物应力腐蚀性能优于其他种类不锈钢。其耐腐蚀性能与抗氧化性能均比较好，但力学性能与工艺性能较差，多用于受力不大的耐酸结构及作抗氧化钢使用。这类钢能抵抗大气、硝酸及盐水溶液的腐蚀，并具有高温抗氧化性能好、热膨胀系数小等特点，用于硝酸及食品工厂设备，也可制作在高温下工作的零件，如燃气轮机零件等。

（2）奥氏体不锈钢

这类钢铬含量为 17%～19%，镍含量为 8%～9%，组织基本为奥氏体，耐蚀性高于铬不锈钢，具有良好的塑性、韧性、焊接性、耐蚀性能和无磁或弱磁性，在氧化性和还原性介质中耐蚀性均较好，用来制作耐酸设备，如耐蚀容器及设备衬里、输送管道、耐硝酸的设备零件等。

（3）马氏体型不锈钢

这类钢主要为铬不锈钢。铬含量为 12%～18%，碳含量较高，一般为 0.1%～1.2%。因含碳较高，故具有较高的强度、硬度和耐磨性，但耐蚀性稍差，用于力学性能要求较高、耐蚀性能要求一般的一些零件上，如弹簧、汽轮机叶片、水压机阀等。使用时需经淬火和回火处理。

（4）奥氏体-铁素体（双相）型不锈钢

奥氏体-铁素体（双相）型不锈钢兼有奥氏体和铁素体不锈钢的优点，具有高强度和高耐蚀性，并具有超塑性。与铁素体相比，塑性、韧性更高，无室温脆性，耐晶间腐蚀性能和焊接性能均显著提高，焊接性能也远优于铁素体不锈钢，具有超塑性。与奥氏体不锈钢相比，屈服强度高一倍多，耐应力腐蚀破裂的能力强，热膨胀系数低，更适合与碳钢连接。铬-镍系奥氏体-铁素体（双相）型不锈钢是我国目前应用最广泛的钢种。

（5）沉淀硬化型不锈钢

沉淀硬化也称析出强化，是指金属在过饱和固溶体中溶质原子偏聚区和（或）由之脱溶出微粒弥散分布于基体中而导致硬化的一种热处理工艺。沉淀硬化型不锈钢是在其他不锈钢化学成分的基础上添加不同类型、数量的强化元素，通过沉淀硬化过程析出不同类型和数量的碳化物、氮化物、碳氮化物和金属间化合物，既提高钢的强度又保持足够韧性的一类高强度不锈钢，简称 PH 钢。沉淀硬化型不锈钢的主要特点是具有超高强度，常用于核电、航空航天等工业。

常用不锈钢的牌号、特点及用途，见表 5-23 所列。

表 5-23　常用不锈钢的牌号、特点及用途

类　别	牌　号	旧牌号	统一数字代号	特点及用途
奥氏体型	12Cr18Ni9	1Cr18Ni9	S30220	属于铬镍不锈钢。具有良好的塑性、韧性、但强度不高。焊接性良好、切削加工性差，无磁或弱磁性。在氧化性和还原性介质中耐蚀性均较好，耐蚀性高于铬不锈钢。用于建筑装潢材料或用来制作耐酸等化工设备、食品设备、核能设备等
	06Cr19Ni10	0Cr18Ni9	S30408	
	022Cr18Ni10	00Cr18Ni10	S30403	
奥氏体-铁素体型	14Cr18Ni11Si4AlTi	1Cr18Ni11Si4AlTi	S21860	属于铬镍不锈钢，是目前应用最广的钢种。兼有奥氏体和铁素体不锈钢的特点，与铁素体相比，塑性、韧性更高，耐晶间腐蚀性能和焊接性能均显著提高，具有超塑性；与奥氏体不锈钢相比，强度高且耐晶间腐蚀和耐氯化物应力腐蚀有明显提高。用于石化设备、化学品船
	022Cr19Ni5 Mo3 Si2N	00Cr18Ni5 Mo3 Si2	S21953	
铁素体型	10Cr17	1Cr17	S11710	具有导热系数大、膨胀系数小、抗氧化性好、抗应力腐蚀优良等优点，但存在塑性差、焊后塑性和耐蚀性明显降低等缺点，多用于制造耐大气、水蒸气、水及氧化性酸腐蚀的零部件，如厨房设备、洗涤槽、化学设备、热交换器，也用于电梯建筑内外装饰
	008Cr30 Mo2	00Cr30 Mo2	S13091	
	30 Cr13	3 Cr13	S42030	
	68 Cr17	7 Cr17	S41070	
	108 Cr17	11Cr17	S44096	
沉淀硬化型	07Cr17Ni7Al	0Cr17Ni7Al	S51770	强度高，有很好的成形性能和良好的焊接性，可作为超高强度的材料，用于核工业、航空和航天工业
	07Cr15Ni7Mo2Al	0Cr15Ni7Mo2Al	S51570	
	05Cr17Ni4Cu4Nb	0Cr17Ni4Cu4Nb	S51740	

2. 耐热钢

耐热钢是指在高温下具有良好的化学稳定性或较高强度的钢，包括抗氧化钢（或称高温不起皮钢）和热强钢。抗氧化钢是指在高温环境下长时承受气体侵蚀时具有高温抗氧化、抗氮化、抗硫化等能力并能承受一定应力的合金钢，一般具有较好的化学稳定性，但承受载荷能力较低。热强钢是指在高温环境中保持较高持久强度、抗蠕变性并兼具有一定抗氧化性的合金钢，一般具有较高的高温强度和相应的抗氧化性。耐热钢常用于制造锅炉、汽轮机、动力机械、工业炉和航空、石油化工等工业部门中在高温下工作的零部件。

常用耐热钢的牌号、特点及用途，见表 5-24 所列。

表 5-24　常用耐热钢的牌号、特点及用途

类　别	牌　号	旧牌号	统一数字代号	特点及用途
铁素体型	06 Cr13Al	0Cr13Al	S11348	其突出特点是从高温下冷却后不产生显著硬化，用于制造受冲击负荷、要求较高韧性的零部件，常用于制造锅炉、汽轮机、动力机械、工业炉和航空、石油化工等工业部门中在高温下工作的零部件
	10Cr17	1Cr17	S11710	用于制造工作温度低于 900℃的抗氧化零部件，如散热器、喷嘴、炉用件、燃气轮机零件

（续表）

类　别	牌　号	旧牌号	统一数字代号	特点及用途
	022 Cr12	00Cr12	S11203	含碳量低，焊接部位弯曲性能、加工性能、耐高温氧化性能好。用于制造抗高温氧化且要求焊接的构件，如汽车排气阀净化装置、燃烧室、喷嘴
	16Cr25N	2Cr25N	S12550	耐高温腐蚀性强，1082℃以下不产生易剥落的氧化皮。用于制造工作温度低于 900℃的抗高温氧化件，如燃烧室
马氏体型	06Cr13	1Cr13	S41010	淬透性好，具有较高的硬度，韧性，较好的耐腐性，热强性和冷变形性能，减震性也很好，用于制造工作温度低于 800℃的抗氧化件
	14 Cr11MoV	1Cr11MoV	S46010	有较高的热强性，良好的减震性及组织稳定性，用于制造汽轮机叶片、导向叶片等
	15 Cr12WMoV	1Cr12WMoV	S47010	有较高的热强性，良好的减震性及组织稳定性，常用于制造锅炉、汽轮机、动力机械、工业炉和航空、石油化工等工业中在高温下工作的零部件
奥氏体型	06Cr25Ni20	0Cr25Ni20	S31008	抗氧化钢，可承受 1035℃高温，用于炉用材料、汽车净化装置
	16Cr25Ni20Si2	1Cr25Ni20Si2	S38340	具有较高的高温强度及抗氧化性，对含硫气体较敏感，适于制作承受应力的各种炉用构件
	26Cr18Mn12Si2N	3Cr18Mn12Si2N	S35750	有较高的高温强度和一定的抗氧化性，并且有较好的抗硫及抗渗碳性最高使用温度约 1000℃，用于锅炉吊挂支架、渗碳炉构件、加热炉传送带、料盘、炉爪等
	45Cr14 Ni14W2Mo	4Cr14 Ni14W2Mo	S32590	工艺性能较好，综合力学性能较好，有一定的热强性。用于工作温度为 550℃的长期使用增压器涡轮及叶片、紧固件、内燃机重负荷排气阀

5.5.6　奥氏体锰钢

　　奥氏体锰钢也称耐磨钢，是指具有高耐磨性的钢种，主要用于制造工作中承受高压力、严重磨损和强烈冲击的零件，如拖拉机和坦克履带、铁道道叉、挖掘机铲齿、破碎机颚板和防弹装甲等。

　　奥氏体锰钢属于铸钢。由于奥氏体锰钢极易产生形变强化，且强化效果极其明显，难以切削加工成型，因此大部分奥氏体锰钢一般都采用铸造成型。

　　为消除碳化物并获得单相奥氏体组织，奥氏体锰钢铸件使用前都应进行"水韧处理"。水韧处理是将钢加热至 1000～1100℃，保温一定时间使碳化物全部溶解，然后在水中快冷，以获得单一奥氏体组织的工艺。水韧处理后钢的硬度较低（大约 210HBW），而塑性、韧性很好，此时的奥氏体锰钢并不具有高耐磨性。奥氏体锰钢的耐磨原理是：奥氏体锰钢零件工作中承受强烈冲击或挤压而变形时，零件表层产生强烈的形变强化，并且伴随着马氏体转变，硬度显著提高（52～56HRC），从而使零件具有很高的耐磨性，并且心部还保持很好的塑性和韧性。

奥氏体锰钢牌号表示法：采用以化学成分表示的铸钢牌号，用"铸"和"钢"两字的汉语拼音的第一个大写正体字母"ZG"表示铸钢，其后的三位数字表示含碳量的万分之几。用"化学元素符号+数字"表示合金元素及其含量，数字表示元素含量的百分之几。例如，ZG110Mn13Mo1，表示平均碳含量为 1.1%、平均锰含量为 13%、平均钼含量小于1.5%的铸造奥氏体锰钢。

常用奥氏体锰钢的牌号及其化学成分，见表 5-25 所列。

表 5-25 常用奥氏体锰钢的牌号及其化学成分（摘自 GB5680—2010）

牌 号	化学成分（质量分数）/%								
	C	Si	Mn	P	S	Cr	Mo	Ni	W
ZG120Mn7Mo1	1.05～1.35	0.3～0.9	6～8	≤0.060	≤0.040	—	0.9～1.2	—	—
ZG110Mn13Mo1	0.75～1.35	0.3～0.9	11～14	≤0.060	≤0.040	—	0.9～1.2	—	—
ZG100Mn13	0.90～1.05	0.3～0.9	11～14	≤0.060	≤0.040	—	—	—	—
ZG120Mn13	1.05～1.35	0.3～0.9	11～14	≤0.060	≤0.040	—	—	—	—
ZG120Mn13Cr2	1.05～1.35	0.3～0.9	11～14	≤0.060	≤0.040	1.5～2.5	—	—	—
ZG120Mn13W1	1.05～1.35	0.3～0.9	11～14	≤0.060	≤0.040	—	—	—	0.9～1.2
ZG120Mn13Ni3	1.05～1.35	0.3～0.9	11～14	≤0.060	≤0.040	—	—	3～4	—
ZG90Mn14Mo1	0.70～1.00	0.3～0.6	13～15	≤0.070	≤0.040	—	1.0～1.8	—	—
ZG120Mn17	1.05～1.35	0.3～0.9	16～19	≤0.060	≤0.040	—	—	—	—
ZG120Mn17Cr2	1.05～1.35	0.3～0.9	16～19	≤0.060	≤0.040	1.5～2.5	—	—	—

5.6 铸铁

铸铁是含碳量在 2%以上的铁碳合金，工业用铸铁一般含碳量为 2%～4%。生产中常用的铸铁有灰铸铁、可锻铸铁、球墨铸铁，如墨铸铁、合金铸铁等。

5.6.1 铸铁的石墨化过程

铸铁中，碳元素的主要存在形式有两种，一是渗碳体（Fe_3C），二是游离状态的石墨（G）。

由于铸铁中碳元素的主要存在形式有两种，所以铁水结晶有两种结晶规律：或者结晶出渗碳体，或者结晶出石墨。铸铁中石墨的形成过程称为铸铁的石墨化过程。铸铁中形成石墨有两种方式：一种是铁水结晶过程中从铁水中结晶出石墨、从奥氏体中析出和奥氏体共析转变得到共析石墨；另一种是白口铸铁铸件经可锻化退火，渗碳体分解出石墨。铸铁的石墨化过程通常是指第一种形式。

影响铸铁石墨化过程的因素主要是铸铁的化学成分和铁水的冷却速度。

在铸铁的成分中，碳与硅是强烈促进石墨化的元素，铸铁中碳、硅含量越高，越利于石墨化。硫是强烈阻碍石墨化的元素，锰也是阻碍石墨化的元素。

冷却速度对铸铁石墨化的影响也很大。冷却越慢，越有利于石墨化。冷却速度受造型材料、铸造方法和铸件壁厚等因素的影响。例如，金属型铸造使铸铁冷却快，砂型铸造冷却较慢；壁薄的铸件冷却快，壁厚的冷却慢。

5.6.2　铸铁的组织特征和性能特点

1.　组织特征

铸铁的组织由基体和石墨组成。铸铁石墨化程度不同，所得到的基体组织也不同。铸铁的基体类型有铁素体、珠光体和"铁素体+珠光体"三种类型，对应铸铁的组织也有三种类型：铁素体基体+石墨；"铁素体 +珠光体"基体+石墨；珠光体基体+片状石墨。由于珠光体是共析钢的组织，"铁素体+珠光体"是亚共析钢的组织，因此，可以认为铸铁的组织特征是在钢的基体上分布着不同形态、大小和数量的石墨。

2.　性能特点

（1）　基体和石墨对铸铁性能的影响

铸铁的力学性能主要决定于基体的性能和石墨的数量、形状、大小及分布状况等。基体是影响铸铁性能的重要因素。例如，在其他条件相同的情况下，基体强度越高，铸铁的强度也越高；基体的塑性越好，铸铁的塑性也越好。

石墨是铸铁中的重要相，对铸铁的性能有重大影响。石墨的晶格类型为六方晶格，如图 5-4 所示。石墨硬度为 3～5HBW，强度指标 R_m 大约 20MPa，塑性和韧性极低，塑性和韧性几乎为零。

图 5-4　石墨的晶体结构

由于石墨本身的强度、硬度和塑性都几乎为零，因此铸铁中的石墨就相当于基体上布满了大量的孔洞或裂缝，从而割裂了基体组织的连续性，减小了基体的有效承载面积，使铸铁的强度和韧性降低。石墨的这两种作用称为石墨的割裂作用和缩减作用。

石墨对铸铁也有其有利的一面，可以改善铸铁的切削加工性能和铸造性能，提高铸铁的耐磨性和减震性，同时使铸铁具有小的缺口敏感性。

（2）　性能特点

由于石墨的影响，铸铁的性能特点表现为较低的抗拉强度，韧性差，具有优良的铸造性能，很高的减摩和耐磨性，良好的消震性和切削加工性，以及缺口敏感性低等一系列优点。除此之外，铸铁熔炼简便、价格低廉。铸铁广泛应用于机械制造、冶金、石油化工、交通、建筑和国防工业各部门。

5.6.3　常用铸铁

1.　灰铸铁

（1）　灰铸铁的化学成分、组织和性能

① 化学成分。

灰铸铁的成分大致范围为：w_C=2.5%～4.0%，w_{Si}=1.0%～3.0%，w_{Mn}=0.25%～1.0%，w_S=0.02%～0.20%，w_P=0.05%～0.50%。

② 组织。

灰铸铁的显微组织有三种类型：铁素体（F）基体+片状石墨；铁素体（F）+珠光体（P）基体+片状石墨；珠光体（P）基体+片状石墨。灰铸铁的显微组织，如图5-5。

（a）铁素体灰铸铁　　　　　（b）铁素体+珠光体灰铸铁　　　　　（c）珠光体灰铸铁

图5-5　灰铸铁的显微组织

③ 性能及应用。

由于灰铸铁中石墨呈片状，其割裂作用尤为明显，因此灰铸铁的力学性能较差，强度低，韧性差。片状石墨愈多，愈粗大，分布愈不均匀，则强度和塑性就愈低。虽然灰铸铁力学性能较差，但是由于其铸造性能良好，且价格低廉，因此在生产中得到广泛应用，是应用最广泛的铸铁。

（2）　灰铸铁的孕育处理

为了提高灰铸铁强度，生产中常采用孕育处理。孕育处理也称变质处理，是在浇注前向铁水中加入少量孕育剂（如硅铁、硅钙合金等），改变铁水的结晶条件，从而得到细小均匀分布的片状石墨和细小的珠光体组织。经孕育处理后的灰铸铁称为孕育铸铁。孕育铸铁的强度比普通铸铁有较大的提高，塑性和韧性也有所改善，一般用于制造力学性能要求较高、截面尺寸变化较大的大型铸件。

（3）　灰铸铁的热处理

因为灰铸铁的基体利用率低，热处理又不能改变石墨的形状、大小和分布，所以用热处理来提高灰铸铁的力学性能效果不大。灰铸铁热处理的主要目的是消除铸件内应力和稳定尺寸，消除铸件表层的白口组织以改善切削加工性能，有时也用来提高工件表面的硬度和耐磨性等。灰铸铁常用的热处理方法有时效处理、高温石墨化退火、表面淬火等。

① 时效处理：铸造过程中，由于铸件壁厚不均匀，铸件中会产生铸造应力，这些内应力都必须消除，否则会引起铸件的变形或开裂。时效处理是常用的消除铸造应力的方法。时效处理分为自然时效和人工时效。自然时效是将铸件长期放置在室温下以消除应力的方

法。人工时效又称去应力退火，是将铸件加热到 530～620℃，保温时间为 2～6h，然后炉冷至 200℃再空冷的工艺。采用时效处理可消除铸件内应力的 90%～95%，但铸铁组织不发生变化。

② 高温石墨化退火：其工艺是将铸件加热至 850～900℃，保温 2～5h，然后炉冷至 400～500℃再空冷。其工艺目的是使渗碳体分解为石墨，以消除灰铸铁铸件表层及薄壁处的白口组织，改善切削加工性，为铸件的机械加工做准备。

③ 表面淬火：其工艺与钢的表面淬火工艺基本相同，目的是提高机床导轨、缸体内壁等灰铸铁件的表面硬度和耐磨性。

（4）灰铸铁的牌号及用途

灰铸铁的牌号由"HT+数字"组成。其中"HT"是"灰铁"两字汉语拼音的第一个字母，其后的数字表示抗拉强度数值。如 HT100，表示抗拉强度是 100MPa 的灰铸铁。

常用灰铸铁的牌号、力学性能及用途见表 5-26。

表 5-26　灰铸铁的牌号、力学性能及用途

类　别	牌　号	力学性能		用途举例
		R_m/MPa 不小于	硬度 HBW	
F 基体灰铸铁	HT100	100	143～229	低载荷和不重要铸件，如盖、外罩、手轮、支架等
F+P 基体灰铸铁	HT150	150	163～229	承受中等应力的铸件，如底座、床身、工作台、阀体、管路附件及一般工作条件要求的零件
P 基体灰铸铁	HT200	200	170～241	承受较大应力和较重要的铸件，如汽缸体、齿轮、机座、床身、活塞、齿轮箱、油缸等
	HT250	250	170～241	
孕育铸铁	HT300	300	187～225	受力较大的床身、机座、主轴箱、卡盘、齿轮等，高压油缸、泵体、阀体、衬套、凸轮，大型发动机的曲轴、汽缸体、汽缸盖等
	HT350	350	197～269	

2. 可锻铸铁

可锻铸铁简称可铁，俗称玛钢、马铁，它是由一定成分的白口铸铁经可锻化退火而获得的具有团絮状石墨的铸铁。

（1）成分特点

为了保证铸件在一般冷却条件下都获得白口组织，又要在退火时容易使渗碳体分解，并呈团絮状石墨析出，因此要求严格控制铁液的化学成分。与灰铸铁相比，可锻铸铁中碳、硅的质量分数低一些。

（2）组织

根据显微组织特征，可锻铸铁可分为铁素体铸铁和珠光体可锻铸铁，其组织分别为"铁素体基体+团絮状石墨"和"珠光体基体+团絮状石墨"。可锻铸铁的显微组织，如图 5-6 所示。

（3）性能和应用

由于可锻铸铁中的石墨呈团絮状，对基体的割裂作用较小，因此与灰铸铁相比，它具有较高的强度和韧性。其中，铁素体可锻铸铁具有较高的塑性和韧性，而珠光体可锻铸铁具有较高的强度、硬度和耐磨性。虽然该铸铁称为"可锻铸铁"，但它并不能进行锻压加工。可锻铸铁主要用于生产形状复杂、要求强度和韧性较高的薄壁铸件。

（a）铁素体可锻铸铁　　　　　　　　　　（b）珠光体可锻铸铁

图 5-6　可锻铸铁的显微组织

（4）牌号

可锻铸铁的牌号是由三个字母及两组数字组成的。其中前两个字母 KT 是"可铁"两字汉语拼音的第一个字母，第三个字母代表组织类别，其后的两组数字分别表示抗拉强度和断后伸长率。例如，KTH300—06，表示 R_m=300MPa、A=6%的黑心可锻铸铁；KTZ650—02，表示 R_m=650MPa、A=2%的珠光体可锻铸铁。可锻铸铁的牌号、力学性能及主要用途，见表 5-27 所列。

表 5-27　可锻铸铁的牌号、力学性能及用途

类　　别	牌　　号	R_m/MPa	$R_{r0.2}$/MPa	A/%	HBW	用　　途
黑心可锻铸铁	KTH300—06	300	—	6	大于 150	汽车、拖拉机的后桥外壳、转向机构、弹簧钢板支座等，机床上用的扳手，低压阀门，管接头，铁道扣板和农具等
	KTH330—08	330	—	8		
	KTH350—10	350	200	10		
	KTH370—12	370	—	12		
珠光体可锻铸铁	KTZ450—06	450	270	6	150～200	曲轴，连杆，齿轮，凸轮轴，摇臂，活塞环等
	KTZ550—04	550	340	4	180～230	
	KTZ650—02	650	430	2	210～260	
	KTZ700—02	700	530	2	240～290	

3. 球墨铸铁

球墨铸铁简称球铁，是 20 世纪 50 年代发展起来的一种高强度铸铁材料，它是对铁液进行球化处理和孕育处理，使铸铁中的石墨全部或大部分呈球状的铸铁。生产球铁所用球化剂为镁合金，我国采用稀土镁合金。生产球铁所用孕育剂 Si-Fe 合金和 Si-Ca 合金。

（1）球铁的成分、组织和性能

球铁的成分大致范围为 w_C=3.6%～3.9%，w_{Si}=2.2%～2.8%，w_{Mn}=0.6%～0.8%，w_S<0.07%，w_P<0.1%。

球墨铸铁显微组织为：铁素体基体+球状石墨；"铁素体+珠光体"基体+球状石墨，珠光体基体+球状石墨，下贝氏体基体+球状石墨。球墨铸铁的显微组织，如图 5-7 所示。

由于球状石墨对基体的割裂作用最小，所以，球墨铸铁是力学性能最好的铸铁。与其他铸铁相比，强度高、塑性、韧性好，屈强比可增大 0.7～0.8，它的某些性能还可与钢相媲美，如屈服强度比碳素结构钢高，疲劳强度接近中碳钢。

（2）球铁的热处理

球墨铸铁的热处理工艺性能较好，钢的热处理工艺，一般都适合于球墨铸铁。球墨铸

铁通过热处理改善性能的效果比较明显。球墨铸铁常用的热处理工艺有退火、正火、调质、贝氏体等温淬火等。此外，球墨铸铁通过各种热处理，可以明显地提高其力学性能。但球墨铸铁的收缩率较大，流动性稍差，原材料及处理工艺要求较高。

（a）铁素体球墨铸铁

（b）铁素体+珠光体球墨铸铁

图 5-7　球墨铸铁的显微组织

（3）球铁的牌号

球墨铸铁的牌号用"QT"符号及其后面两组数字表示。"QT"是"球铁"两字汉语拼音的第一个字母，两组数字分别代表其最低抗拉强度和最低伸长率。

部分球墨铸铁的牌号、力学性能及用途，如表 5-28 所列。

表 5-28　球墨铸铁铸铁的牌号、力学性能及用途

牌号	基体组织	R_m/MPa	$R_{r0.2}$/MPa	A/%	HBW	应用举例
QT400—15	F	400	250	15	130～180	适宜制造承受冲击、振动的铸件，如中低压阀体，压缩机汽缸体，电机壳，差速器壳、减速器壳
QT450—10		450	310	10	160～210	
QT500—7	F+P	500	320	7	170～230	飞轮、机油泵齿轮，机车车辆轴瓦等
QT600—3	F+P					适宜制造载荷大、受力复杂的铸件，如柴油机曲轴、凸轮轴，汽缸体、汽缸套，活塞环、部分磨床、铣床、车床的主轴等
QT700—2	P	700	420	2	225～305	
QT800—2		800	480	2	245～335	
QT900—2	B下	900	600	2	280～360	汽车后桥螺旋锥齿轮、拖拉机减速齿轮等高强度齿轮、柴油机凸轮轴、内燃机曲轴等

4. 蠕墨铸铁

蠕墨铸铁是 20 世纪 60 年代开发的一种铸铁材料。它是用高碳、低硫、低磷的铁液加入蠕化剂（镁钛合金、镁钙合金等），经蠕化处理后获得的高强度铸铁。蠕墨铸铁中的石墨呈短小的蠕虫状，如图 5-8 所示。

图 5-8　铁素体蠕墨铸铁的显微组织

蠕虫状石墨对基体产生的应力集中与割裂现象明显减小，因此，蠕墨铸铁的力学性能优于基体相同的灰铸铁而低于球墨铸铁，而且蠕墨铸铁在铸造性能、导热性能等方面都要比球墨铸铁好。

蠕墨铸铁的牌号用"R_uT"符号及其后面数字表示。"R_uT"是"蠕铁"两字汉语拼音的缩略字母，其后数字表示最低抗拉强度。

由于蠕墨铸铁具有许多优良的力学性能及良好的铸造性能，故常用于制造受热循环载荷、要求组织致密、强度较高、形状复杂的大型铸件，如机床的立柱、柴油机的汽缸盖、汽缸套、排气管等。

5. 合金铸铁

常规元素硅、锰高于普通铸铁规定含量或含有其他合金元素，具有较高力学性能或某种特殊性能的铸铁，称为合金铸铁。常用的合金铸铁有耐磨铸铁、耐热铸铁及耐蚀铸铁等。

（1）耐磨铸铁

不易磨损的铸铁称为耐磨铸铁。通常可通过激冷或向铸铁中加入铜、钼、锰、磷等元素，在铸铁中形成一定数量的硬化相来提高其耐磨性。耐磨铸铁分为减磨铸铁和抗磨铸铁两类。前者是在有润滑剂，受粘着磨损条件下工作的，如机床导轨和拖板，发动机的缸套和活塞，各种滑块等。后者是在无润滑剂、受磨料磨损条件下工作，如轧辊、犁铧、球磨机磨球等。

减磨铸铁的组织应是软基体上分布有坚硬的相。软基体在磨损后形成的沟槽可保持油膜，有利于润滑，而坚硬相可承受摩擦。细片状珠光体为基体的灰铸铁基本上能满足这样的要求。其中铁素体基体为软基体，渗碳体为坚硬相，同时石墨还有储油和润滑的作用。为了进一步提高珠光体灰铸铁的耐磨性，可加入适量的 Cu、Cr、Mo、P、V、Ti 等合金元素。

常用的减磨铸铁有高磷铸铁，它含有 0.4%～0.7%的磷，磷在铸铁中能形成各种 Fe_3P 坚硬骨架，使铸铁的耐磨性提高。

抗磨铸铁的组织应具有均匀的高硬度。普通白口铸铁就是一种抗磨性高的铸铁，但其脆性大，因此常加入适量的 Cu、Cr、Mo、W、Ni、Mn 等合金元素，增加其韧性，并具有更高的硬度和耐磨性。常用的抗磨铸铁有冷硬铸铁、中锰球铁、白口铸铁等。

（2）耐热铸铁

可以在高温下使用，其抗氧化或抗热生长性符合使用要求的铸铁，称为耐热铸铁。铸铁的热生长是指铸铁高温下产生的不可逆体积胀大现象，其产生原因是在高温下氧化性气体进入铸铁内部形成体积大的氧化物和渗碳体分解为大体积的石墨。热生长性会导致铸件的变形、翘曲、裂纹等。

为了提高铸铁的耐热性，常向铸铁中加入硅、铝、铬等合金元素，使铸铁表面形成一层致密的 SiO_2、Al_2O_3、Cr_2O_3 等氧化膜，阻止氧化性气体渗入铸铁内部产生内氧化，从而抑制铸铁的热生长。我国目前广泛应用的是高硅、高铝或铝硅耐热铸铁以及铬耐热铸铁。

耐热铸铁主要用于制造工业加热炉附件，如炉底板、烟道挡板、传递链构件、渗碳坩埚等。

（3）耐蚀铸铁

能耐化学、电化学腐蚀的铸铁，称为耐蚀铸铁。耐腐蚀铸铁通常加入的合金元素是硅、铝、铬、镍、铜等，使铸铁表面生成一层致密稳定的氧化膜，从而提高了耐腐蚀能力。常用的耐腐蚀铸铁有高硅耐腐蚀铸铁、高铝耐腐蚀铸铁和高铬耐腐蚀铸铁等。

耐腐蚀铸铁主要用于化工机械，如管件、阀门、耐酸泵等

 复习题五

5-1　填空题

1. 钢中的有害杂质元素是_____和_____。
2. 钢中的有益杂质元素是_____和_____。
3. _____元素引起钢的"热脆"，_____元素引起钢的"冷脆"。
4. 影响铸铁石墨化的因素有_____和_____。
5. 不锈钢中的主要合金元素是_____与_____。

5-2　选择题

1. 以下牌号中属于低碳钢的是（　　）。
   A．20　　　　　　　B．45　　　　　　　C．65Mn　　　　　　D．T12
2. 以下牌号中属于高级优质钢的是（　　）。
   A．Q235A　　　　　B．T10A　　　　　　C．08F　　　　　　D．Q235D

5-3　判断题

1. 可锻铸铁韧性好，所以可以锻造成型。　　　　　　　　　　　　　（　　）
2. 热处理可以改变铸铁中石墨的形态。　　　　　　　　　　　　　　（　　）
3. 铸铁的性能取决于基体的性能和石墨的大小、形态及分布。　　　（　　）
4. 合金钢的淬透性高于碳钢。　　　　　　　　　　　　　　　　　（　　）

5-4　问答题

1. 简述钢的分类？
2. 合金元素在钢中有何作用？
3. 化学成分和冷却速度对铸铁石墨化有何影响？阻碍石墨化的元素主要有哪些？
4. 简述铸铁的性能特点？
5. 与碳钢性比，合金钢有哪些优点？
6. 解释以下牌号的含义：

Q235A，45，T10A，ZG200-400，40Cr，20CrMnTi，60Si2Mn，GCr15，W18Cr4V，06Cr19Ni10，022Cr18Ni10，Q460，Q355GNHC，ZG120Mn13，9SiCr，65Mn，08F，HT150，QT700—2，KT300—06，KTZ700—02

7. 写出适合制造以下零件或工具的材料牌号：

机车车轴　小弹簧　机车弹簧　锉刀　麻花钻　机床主轴　连杆　机床床身
减速器箱体　化工用管道　汽车变速箱齿轮　滚动轴承外圈　垫圈　曲轴　水箱

第6章 非铁合金

通常把铁或以铁为主而形成的材料，称为钢铁材料；除钢铁材料以外的其他金属称为非铁合金，非铁金属也叫有色金属。非铁合金冶炼较困难，成本较高，故产量和使用量远不如钢铁材料，但是，由于非铁合金具有的某些特殊物理、化学性能，使之成为现代工业中一种不可缺少的重要的工程材料，广泛应用于机械制造、航空、航海、化工、电器等领域。常用的非铁合金有铝及铝合金、铜及铜合金、钛及钛合金等。

【基本要求】

了解非铁合金的特点、分类等；掌握常用的铝及铝合金、铜及铜合金等的牌号、性能和应用等；了解滑动轴承合金的性能要求；熟悉常用的轴承合金的分类及其特点；熟悉粉末冶金的特点、性能与粉末冶金材料的应用等。

6.1　铝及铝合金

6.1.1　工业纯铝

铝及铝合金是应用最广的非铁金属材料，其产量仅次于钢铁，广泛用于电气、汽车、车辆、化工等领域，也是航空工业的主要结构材料。

铝在地球上的储量居金属元素之首，其年产量亦居有色金属之冠。铝及铝合金的密度较小，属于轻金属。纯铝呈现银白色，具有面心立方晶格，无同素异构转变。铝的密度只有 $2.72g/cm^3$，约为铁的密度的 1/3，熔点 660.37℃，基本无磁性。铝的导电、导热性能优良，仅次于金、银、铜。在大气中，铝制品的表面会生成一层致密的 Al_2O_3 薄膜，可阻止其进一步氧化，故铝的抗大气腐蚀能力强，但是，铝不能耐酸、碱和盐的腐蚀。

工业上使用的纯铝纯度一般为 99.70%～98.00%，其强度低（R_m=80～100MPa）、塑性好（$A≈80\%$）。通过压力加工可制成各种型材，如丝、线、箔、棒和管等。按 GB/T3190—1996 规定，工业纯铝的牌号有 1070A、1060、1050A、1035 等（即化学成分近似于旧牌号 L1、L2、L3、L4、L5），牌号中数字越大，表示杂质的含量越高，纯度越低。

根据纯铝的特点，其主要用途是代替贵重的铜合金制作电线、配制各种铝合金以及制作一些质轻、导热或耐大气腐蚀而强度要求不高的器具。比如，纯铝可以用于制作空气压缩机垫圈、排气阀垫片、汽车铭牌等。

6.1.2　铝合金的分类

纯铝的强度低，若以铝为基础，加入一种或几种其他元素（Cu、Mg、Si、Mn、Zn 等）形成合金，就可获得较高强度的铝合金。此外，还可以通过冷变形加工、热处理等方法对铝合金进一步强化，同时保持其密度小、比强度高和导热性好的特性，使之适宜制造各种机械零件。

铝合金大多数为共晶型，除形成有限 α 固溶体外，还形成金属化合物，根据铝合金的成分及生产工艺特点，铝合金主要可分为变形铝合金和铸造铝合金两大类。

常用铝合金的分类结构图如下所示。

如图 6-1 所示为铝合金的分类示意图。

图 6-1 铝合金分类示意图

1. 变形铝合金

由图 6-1 可见，变形铝合金是指成分位于 D 点以左的合金，当加热到固溶线 DF 线以上时，可得到单相 α 固溶体，其塑性很好，宜于进行压力加工，故称为变形铝合金，变形铝合金又可分为以下两类。

（1）不能热处理强化的铝合金

是指成分位于图中 F 点以左的铝合金，在加热或冷却过程中，其 α 固溶体不发生相变，溶解度不变化，所以它们属于不能用热处理方法强化的铝合金。其常用的强化方法是冷变形，如冷扎、挤压等工艺。

（2）能热处理强化的铝合金

是指成分位于图中 F 与 D 点之间的铝合金，随着温度的变化其 α 固溶体的成分也发生变化，所以可以利用"固溶+时效"的方法进行强化。"固溶+时效"的方法是铝合金的主要强化手段，在其他有色金属中也有广泛的应用。

2. 铸造铝合金

成分在图中 D 点以右的铝合金，冷却时会发生共晶反应，且流动性较好，适宜于铸造生产，故称为铸造铝合金。

铸造铝合金的力学性能虽然不如变形铝合金，但其具有优良的铸造工艺性能，可进行各种成型铸造加工，宜于生产形状复杂的铸件。铸造铝合金种类很多，主要有铝-硅系、铝-铜系、铝-镁系、铝-锌系四个系列。

6.1.3 常用铝合金

1. 变形铝合金的性能与用途

变形铝合金包括防锈铝合金、硬铝合金、超硬铝合金及锻铝合金等。常用变形铝合金的牌号、化学成分、力学性能及用途举例见表 6-1 所列。

表 6-1 常用变形铝合金的牌号、化学成分、力学性能及用途举例

类别	牌号	化学成分 W（%）（余量为 Al）					状态	力学性能			用途举例
		Cu	Mg	Mn	Zn	其他		R_m/MPa	$A_{11.3}$（%）	HBW	
防锈铝合金	5A05	0.1	4.8～5.5	0.3～0.6	0.20		O	280	20	70	散热器片、导管、日用品、铆钉及中等载荷零件及制品
	3A21	0.20	0.05	1.0～1.6	0.10	Ti0.15	O	130	20	30	蒙皮、容器、油管、焊条、铆钉、低载零件及制品
硬铝合金	2A01	2.2～3.0	0.2～0.5	0.20	0.10	Ti0.15	T4	300	24	70	工作温度不超过 100℃的结构用中等强度铆钉
	2A11	3.8～4.8	0.4	0.4～0.8	0.30	Ni0.1 Ti0.15	T4	420	15	100	中等强度结构零件，如骨架、固定接头、螺栓
超硬铝合金	7A04	1.4～2.0	1.8～2.8	0.2～0.6	5.0～7.0	Cr 0.1～0.25	T6	600	12	150	主要受力结构件，如飞机大梁、桁架、加强框
锻铝合金	2A50	1.8～2.6	0.4～0.8	0.4～0.8	0.30	Ni0.10 Ti0.15	T6	420	13	105	中等强度的复杂形状锻件及模锻件
	2A70	1.9～2.5	1.4～1.8	0.20	0.30	Ni0.9～1.5 Ti0.02～0.1	T6	440	12	120	内燃机活塞和在高温下工作的复杂锻件、结构件

（1） 防锈铝合金

防锈铝合金属于铝-锰系或铝-镁系合金。铝-锰系合金牌号用 3XXX 表示，铝-镁系合金牌号用 5XXX 表示。常用的有 3A21（原牌号 LF21）、5A02（原牌号 LF2）等。A 表示原始纯铝。后两位为数字为顺序号。

防锈铝合金中加入锰的主要作用是提高耐腐蚀能力，并且大部分锰溶于固溶体后产生了固溶强化作用。镁也有固溶强化作用，同时降低合金的密度。防锈铝合金锻造退火后是单相固溶体组织，耐腐蚀性高，塑性好，故称防锈铝合金。这类合金不能进行时效强化，属于不能热处理强化的一类铝合金。但可以通过冷变形，利用加工硬化方法提高其强度。所以，防锈铝合金适用于制造负荷轻的冲压件和要求耐腐蚀、保光泽的零件，如客车上的装饰件、客车外皮、铆钉、油箱、油管及其他零件。

（2） 硬铝合金

硬铝合金属于铝-铜-镁系合金。其牌号用 2XXX 表示，常用牌号有 2A11、2A12（原牌号 LY11、LY12）。

硬铝合金可以进行时效强化，属于能热处理强化的铝合金，这类合金中加入铜和镁是为了在时效处理过程中形成强化相 $CuAl_2$ 和 Al_2CuMg 等。同时硬铝合金也可以进行形变强化，但其最大的缺点是耐腐蚀性差，故硬铝合金工件的表面常常需要包裹一层纯铝，以增加其耐蚀性。硬铝合金在航空工业上得到广泛的应用，如制造飞机构架、螺旋桨、叶片，等等。

（3）超硬铝合金

超硬铝合金属于铝-铜-镁-锌系合金。其牌号用 7XXX 表示，例如 7A04、7A09（原牌号 LC4、LC9），7 表示锌。

超硬铝合金是在硬铝中再加入锌元素组成的四元系合金，其经过固溶处理和人工时效后，可形成多种复杂的第二相组织 $MgZn_2$ 和 Al_2CuMg，获得很高的强度和硬度，所以超硬铝合金是铝合金中硬度最高的一类。但这类铝合金耐腐蚀性差，在高温下软化也快，用"包铝法"可提高其耐腐蚀性。

（4）锻造铝合金

锻造铝合金属于铝-铜-镁-硅系合金，其牌号用 2XXX 表示，如 2A50、2B50、2A70（原牌号 LD5、LD6、LD7）。

锻造铝合金中的主要强化相是 Mg_2Si，性能与硬铝合金相似，但耐腐蚀性和热塑性好，适于锻造加工，故简称为"锻铝"。锻造铝合金可以通过固溶处理和人工时效来进行强化。主要用于制造外形复杂的自由锻件和模锻件。

2. 铸造铝合金的性能与用途

铸造铝合金的代号用"ZL"，再加上三位数字表示。第一位数字表示合金的类别，如 1 表示铝-硅（Al-Si）系，2 表示铝-铜（Al-Cu）系，3 表示铝-镁（Al-Mg）系，4 表示铝-锌（Al-Zn）系等。后两位数字为顺序号，顺序号不同，代表的化学成分也不同。例如，ZL102 表示 2 号铝-硅系铸造铝硅合金。优质合金要在最后面加上"A"。

常用铸造铝合金的牌号、化学成分、力学性能及用途举例见表 6-2 所列。

（1）铝-硅系（Al-Si）铸造合金

铝-硅系铸造合金是目前工程上应用最广泛的铸造合金，俗称硅铝明。铝-硅系铸造合金中加入的主要元素是硅，硅的作用是使合金的膨胀系数减小，耐磨性、耐腐蚀性、强度和硬度提高。此外，还可以加入镁、铜、镍等元素，制成特殊的铝硅合金。

ZL102 是使用最多的铝-硅系铸造合金。这类合金的特点是流动性好，收缩性小，不易产生裂纹，很适宜铸造工艺加工。此外，铝-硅系铸造合金导热性好，密度小，耐腐蚀性好，常用来浇铸或压铸密度小而重量轻的又有一定强度和复杂形状的零件，尤其是适宜于薄壁零件。如汽车发动机的机壳、缸体以及工作温度在 200℃ 以下，要求气密性好的承载零件。高强度的特殊铝-硅系铸造合金还可以制造机器支臂、托架、挂架梁，等等。

ZL108 也是常用的铸造铝活塞的生产材料。其性能特点是质量轻，耐蚀性好，线膨胀系数小，强度和硬度较高，较好的耐腐蚀性和铸造性能。但这种合金对高温很敏感，工作温度一般要求控制在 300℃ 以下，超过这个温度时它的疲劳强度恶化、屈服点也会迅速下降。当温度达到 400℃ 时，只要受到很小的载荷就会被破坏。

另外，含稀土金属的稀土铝合金也常用于制造柴油发动机的活塞，它的成分基本上与

ZL108 相同，只是又加入少量稀土元素（w_{RE}=0.5%～1.5%），这种铝合金的高温性能较好。铝硅合金活塞需要通过固溶处理及人工时效处理，以提高表面硬度。

表 6-2　常用铸造铝合金的牌号、化学成分、力学性能及用途举例

类别	合金牌号	化学成分 w（%）（余量为 Al）						力学性能（不低于）			用途举例
		Si	Cu	Mg	Mn	Zn	Ti	R_m/MPa	$A_{11.3}$（%）	HBW	
铝硅合金	ZL101 ZAlSi7Mg	6.5～7.5		0.25～0.45			0.08～0.2	202 192	2 2	60 60	形状复杂的砂型、金属型和压力铸造零件，如飞机、仪器的零件，抽水机壳体，工作温度不超过 185℃ 的汽化器等
	ZL102 ZAlSi12	10.0～13.0						153 143 133	2 4 4	50 50 50	形状复杂的砂型、金属型和压力铸造零件，如仪表、抽水机壳体，工作温度在 200℃ 以下，气密性、低载荷的零件
	ZL105 ZAlSi5Cu1Mg	4.5～5.5	1.0～1.5	0.4～0.6				231 212 222	0.5 1.0 0.5	70 70 70	砂型、金属型和压力铸造的，形状复杂，在225℃以下工作的零件，如风冷发动机的汽缸头、机匣、油泵壳体等
	ZL108 ZAlSi12Cu2Mg1	11.0～13.0	1.0～2.0	0.4～1.0	0.3～0.9			192 251		85 90	砂型、金属型铸造的，要求高温强度及低膨胀系数的高速内燃机活塞及其他耐热零件
铝铜合金	ZL201 ZAlCu5Mn		4.5～5.3		0.6～1.0		0.15～0.35	290 330	8 4	70 90	砂型铸造在 175～300℃ 以下工作的零件，如支臂、挂架梁、内燃机汽缸头、活塞
	ZL202 ZAlCu10		9.0～11.0					104 163		50 100	形状简单、表面粗糙度要求较低的中等承载零件
铝镁合金	ZL301 ZAlMg10			9.5～11.5				280	9	60	砂型铸造的、在大气或海水中工作的零件，承受大振动载荷，工作温度不超过150℃的零件
铝锌合金	ZL401 ZAlZn11Si7	6.0～8.0		0.1～0.3		9.0～13.0		241 192	1.5 2	90 80	压力铸造的，零件工作温度不超过200℃，结构形状复杂的汽车、飞机零件等

（2）铝-铜系（Al-Cu）铸造合金

铝-铜系铸造合金的特点是具有较高的高温强度，耐热性好，又可以通过热处理方法来强化。最大的缺点是耐腐蚀性较差，而且是随着铜的含量的不断增加，其耐腐蚀性越低。铝-铜系铸造合金常用于制造汽车、摩托车发动机的活塞和飞机的一些附件等。

（3）铝-镁系（Al-Mg）铸造合金

铝-镁系铸造合金的特点是密度小、强度高，耐蚀性好，能耐大气和海水的腐蚀。但铸造性能较差，耐热性也低，一般仅适用于 200℃ 以下工作的零件，这类合金可进行时效处

理，通常采用自然时效的方法。因此，常用来制造易受到冲击、振动、耐腐蚀和外形简单的零件以及接头等，在一定场合还可以替代不锈钢，例如舰船配件、氨用泵体等。在汽车制造业中主要用于制造缸盖、底盘飞轮等零部件。

（4）铝-锌系（Al-Zn）铸造合金

铝-锌系铸造合金由于能溶入大量的锌（其极限溶解度为 32%），后经变质处理和时效处理，铝-锌系铸造合金的强度会显著提高，而且价格比较便宜。在铝-锌系铸造合金中加入适量的锰、铁和镁，可以提高耐热性。缺点是耐腐蚀性能较差，热裂倾向也大。铝-锌系铸造合金主要应用于制造结构形状复杂的汽车，飞机的零件和医疗器械，仪表零件，等等。

某些如 BJ1040 的小型汽车发动机缸盖可以用铸造铝合金制造。其具有质量轻、导热性好的优点，有利于提高发动机的压缩比和能源利用率。其缺点是在使用过程中容易变形。在维修过程中铸造铝合金缸盖不可以用碱性的水溶液进行清洗，以免产生腐蚀。在拧紧缸盖螺栓、螺母时应考虑铸造铝合金的热膨胀，冷车时要按规定拧紧一些，注意不要拧得过紧，以防螺栓断裂。

6.1.4 铝合金的热处理

由于纯铝无同素异构转变，因此铝合金热处理的机理与钢的不同。铝合金是通过固溶处理、时效处理来提高强度、硬度和其他性能的，这种热处理也是强化处理。

1. 固溶处理

将铝合金加热至稍高于固溶线，保温适当的时间，即可得到均匀、单相的 α 固溶体，后在水中快速冷却，使其来不及析出第二相，在室温下获得过饱和的 α 固溶体单相组织。此时铝合金的强度和硬度并没有明显升高，而塑性却得到改善，这种热处理称为固溶处理。

铝合金的固溶处理与钢的淬火虽然都是加热后快速冷却，但却有着本质的区别。前者在冷却过程中，晶格类型没有发生变化，而后者却发生了晶格类型的变化，会由面心立方晶格奥氏体转变为体心立方晶格的马氏体。

2. 时效处理

铝合金固溶处理后应及时进行时效处理。由于固溶处理后获得的过饱和固溶体是不稳定的组织，有分解出第二相的倾向。

如果在一定温度下保持一定时间，使第二相组织从过饱和固溶体中缓慢析出来，使晶格发生畸变，从而使铝合金的强度和硬度得到显著提高，塑性明显下降，这种现象称为时效处理。在室温下进行的时效称为自然时效。在 100～200℃ 范围内进行的时效称为人工时效。人工时效温度越高，时效过程越短，但强化效果越差，超过 200℃，晶格畸变完全消失，强化效果就不明显了。

自然时效后的铝合金，在 230～250℃ 短时间（几秒至几分钟）加热后，快速水冷至室温时，可以重新变软。如果再放置在室温下，则又会发生正常的自然时效。这种现象称为铝合金的回归现象。一切能时效硬化的合金都有回归现象，回归现象在实际生产中具有着重要的意义。时效后的铝合金可在回归处理后的软化状态进行各种冷变形，例如利用这种现象，可随时进行飞机的铆接和修理。图 6-2 所示为自然时效后的铝合金在反复回归处理和再时效时的强度变化情况。

图 6-2 铝合金的回归和再时效示意图

3. 退火处理

变形铝合金的退火是为了消除加工硬化，便于再加工。它主要用于飞机蒙皮等形状复杂的钣金件，一般是加热到 350～450℃，保温后空冷。

另外，不能热处理强化的铝合金零件，也可以通过去应力退火，在 180～300℃加热后空冷，使其保持较高的强度和适当的塑性。

铸造铝合金通过退火，可以消除铸造时的偏析和内应力，并使组织稳定、塑性提高。

6.2 铜及铜合金

铜及铜合金是现代制造业中不可缺少的材料。例如，一辆载货汽车需要 20kg 左右的铜，在汽车上主要使用的有纯铜、黄铜和青铜。

6.2.1 纯铜

铜是比较贵重的有色金属，其全球产量仅次于钢和铝。纯铜中铜的质量分数为 99.70%～99.95%，纯铜呈玫瑰红色，表面形成氧化铜膜后，为紫红色，故俗称紫铜。纯铜的熔点为 1083℃，密度为 8.96g/cm³，具有面心立方晶格，没有同素异构转变，无磁性。纯铜具有很高的导电性、导热性和耐蚀性（耐大气和海水腐蚀）。纯铜的抗拉强度不高（R_m=200～400MPa），硬度较低，但塑性很好（A=45%～50%），容易进行压力加工，例如，当变形率为 50%时，强度 R_m 从 230～250MPa 提高到 400～430MPa，塑性 A 由 40%～50% 降低到 1%～2%。利用冷塑性变形，可提高纯铜的强度，但塑性有所下降。纯铜广泛用作电工导体、传热体、防磁器械及配制各种铜合金。

纯铜中的杂质主要有 Si、Mn、S 和 P 等，对纯铜的性能影响极大，如 Si、Mn 可引起铜的"热脆"，而 S、P 却能导致铜的"冷脆"。所以，在纯铜中必须控制杂质含量。

根据杂质含量的不同，工业纯铜分三种：T1、T2、T3，"T"为铜的汉语拼音字首，其后的数字愈大，纯度愈低。工业纯铜的牌号、成分及用途见表 6-3 所列。

表 6-3　工业纯铜的牌号、成分及用途

代　号	牌　号	w_{Cu}（%）	杂质总含量 w（%）	用　途
T10900	T1	99.95	0.05	导电材料和配高纯度合金
T11050	T2	99.90	0.1	电力输送用导电材料，制作电线、电缆等
T11090	T3	99.70	0.3	电机、电工器材、电器开关、垫圈、铆钉、油管等

6.2.2　铜合金

在工业纯铜中加入一些合金元素后，可获得较高的强度和硬度，较好的韧性，同时还保持了纯铜的某些优良性能。按照加入的合金元素不同，一般将铜合金分为黄铜、青铜和白铜三大类。

1.　黄铜

黄铜是以锌为主加合金元素的铜合金。按化学成分不同，黄铜分为普通黄铜、特殊黄铜两种。其牌号用"黄"字汉语拼音字首"H"来表示，其后附以数字表示铜的平均质量分数，余量为锌。如 H70 表示铜的平均质量分数为 70%，锌的平均质量分数为 30%的普通黄铜。

（1）普通黄铜

普通黄铜是铜-锌（Cu-Zn）二元合金。普通黄铜的组织和力学性能会受到锌的质量分数的影响。

当 $w_{Zn}<32\%$ 时，普通黄铜合金的组织由单相面心立方晶格的 α 固溶体构成，塑性好。随着锌的质量分数增加，合金的强度和塑性均增加，其显微组织如图 6-3（a）所示。当 $w_{Zn}>32\%$ 后，合金组织中开始出现 β 相。β 相为以金属化合物 CuZn 为基的无序固溶体，呈体心立方晶格结构，塑性好，可进行热加工。但当温度下降到 456～468℃时，β 相会发生有序变化，转变为有序固溶体 β 相，其显微组织如图 6-3（b）所示。β 相很脆，不易进行加工。此时，合金的塑性会随锌的质量分数的增加而开始下降，但强度仍然在上升，这是因为少量的 β 相存在对强度并无不利的影响。当 $w_{Zn}>45\%$ 之后，β 相已占合金组织的大部分并直至全部，其强度急剧下降，塑性继续降低。所以，工业黄铜中锌的含量一般不超过 47%。

（a）单相黄铜　　　　　　　　　（b）双相黄铜

图 6-3　Cu-Zn 合金的显微组织

普通黄铜的退火组织可分为单相黄铜（α 黄铜）和双相黄铜（α+β 黄铜）。常用的单相黄铜有 H80、H70、H68 等，其塑性好，可进行冷、热加工。这类黄铜适用于制作冷轧钢板、冷拉线材、管材及形状复杂的深冲零件。双相黄铜有 H62、H59 等，其室温组织为 α+β，由于 β 相很脆，故不适于冷变形加工。但当加热使 α 相转变为 β 相后，便可进行热变形加工。通常热轧成棒材、板材。这类黄铜也可铸造。

黄铜具有良好的耐大气腐蚀和耐海水能力，并且单相黄铜优于双相黄铜。但经冷加工的黄铜制品存在残留应力，如果处在潮湿大气或海水中，特别是在含氨的介质中，容易发生应力腐蚀，使黄铜开裂，这种现象叫做应力腐蚀开裂，或叫做"季裂"。因此，冷加工后的黄铜应进行去应力退火（在 250～300℃进行加热，保温 1～3h），以消除内应力，或加入适量的锡、硅、铝、锰、镍等元素来降低黄铜对应力腐蚀开裂的敏感性。普通黄铜的力学性能、工艺性和耐蚀性较好，应用广泛。

常用黄铜的牌号、化学成分、力学性能及用途见表 6-4 所列。

表 6-4　常用黄铜的牌号、化学成分、力学性能及用途

类　别	代　号	牌　号	主要成分 w（%）（余量为 Zn）		制品种类	力学性能		用途举例
			Cu	其他		R_m（MPa）	A（%）	
普通黄铜	C24000	H80	79～81		板、条、带、箔、棒、线、管	265～392	50	色泽美观，用于镀层及装饰
	T26300	H68	67～70			294～392	40	管道、散热器、铆钉、螺母等
	T27600	H62	60.5～63.5			294～412	35	散热器、垫圈、垫片等
特殊黄铜	T38100	HPb59—1	57～60	Pb0.8～1.9	板、带、管、棒、线	343～441	25	切削加工性好、强度高、用于热冲压和切削加工件
	T67400	HMn58—2	57～60	Mn1.0～2.0	板、带、棒、线	382～588	35	耐腐蚀零件和在弱电流条件下工作的零件

（2）　特殊黄铜

为获得更高的强度、耐腐蚀性和良好的铸造性能，在铜锌合金中加入铅、锡、铝、镍、铁、硅、锰等元素，可以形成各种特殊黄铜，如铅黄铜、锡黄铜、铝黄铜、镍黄铜、铁黄铜及硅黄铜等。代号用"H+主加元素符号+铜的质量分数+主加元素的质量分数"表示。例如 HPb61—1，表示含有元素的平均质量分数为 w_{Cu} =61%、w_{Pb}=1%、余量为锌的铅黄铜。

特殊黄铜中若加入的合金元素较少，则塑性会较高，也称为压力加工特殊黄铜。加入的合金元素较多时，则强度和铸造性能较好，则称为铸造用特殊黄铜，代号中用"Z"表示"铸造"。加入铝、锡、锰、镍的铜合金还能提高耐腐蚀性和耐磨性。

2.　青铜

青铜原指铜-锡（Cu-Sn）合金，但现在工业上习惯把以含铝、硅、铅、铍、锰等为主加元素的铜合金统称为青铜。所以青铜实际上包括有锡青铜（Cu-Sn）、铝青铜（Cu-Al）、铍青铜（Cu-Be）、铅青铜（Cu-Pb）等。青铜也可分为加工青铜（以青铜加工产品的形式供应）和铸造青铜两类。青铜的牌号是：Q+主加元素符号+主加元素的质量分数+其他元素

的质量分数。"Q"表示"青铜",例如：QSn4-3 表示含 w_{Sn}=4%、w_{Zn}=3%、余量为 Cu 的锡青铜。铸造青铜是在牌号前加"Z"字。

（1）锡青铜

锡青铜是以锡为主加元素的铜合金。锡青铜的组织和力学性能与锡含量的多少有关。

当 w_{Sn}<5%～6%时,合金的铸态或退火态组织为单相 α 固溶体,随着锡的质量分数的增加,合金的强度和塑性均有所增加。当 w_{Sn}>5%～6%时,合金组织中出现硬而脆的 δ 相（$Cu_{31}Sn_8$ 为基的固溶体）,合金的塑性急剧下降,但强度继续增高。当 w_{Sn}>20%以上时,大量的 δ 相的出现使强度显著下降,合金变得硬而脆,基本无使用价值。所以,工业上使用锡青铜的锡的质量分数一般限定在 3%～14%之间。

当 w_{Sn}<8%时,锡青铜塑性好,适于压力加工,也称为加工锡青铜。而当 w_{Sn}>10%的锡青铜,由于塑性差,只适于铸造加工,成为铸造锡青铜。铸造锡青铜的流动性差,易形成疏松,造成组织不致密。但它在凝固时尺寸收缩小,特别适用于对外形尺寸要求严格的铸件。

锡青铜比纯铜及黄铜的耐腐蚀性好,特别是在大气、海水等环境中,其优越性尤为明显。但在酸类及氨水中,其耐腐蚀性较差。此外,锡青铜耐磨性好,也多用于制造轴瓦、轴套等耐磨零件。

（2）铝青铜

铝青铜是以铝为主加元素的铜合金。铝青铜比黄铜和锡青铜的力学性能高,且铝青铜的力学性能受铝的质量分数的影响很大。

在铸造状态下,w_{Al}<5%时强度很低,当 w_{Al}>5%以后强度上升较高,w_{Al}=5%～7%的铝青铜塑性最好,适于冷加工。w_{Al}>7%～8%后,塑性急剧下降。在 w_{Al}=10%左右时强度最高,多在铸态或经热加工后使用。当 w_{Al}>12%时铝青铜塑性很差,加工困难。因此实际应用的铝青铜的 w_{Al} 一般应在 5%～12%之间。

铝青铜的流动性好,结晶温度范围也很小,形成的缩孔较为集中,所以容易获得致密的铸件,而且不易形成枝晶偏析。铝青铜的耐腐蚀性优良,在大气、海水及大多数有机酸中的耐腐蚀性比黄铜和锡青铜均高,耐磨性也比黄铜和锡青铜好,常用来制造强度及耐磨性要求较高的零件,如齿轮、蜗轮、轴承等。

（3）铍青铜

铍青铜是以铍为主加元素的铜合金。当 w_{Be}=1.7%～2.5%时,由于铍在铜中的溶解度随温度的变化很大,温度在 866℃时,最大溶解度为 2.7%,而在室温时却仅有 0.2%,故铍青铜进行固溶处理和时效处理后,可获得很高的硬度和强度,抗拉强度 R_m 最大可达 1500MPa,硬度可达 350～400HBW,超过其他的铜合金。铍青铜的力学性能与铍的质量分数及热处理有关。

铍青铜的强度和硬度会随着铍的质量分数的增加而急剧增高,而塑性则下降不多：当 w_{Be}>2%后,强度和硬度少量增加,而塑性显著降低。

铍青铜不仅强度高、弹性好、疲劳抗力高,而且比其他铜合金耐腐蚀、耐热、耐磨等性能均好。导电性和导热性优良,而且具有抗磁、受冲击无火花产生等特殊性质。铍青铜主要用于制造精密仪器、仪表中重要的弹性元件,如钟表齿轮、电焊机电机及防爆工具、航海罗盘等重要零件。但铍青铜工艺较为复杂,价格也较高,限止了其应用。

3.　白铜

以镍为主加合金元素的铜合金称为白铜。普通白铜仅含铜和镍两种元素，其牌号为"B+镍的平均质量分数"。例如，B19 表示 $w_{Ni}=19\%$，余量为铜的普通白铜。普通白铜中加入锌、锰、铁等元素后分别叫做锌白铜、锰白铜、铁白铜。牌号为 "B+其他元素符号+镍的平均质量分数+其他元素的平均质量分数"。例如，BZn15-20 表示含 $w_{Ni}=15\%$、$w_{Zn}=20\%$、$w_{Cu}=65\%$ 的锌白铜。

在固态下，铜与镍无限互溶，因此工业白铜的组织为单相的 α 固溶体，有较好的强度和优良的塑性，能进行冷、热变形加工。冷变形加工能提高强度和硬度。它的耐腐蚀性很好，电阻率较高，主要用于制造船舶仪器零件、化工机械零件及医疗器械，等等。锰含量高的锰白铜可制作热电偶丝。

6.3　滑动轴承合金

轴承是汽车、拖拉机、机床及其他机器中的重要部件，其作用是支撑轴进行转动，并减少轴在运转时的磨损。目前常用的轴承有滚动轴承和滑动轴承两类。虽然滚动轴承的应用比较广泛，但由于滑动轴承具有承压面积大、工作平稳、噪声小、制造、维修、拆装方便等优点，在重载高速的场合还是被广泛地应用，如汽车的曲轴轴承、连杆轴承、凸轮轴轴承均采用滑动轴承。在滑动轴承中，用于制造轴瓦及其内衬的合金材料，称为铸造轴承合金。

6.3.1　对滑动轴承合金性能的要求

滑动轴承中轴瓦与内衬直接与轴的轴颈配合使用的，轴承在工作时，不仅要承受轴的压力，而且轴与轴承之间会产生强烈的摩擦，同时还要承受交变载荷和冲击载荷的作用。由于轴是机器上的重要零件，其制造工艺复杂，成本高，更换困难，为确保工作时轴受到最小的磨损，轴瓦的硬度应比轴颈的硬度低得多，以延长轴的使用寿命。

为使轴的磨损减少到最小限度、保证轴承有足够的承载能力和正常工作，轴承合金必须具备以下工作性能要求：具有良好的磨合性，使其与轴能较快地紧密配合；具有足够的强度和硬度，以承受轴颈对其产生的较大单位压力；具有足够的塑性和韧性，便于轴承的加工和抵抗冲击与震动；具有摩擦系数小、有微孔能储存润滑油，使接触表面形成油膜，减轻磨损；具有良好的耐腐蚀性、导热性和较小的膨胀系数，防止摩擦升温而发生咬合；具有良好的工艺性能，使之制造容易，价格便宜。

仅用一种材料是无法同时满足上述工作性能要求的，实际中用铸造的方法，将滑动轴承合金镶铸在 08 钢的轴瓦上，制成双金属轴承。

6.3.2　轴承合金的组织

轴承合金应具备软硬兼备的理想组织：软基体上均匀分布着硬质点和硬基体上分布着软的质点。滑动轴承在工作时，软的组织首先被磨损下凹，利于储存润滑油，形成连续分布的油膜，硬的组成部分则起着支承轴颈的作用。这样，轴承与轴颈的实际接触面积大大减少，也使轴承的摩擦减小。为满足以上性能要求，除考虑合金的化学成分外，更主要的是注意其组织的特殊作用。单纯地用硬的或软的组织都不行，应当是软基体加硬质点或硬基体加软质点来解决，如图6-4所示。

图 6-4　轴承合金的理想组织示意图

1.　软基体上分布着硬质点

在工作中，软基体会很快磨损凹陷，即可储存润滑油，使轴与轴瓦间形成连续的油膜，起到良好的润滑作用，减少轴和轴承的磨损，同时硬质点将突出于基体上，以支承轴的压力。一旦负载过大时，凸起的硬质点也会被压入软的基体中，从而避免了轴的擦伤。具有这类组织的轴承合金主要有巴氏合金，它们具有较好的磨合性与抗冲击、抗振动能力。但难以承受高载荷。

2.　硬基体上分布着软质点

这类轴承合金基体的硬度低于轴颈的硬度，但比软基体的硬度硬，并且能承受较大载荷。硬基体上分布着软的质点，可以具有低的摩擦系数，但其磨合性较差。具有这类组织的轴承合金主要有铜基、铝基轴承合金。

必须指出，十分理想的轴承合金是很难找到的，任何一种轴承合金都有一定的优缺点，只能在一定条件下使用。

6.3.3　常用轴承合金

轴承合金常用的材料有金属（轴承合金、青铜、铝基合金、锌基合金等）、非金属（塑料、橡胶等）、含油轴承材料等。

一些常用轴承合金的牌号、化学成分、力学性能及用途见表6-7所列。

表 6-7　常用轴承合金的牌号、化学成分、力学性能及用途

类别	牌　　号	化学成分 w（%）					硬度 HBW /不小于	用　　途
		Sb	Cu	Pb	Sn	杂质		
锡基轴承合金	ZSnSb12Pb10Cu4	11.0～13.0	2.5～5.0	9.0～11.0	余量	0.55	29	一般发动机的主轴承，但不适于在高温下工作
	ZSnSb11Cu6	10.0～12.0	5.5～6.5	—	余量	0.55	27	1500kW 以上蒸汽机、370kW 涡轮压缩机、涡轮泵及高速内燃机轴承
	ZSnSb8Cu4	7.0～8.0	3.0～4.0	—	余量	0.55	24	一般大机器轴承及高载荷汽车发动机的双金属轴承
	ZSnSb4Cu4	4.0～5.0	4.0～5.0	—	余量	0.50	20	涡轮内燃机的高速轴承及轴承衬

（续表）

类别	牌　　号	化学成分 w（%）					硬度 HBW/不小于	用　　途
		Sb	Cu	Pb	Sn	杂质		
铅基轴承合金	ZPbSb16Sn16Cu2	15.0~17.0	1.5~2.0	余量	15.0~17.0	0.6	30	110~880kW 蒸汽涡轮机、150~750kW 电动机和小于1500kW起重机及重载推力轴承
	ZPbSb15Sn5Cu3Cd2	14.0~16.0	2.5~3.0	余量	5.0~6.0	0.4	32	船舶机械、小于 250kW 电动机、抽水机轴承
	ZPbSb15Sn10	14.0~16.0	—	余量	9.0~11.0	0.5	24	中等压力机械，也适于高温轴承
	ZPbSb15Sn5	14.0~15.5	0.5~1.0	余量	4.0~5.5	0.75	20	低速、轻压力机械轴承
	ZPbSb10Sn6	9.0~11.0	—	余量	5.0~7.0	0.75	18	重载荷、耐腐蚀、耐磨轴承
铜基轴承合金	ZCuPb30		余量	30			25	高速高压航空发动机、高压柴油机轴承
	ZCuSn10P1		余量		9.0~14.0	0.6~1.2	90	高速高载柴油机轴承

1. 锡基与铅基轴承合金（巴氏合金）

锡基轴承合金和铅基轴承合金是工业上应用最广泛的轴承合金，又称作巴氏合金。其采用铸造生产的轴承合金的牌号表示方法为"Z+基体元素符号+主加元素符号+主加元素的质量分数+辅加元素符号+辅加元素的质量分数"。牌号中的"Z"为"铸"字的汉语拼音字首。例如 ZSnSb8Cu4 表示铸造锡基轴承合金，基体元素为锡，主加元素锑的质量分数为 8%，辅加元素铜的质量分数为 4%，余量为锡。巴氏合金的价格一般较贵，且力学性能较低，通常是采用铸造的方法将其镶铸在钢的轴瓦上形成双金属轴承使用。

常用的锡基与铅基轴承合金有以下几种。

2. 锡基轴承合金（锡基巴氏合金）

它是以锡为基本元素，加入锑、铜等元素组成的合金。其组织是以锑溶入锡中形成的 α 固溶体为软基体，以形成的化合物 $SnSb$ 和 Cu_6Sn_5 为硬质点及骨架。

这种合金的摩擦因数小，塑性和导热性好，是优良的减摩材料。主要缺点是疲劳强度较低，价格较贵，工作温度也不能高于 150℃。常用来制作最重要的轴承，如汽轮机、发动机、内燃机等大型机器的高速轴承。

3. 铅基轴承合金（铅基巴氏合金）

铅基轴承合金是以铅、锑为基本元素，加入锡、铜等元素，其硬度、强度、韧性均较锡基轴承合金低，且摩擦因数较大，但价格便宜，工作温度不超过 120℃。这种合金常用来制造承受中、低载荷的中速轴承，如汽车、拖拉机曲轴轴承、连杆轴承及电动机轴承，等等。

4. 铜基轴承合金

与巴氏合金相比，铜基轴承合金是在硬的基体上均匀分布着软的质点，铜基轴承合金主要是铅青铜等。其具有高的疲劳强度和承受能力，优良的耐磨性、导热性和低的摩擦系数，能在较高温度（250℃）下正常工作，因此可制造高速、重载的重要轴承，例如航空发动机、高速柴油机的轴承等。常用牌号有 ZCuPb30。

5. 铝基轴承合金

铝基轴承合金是以铝为基本元素，加入锡、铜等元素组成的合金。铝基轴承合金具有密度小、导热性好、疲劳强度高和耐腐蚀性好等优点，是一种新型减摩材料，并且原料来源丰富，价格较为低廉，其缺点是膨胀系数大，运转时容易与轴咬合。

目前以高锡铝基轴承合金应用最广泛。适合于制造高速（13m/s）、重载（3200MPa）的发动机轴承，常用牌号为 ZAlSn6Cu1Ni1。

汽车上目前广泛应用的是高锡铝基轴承合金。它是以铝为基本元素，加入约 20% 的锡和约 1% 的铜所组成的 20 高锡铝基轴承合金。它的组织是在硬基体（铝）上均匀分布着球状的软质点（锡）。20 高锡铝基轴承合金具有价格低、密度小、耐磨性好、疲劳强度较高、导热性好等优点，可靠性高于锡基轴承合金。当汽车在较差路面上行驶时，即使超载也不会发生轴承合金剥落，工作寿命较长，在正常使用情况下其寿命可达 10 多万公里。20 高锡铝基轴承合金广泛应用于 EQ1090、SH760、JN1150/100、JN1150/106 以及丰田、日产等进口小轿车上。而 20 高锡铝基轴承合金的不足之处是膨胀系数大、冷起动困难，易发生与轴咬合，故安装时必须留有较大间隙，即刮研轴瓦时，配合间隙要比原厂规定稍大些。

除以上轴承合金外，粉末冶金含油轴承、聚氨酯橡胶、聚四氟乙烯工程塑料等也可作滑动轴承或衬套的制造材料。

6.4 粉末冶金材料

用金属粉末或金属与非金属粉末的混合物作原料，经过压制成形、烧结等工艺过程所制成的合金称为粉末冶金合金，这种生产过程称为粉末冶金法。由于生产粉末冶金合金与生产陶瓷有相似之处，因此也把这种工艺称之为金属陶瓷法。

6.4.1 粉末冶金工艺简介

粉末冶金工艺过程包括制粉、筛分与混合、压制成形、烧结及后处理等几个工序。

1. 制粉

制粉是将原料破碎成粉末，通常用以下几种方法：机械破碎法，如用磨粉机粉碎金属原料；熔融金属的气流粉碎法，如用压缩空气流、蒸汽流或其他气流将熔融金属粉碎；氧化物还原法，如用固体或气体还原剂把金属氧化物还原成粉末；电解法，在金属盐的水溶剂中电解沉积金属粉末。

2. 筛分与混合

目的是使粉料中的各组元均匀化。为改善粉末的成形性和可塑性，在粉料中常常加入汽油橡胶液或石蜡等增塑剂。

3. 压制成型

压制成型的目的是将松散的粉料通过压制或其他方法制成具有一定形状、尺寸的压坯。常用的成型方法为模压成型。它是将混合均匀的粉末装入压模中，然后在压力机上压制成型。

4．烧结

烧结是在保护性气体（煤气、氢气等）的高温炉或真空炉中进行的。压坯只有通过烧结，使孔隙减少或消除，增大压坯的密度，才能成为"晶体结合体"，从而具有一定的物理性能和力学性能。

5．后处理

烧结后的大部分制品即可直接使用。但当要求密度、精度高时，可进行最后复压加工，称为精整。有的还需要经过浸渍，如含油轴承；有的需要热处理和切削加工等工艺。

6.4.2　粉末冶金的特点与应用

粉末冶金现已广泛应用于汽车、农机、机床、冶金、化工、轻工、地质勘探、交通运输等各方面。粉末冶金材料既有工具材料，也有机械零件和结构材料。工具材料大致有粉末高速钢、硬质合金、超硬材料、陶瓷工具材料及复合材料等。机械零件和结构材料有粉末减摩材料，包括多孔减摩材料和致密减摩材料；粉末冶金铁基零件及粉末冶金非铁金属零件等。

粉末冶金法是制取具有特殊性能金属材料的方法，如减摩材料、摩擦材料、工具材料等。同时，粉末冶金法又是一种精密的无切屑或少切屑的加工方法。粉末冶金产品基本达到或接近零件要求的形状、尺寸精度与表面粗糙度，从而节省机加工工时、提高了劳动生产率、节约了材料、提高了材料的利用率。

但是，粉末冶金法也会带来许多问题，如制粉成本高；压制的巨大压力使制品的尺寸受到限制；压模的成本高，只适宜于大批量生产；粉末的流动性差，不易制造形状复杂件，粉末冶金材料的韧性较差，等等，一定程度上限制了其应用。

粉末冶金法主要用来制造各种衬套和轴套、多孔含油轴承、齿轮、凸轮、制动器和离合器等；熔炼法不能生产的电接触材料；硬质合金、金刚石、金属组合材料；各种金属陶瓷磁性材料，过滤材料；钨、钼、钽、铌等难熔金属材料和高温金属陶瓷等。还可以用粉末冶金法生产高速钢，避免碳化物偏析，性能优于熔炼高速钢。

6.4.3　典型粉末冶金材料

1．硬质合金

硬质合金是由硬质基体（质量分数为 70%～97%）和黏结金属两部分组成的。硬质基体是难熔金属的碳化物，如碳化钨及碳化钛等；黏结金属为铁族金属及合金，以钴为主。

硬质合金是将难熔金属碳化物（碳化钨、碳化钛）粉末和黏结剂（主要是钴）混合，加压成形后烧结而成的一种粉末冶金材料。硬质合金材料大量应用于各种加工用刀具，如用高速钢制造的刀具，在 $600\sim650℃$ 以上工作时，由于硬度降低，刀具很快磨损。因此，在高速切削的情况下，往往采用硬质合金制造刀具，可提高刀具的工作温度。

（1）硬质合金的特点

硬质合金的特点主要表现在以下几个方面：

① 硬度高、热硬性高、耐磨性好。常温下最高硬度可达 93HRA，相当于 81HRC 左右，热硬性可达 900～1000℃。因此，其切削速度比高速钢可提高 4～7 倍，刀具寿命可提高 5～80 倍，可切削硬度高达 50HRC 左右的高硬度材料。

② 抗压强度高。常温下工作时，无明显的塑性变形，抗压强度可达 6000MPa，900℃时抗弯强度可达到 1000MPa 左右。

③ 线膨胀系数小，电导率和热导率与铁和铁合金相近。

④ 耐腐蚀性（抗大气、耐酸，耐碱）和抗氧化性好。

由于硬质合金的硬度高、脆性大，不能进行机械加工，故常将其制成一定形状的刀片，镶焊在刀体上使用。

（2）硬质合金的组成、分类和牌号

硬质合金为一种优良的工具材料，主要用作切削刀具、金属成型工具、矿山工具、表面耐磨材料及高刚性结构部件。各类硬质合金中，碳化物是合金的骨架，起坚硬耐磨的作用。钴起黏结的作用，并能提高韧性。钨钴类硬质合金一般加工铸铁、有色金属及其合金；钨钛钴类硬质合金由于碳化钛的加入，合金表面会形成一层氧化钛薄膜，切削时不易黏刀，故具有更高的热硬性。但其强度和韧性都比钨钴类硬质合金低。钨钛钴类硬质合金适宜加工各种钢材。同一类合金中，含钴量较高者适宜制造粗加工刀具；反之，则适宜制造精加工刀具。通用硬质合金，兼有上述两种优点，它适合切削各种钢材，特别对于不锈钢、耐热钢、高锰钢等难于加工的钢材，切削效果更好。它也可以替代钨钴类硬质合金用于加工铸铁等脆性材料，但韧性较差。

硬质合金类型有含钨硬质合金，钢结硬质合金，涂层硬质合金，细晶粒硬质合金等。含钨硬质合金按其成分和性能特点分为钨钴类（ISO 标准 K 类、WC-Co 系）、钨钛钴类（ISO 标准 P 类、WC-TiC-Co 系）、钨钛钽（铌）类（ISO 标准 M 类、WC-TiC-TaC（NbC）-Co 系、WC‑TaC（NbC）-Co 系）等。

① 钨钴类硬质合金

钨钴类硬质合金的主要化学成分是碳化钨（WC）及钴。其代号用"YG"加数字表示。"YG"为"硬"、"钴"两字的汉语拼音字首，数字表示钴的质量分数。例如 YG6，表示钨钴类硬质合金、钴平均质量分数为 $w_{Co}=6\%$，余量为碳化钨。代号中的汉语拼音字母的意义为：X 为细颗粒；A 为含有少量的 TaC 合金；N 为含有少量的 NbC 合金；C 为粗颗粒。钴的质量分数愈高，韧性愈好、硬度愈低。

该类合金的抗弯强度高，能承受较大的冲击，磨削加工性较好，但热硬性较低（800～900℃），耐磨性较差，主要用于加工铸铁和非铁金属的刃具。

② 钨钛钴硬质合金

钨钛钴类硬质合金的主要化学成分是碳化钨、碳化钛（TiC）及钴。其代号用"YT"加数字表示。"YT"为"硬"、"钛"两字的汉语拼音字首，数字表示碳化钛的质量分数。例如 YT15，表示钨钴钛类硬质合金 TiC 平均质量分数为 $w_{TiC}=15\%$，余量为碳化钨（WC）及钴。TiC 质量分数越大，硬度越高。

该类硬质合金的热硬性高（900～1100℃），耐磨性好，但抗弯强度较低，不能承受较大的冲击，磨削加工性较差，主要用于加工钢材的刀具。

③ 通用硬质合金

钨钛钽（铌）类硬质合金又称为通用硬质合金或万能硬质合金。它是由碳化钨、碳化钛、碳化钽（TaC）或碳化铌（NbC）和钴组成。其代号用"YW"加顺序号表示。"YW"为"硬"、"万"两字的汉语拼音字首。它是以碳化钽（TaC）或碳化铌（NbC）取代钨钛钴类硬质合金中的一部分 TiC，取代的数量越多，在硬度不变的条件下，硬质合金的抗弯强度越高。

它的热硬性高（>1000℃），其他性能介于钨钴类与钨钛钴类之间，它制作的刀具既能加工钢材，又能加工非铁金属。

④ 钢结硬质合金

钢结硬质合金是一种工模具材料，其性能介于高速工具钢和硬质合金之间。它是一种或几种碳化物（如碳化钛和碳化钨）为硬化相，以碳钢或合金钢（如高速工具钢或铬钼钢）粉末为黏结剂，经配料、混合、压制和烧结而制成的粉末冶金材料。

钢结硬质合金坯料与钢一样可进行锻造、热处理、焊接与切削加工。它经淬火、低温回火后具有相当于硬质合金的高硬度和耐磨性，一定的耐热、耐蚀和抗氧化性等特性。用作刀具时，其寿命与钨钴类硬质合金差不多，大大超过合金工具钢；用作高负荷冷冲模时，由于具有一定韧性，寿命比钨钴类硬质合金提高很多倍。由于它可以切削加工，故适宜制造各种形状复杂的刀具（如麻花钻头、铣刀等）、模具及要求刚度大、耐磨性好的机械零件，如镗杆、导轨，等等。

（3）硬质合金的性能及应用

① 性能

硬质合金的硬度高，室温下可达到 86～93HRA，耐磨性好，切削速度比高速工具钢高 4～7 倍，刀具寿命高 5～80 倍，可切削 50HRC 左右的硬质材料；抗压强度高，达 6000MPa，但抗弯强度较低，约为高速工具钢的 1/3～1/2，韧性较差，约为淬火钢的 30%～50%；耐腐蚀性和抗氧化性良好；线膨胀系数小，但导热性差。

② 应用

硬质合金主要用于制造高速切削或加工高硬度材料的切削刀具，如车刀、铣刀等，也可用作模具材料（如冷拉模、冷冲模、冷挤压模等）及量具和耐磨材料。

2. 粉末高速钢

普通高速工具钢的合金元素含量高，采用熔铸工艺时会产生严重的偏析，使力学性能降低。也会使金属的损耗增大，高达钢锭重量的 30%～50%。粉末高速钢可减少或消除偏析，获得均匀分布的细小碳化物，具有较大的抗弯强度和冲击强度，韧性提高了 50%，磨削性也大大提高。热处理时畸变量约为熔炼高速钢的十分之一，工具寿命提高 1～2 倍。采用粉末冶金方法还可进一步提高合金元素的含量以生产某些特殊成分的钢。如成份为 9W-6Mo-7Cr-8V-8Co-2.6C 的 A32 高速钢，切削性能是熔炼高速钢的 1～4 倍。常用高速钢牌号为 W18Cr4V 和 W6Mo5Cr4V2，其碳的质量分数是 0.7%～0.9%，还含有 10%的钨、铬、钼、钒等合金元素。其中碳保证了高速钢具有高硬度和高耐磨性，钨和钼提高了钢的热硬性，铬提高了钢的淬透性，而钒则提高了钢的耐磨性。

3. 铁和铁合金的粉末冶金

在粉末冶金生产中，铁粉的用量比其他金属粉末大得多。铁粉的 60%～70%用于制造粉末冶金零件。主要类型有铁基材料、铁镍合金、铁铜合金及铁合金和钢。粉末冶金铁基结构零件具有精度较高，表面粗糙度小，不需要或只需要少量的切削加工，节省材料，生产率高，制品多孔，可浸润滑油，减摩、减震、消声等特点。广泛用于制造机械零件，如机床上的调整垫圈、调整环、端盖、滑块、底座、偏心轮，汽车中的油泵齿轮、活塞环，拖拉机上的传动齿轮、活塞环，以及接头、隔套、油泵转子、挡套、滚子，等等。

粉末冶金铁基结构材料的牌号用"粉"、"铁"、"构"三字的汉语拼音字首"FTG"，加化合碳含量的万分数、主加合金元素的符号及其含量的百分数、辅加合金元素的符号及其含量的百分数和抗拉强度组成。如 FTG60—20，表示化合碳含量 0.4%～0.7%，抗拉强度 200MPa 的粉末冶金铁基结构材料；FTG60Cu3Mo—40，表示化合碳含量 0.4%～0.7%，合金元素含量 Cu2%～4%、Mo0.5%～1.0%，抗拉强度 400MPa 的粉末冶金铁基结构材料；FTG60Cu3Mo—40（55R），表示该烧结铜钼钢热处理后的抗拉强度为 550MPa。

4. 摩擦材料和减摩材料

粉末冶金摩擦材料由高摩擦系数组元、高耐磨组元和高机械强度的组元所组成，它是一种复合材料，可用作制造离合器和制动器的材料。粉末冶金减摩材料能够控制材料的孔隙，而这些孔隙中可以浸渗油，也能以固体润滑剂分布在金属里，以这种复合材料的形式来制造，其中自润滑轴承在粉末冶金制品中占有重要的地位。摩擦材料和减摩材料是粉末冶金的特殊制品。

粉末冶金摩擦材料根据基体金属不同可分为铁基材料和铜基材料，其辅助组元为润滑组元和摩擦组元。润滑组元有石墨和铅，占摩擦材料的 5%～25%，改善材料的抗粘、抗卡性能，提高耐磨性；摩擦组元有 SiO_2、SiC、Al_2O_3 等，可提高材料的摩擦系数，改善耐磨性，防止焊合。根据工作条件的不同，分为干式和湿式材料，湿式材料宜在油中工作。其牌号由"粉摩"两字的汉语拼音字首"FM"，加基体金属骨架组元序号（铜基为 1，铁基为 2）、顺序号和工作条件汉语拼音字首"S"或"G"组成。如 FM101S，表示顺序号为 01 的铜基、湿式粉末冶金摩擦材料；FG203G，表示顺序号为 03 的铁基、干式粉末冶金摩擦材料。

粉末冶金减摩材料分为铁基材料和铜基材料，具有多孔性，主要用来制造滑动轴承。铁基含油轴承，如铁-石墨含油衬套广泛应用于汽车、机车、机床等。

这种轴承材料压制成轴承后，放在润滑油中因毛细现象可吸附润滑油（一般含油率 12%～30%），故称含油轴承。含油轴承具有较高的耐磨性和较好的减摩性。工作时由于轴承发热，使金属粉末膨胀，孔隙容积缩小，加上轴旋转时带动轴承间隙中的空气层，降低了摩擦表面的静压强，粉末孔隙内外形成压力差，迫使润滑油被抽到零件表面。停止工作时，润滑油又渗入孔隙中。故多孔含油轴承有自动润滑的作用，因此特别适宜不便经常加油的轴承，如食品机械、家用电器等产品中多数采用含油轴承。

粉末冶金减摩材料的牌号由粉末冶金滑动轴承的"粉"、"轴"两字汉语拼音字首"FZ"，加上基体主加组元序号（铁基为 1，铜基为 2）、辅加组元序号和含油密度组成。如 FZ1360，表示辅加组元为碳、铜，含油密度为 5.7～6.2g/cm³ 的铁基粉末滑动轴承用减摩材料。

5．粉末冶金非铁金属机械零件

烧结金属非铁金属材料应用较多的是铜及铜合金，另外还有铝烧结制品、烧结钛及钛合金。

（1）烧结铜及铜合金

烧结纯铜应用较少，只用于要求高导电性和无磁性零件。常用的烧结铜基合金有青铜（铜-锡合金）和黄铜（铜-锌合金），还有铜-镍-锌、铜-镍、铜-铝等合金系。铜基材料具有耐腐蚀的特点，有一定的强度和韧性，较容易加工，采用一般的压制烧结工艺即可生产。

烧结铜基合金多用于制造含油轴承、摩擦材料、电器接点材料等，作为高密度机械零件常用于制作小型齿轮、凸轮、垫圈、螺母等，也可用粉末轧制的方法生产带材。

（2）铝烧结制品

铝基材料与铁基、铜基材料的性能相近，但质量轻，节约能源。铝烧结制品与其压铸件相比尺寸精度高、组织均匀，粉末锻造铝基材料的抗拉强度和屈服强度均高于普通铝锻件。铝烧结材料可用做精密机械零件、多孔含油轴承材料和过滤材料，在交通运输、仪器仪表、家庭用具、宇宙飞行等方面均有应用。

烧结铝制件几乎可以用所有的粉末冶金工艺生产。成形工艺有模压、轧制、挤压等。烧结在–40℃的惰性或还原性气氛中进行，也可在真空中进行烧结。通过复压、冷锻或热锻进一步提高烧结件的密度和强度。为获得美观的表面可进行机械抛光、化学处理和电化学处理。

（3）烧结钛及钛合金

钛的密度小、强度高、耐腐蚀性好、使用温度范围广（–253～540℃）。钛基航空结构材料多用热锻、热等静压、热压、热挤压、粉末热轧等热成型工艺，以增加制品的密度，改善制品的性能。典型的钛基合金为 Ti-6Al-4V，用于制做飞机机架配件。

复习题六

6-1　选择题

1．2A11 合金是（　　）合金。
    A．防锈铝合金　　　　B．硬铝合金　　　　C．超硬铝合金　　　　D．锻造铝合金

2．下列不属于铝合金强化处理的是（　　）。
    A．固溶处理　　　　B．时效处理　　　　C．退火　　　　D．回火

3．铜锌合金是（　　）铜。
    A．白铜　　　　B．青铜　　　　C．黄铜　　　　D．紫铜

4．常用滑动轴承合金有（　　）。
    A．巴氏合金　　　　B．铝合金　　　　C．钛合金　　　　D．镁合金

5．下列材料属于粉末冶金材料的是（　　）。
    A．轴承材料　　　　B．硬质合金　　　　C．塑料　　　　D．陶瓷

6-2　判断题

1．铝合金件淬火后于 140℃进行时效处理的作用是增加强度。　　　　　（　　）
2．纯铝和铝合金的性能相似。　　　　　　　　　　　　　　　　　　　（　　）
3．紫铜就是纯铜。　　　　　　　　　　　　　　　　　　　　　　　　（　　）
4．轴承合金的组织是在软基体上加硬质点。　　　　　　　　　　　　　（　　）
5．陶瓷用粉末冶金法生产。　　　　　　　　　　　　　　　　　　　　（　　）
6．硬质合金是常用的粉末冶金材料。　　　　　　　　　　　　　　　　（　　）

6-3　问答题

1．根据二元铝合金一般相图，说明铝合金是如何分类的？

2．形变铝合金分哪几类？主要性能特点是什么？各类铝合金可通过哪些途径进行强化？用 2A01（原 LY1）作铆钉应在何种状态下进行铆接？在何时得到强化？

3．试述铝合金件淬火后于 140℃进行时效处理的作用。

4．铜合金分哪几类？举例说明黄铜的牌号、化学成分、力学性能及用途。

5．试说明锡青铜的质量分数对锡青铜的性能的影响？为什么工业用锡青铜的含锡量一般不超过 14%？

6．青铜如何分类？说明含 Zn 量对锡青铜组织与性能的影响，分析锡青铜的铸造性能特点。

7．轴承合金应具备什么样的特性和组织？常见的轴承合金有哪几种？

8．什么叫粉末冶金？它的生产过程主要有哪几个步骤？

9．简述粉末冶金的特点和应用。

10．铜合金分哪几类？不同铜合金的强化方法与特点是什么？

11．黄铜分为几类？分析 Zn 的质量分数对黄铜的组织和性能的影响。

12．黄铜在何种情况下产生应力腐蚀？如何防止？

13．轴承合金常用合金类型有哪些？请为汽轮机、汽车发动机曲轴和机床传动轴选择合适的材料。

14．指出下列合金的类别，牌号或代号意义及主要用途。

（1）　ZL102、ZL109、ZL303、ZL401
（2）　2A12（原 LY12）、2A70（原 LD7）、3A21（原 LF21）、5A05（原 LF5）
（3）　H70、ZCuZn38、ZCuZnl6Si4、HPb63-3
（4）　ZCuSn5Pb5Zn5、ZCuPb30、ZcuA19Mn2、QBe2
（5）　ZSnSbllCu6、ZPbSbl6Snl6Cu2、ZCuPb15Sn8、ZA1Sn6CulNi1

第 7 章　常用非金属材料

【学习要点】

本章主要学习常用的非金属材料，如橡胶、塑料、陶瓷和复合材料等的性能、特点和主要应用等。如高分子材料的分类、特点等；常见高分子材料橡胶和塑料的牌号、性能和应用等；常用陶瓷材料的分类及其特点；复合材料的特点与应用等。

【基本要求】

通过本章学习，了解高分子材料的分类、特点等；掌握常见高分子材料橡胶和塑料的牌号、性能和应用等；熟悉常用陶瓷材料的分类及其特点；熟悉复合材料的特点与应用等。

7.1 高分子材料

高分子材料按来源分为天然、半合成（改性天然高分子材料）和合成高分子材料。天然高分子是生命起源和进化的基础。人类社会一开始就利用天然高分子材料作为生活资料和生产资料，并掌握了其加工技术。如利用蚕丝、棉、毛织成织物，用木材、棉、麻造纸等。19世纪30年代末期，进入天然高分子化学改性阶段，出现半合成高分子材料。1907年出现合成高分子酚醛树脂，标志着人类应用合成高分子材料的开始。现代，高分子材料已与金属材料、无机非金属材料相同，成为科学技术、经济建设中的重要材料。

此外，高分子材料按用途又分为普通高分子材料和功能高分子材料。功能高分子材料除具有聚合物的一般力学性能、绝缘性能和热性能外，还具有物质、能量和信息的转换、传递和储存等特殊功能。已实用的有高分子信息转换材料、高分子透明材料、高分子模拟酶、生物降解高分子材料、高分子形状记忆材料和医用、药用高分子材料等。

高分子材料又称为高聚物，是以高分子化合物为基础的材料。根据机械性能和使用状态可分为橡胶、塑料、合成纤维、涂料、胶黏剂和高分子基复合材料等。各类高聚物之间并无严格的界限，同一高聚物，采用不同的合成方法和成型工艺，可以制成塑料，也可制成纤维，比如尼龙就是如此。而象聚氨酯一类的高聚物，在室温下既有玻璃态性质，又有很好的弹性，所以很难说它是橡胶还是塑料。本章主要以橡胶和塑料为主介绍高分子材料的性能。

7.1.1 橡胶

所谓橡胶，是指在使用温度范围内处于高弹性状态的高分子材料。橡胶广泛地应用于弹性材料、密封材料、减震防震材料和传动材料，在工业生产中有着重要的地位，是一项重要的工业材料。

1. 橡胶的特性

橡胶最显著的特点是具有高的弹性和回弹性。在-50～150℃的温度范围内，橡胶能保持较好的弹性，而且它受外力作用发生的变形是可逆的高弹性变形，伸长率可达 100%～1000%，橡胶在高弹变形时，弹性模量低，只有 1MPa 左右，仅为软质塑料的 1/30 左右。橡胶还具有良好的回弹性，天然橡胶的回弹高度可达 70%～80%；外力去除后，只需 0.001s 便可恢复到原来的形状。

同时，橡胶还有一定的强度，优异的抗疲劳性，以及良好的耐磨、绝缘、隔声、防水、缓冲、吸震等性能。因此，橡胶材料被广泛应用于生产中。

常用橡胶品种的性能及主要用途见表 7-1 所列。

表 7-1 常用橡胶的特性及主要用途

名　称	通用橡胶						特种橡胶				
	天然	丁苯	顺丁	丁醛	氯丁	丁腈	聚氨酯	乙丙	氟	硅	聚硫
代号	NR	SBR	BR	HB	CR	NBR	UR	EPDM	FPM	Si	TR
抗拉强度	25～30	15～20	18～25	17～21	25～27	15～30	20～35	10～25	20～22	4～10	9～15

（续表）

名　称	通用橡胶						特种橡胶				
	天然	丁苯	顺丁	丁醛	氯丁	丁腈	聚氨酯	乙丙	氟	硅	聚硫
延伸率	650~900	500~800	450~800	650~800	800~1000	300~800	300~800	400~800	100~500	50~500	100~700
使用温度	-50~120	-50~140	-73~120	120~170	-35~130	-35~175	-30~80	-40~150	-50~300	-70~275	-7~130
抗撕性	好	中	中	中	好	中	中	好	中	差	差
耐磨性	中	好	好	中	中	中	好	中	中	差	差
回弹性	好	中	好	中	中	中	中	中	中	差	差
耐油性	差			中	好	好	好		好		好
耐碱性	好	好	好		好		差	好	好		好
耐老化	中	中	中	好	好	中			好	好	好
价格		高				高			高	高	
特殊性能	高强、绝缘、防震	耐磨	耐磨、耐寒	耐酸碱、气密绝缘	耐酸碱、耐燃	耐油、耐水、气密	高强、耐磨	耐水、绝缘	耐油碱耐热真空	耐热绝缘	耐油、耐碱
用途举例	通用制品、轮胎	通用制品、轮胎、胶板、胶布	轮胎、耐寒运输带	内胎、水胎、化工衬里、防震品	胶管、电缆、胶粘剂汽车门窗嵌条	油管、耐油密封垫圈汽车配件	实心轮胎、胶辊、耐磨件	汽配件、散热管耐热胶管、绝缘件	化工衬里、高级密封件、高真空橡胶件	耐高低温制品、耐高温绝缘件、印模	腻子密封胶、丁腈橡胶改性用

2．橡胶的基本组成

橡胶是以生胶为原料，加入适量的配合剂，经硫化工艺处理以后得到的一种生产原材料。

（1）生胶

橡胶的性质主要决定于生胶的性质。按其来源分，生胶可分为天然橡胶和合成橡胶两大类。天然橡胶是橡胶工业中应用最早的橡胶，其主要成分为橡胶烃。天然橡胶主要取自橡胶树上流出的天然白色胶乳，经一定的处理和加工，可直接用来制作各种胶乳制品，也可制成固体的天然橡胶，作为生产原材料；合成橡胶是以从石油、天然气中得到的某些低分子不饱和烃作原料，在一定条件下经聚合反应而得到的产物。

由于生胶的分子结构多为线型或带有支链型的长链状分子，其性能不稳定，受热发黏、遇冷变硬，只能在 5~35℃的范围内保持弹性，而且强度低、耐磨性差、不耐溶剂，故生胶一般不能直接用来制造橡胶制品。

（2）配合剂

为了制造可以使用的橡胶制品，改善橡胶的工艺性能和降低制品成本，需在生胶中加入其他辅助化学成分，这些组分称为配合剂。按照各种配合剂在橡胶中所起的作用，可以分为硫化剂、硫化促进剂、硫化活性剂、防焦剂、防老剂、增强填充剂、软化剂、着色剂及其他配合剂。

① 硫化剂。其作用是通过化学反应，使橡胶的卷曲分子链形成立体网状结构，将塑性的生胶变为具有一定强度、韧性的高弹性硫化胶。常用的硫化剂有硫磺、含硫化合物、硒、过氧化物等。

② 硫化促进剂。其作用是降低硫化温度、加速硫化过程。常用的硫化促进剂包括胺类、胍类、秋兰姆类、噻唑类及硫脲类等化学物质。

③ 硫化活性剂。其作用是加速发挥有机促进剂的活性物质。常用的硫化活性剂有金属氧化物、有机酸和胺类。

④ 增强填充剂。其作用是提高橡胶的力学性能，改善其工艺性能，降低成本。常用的增强填充剂有炭黑陶土、碳酸钙、硫酸钡、氧化硅、滑石粉等。

⑤ 防焦剂。其作用是使生胶在加工过程中不发生早期硫化现象，提高加工操作过程中的安全性。

⑥ 防老化剂。其作用是延缓或抑制橡胶的老化过程，延长橡胶的使用寿命或存贮期。常用的防老化剂有苯胺、二苯胺等。

⑦ 软化剂也称为增塑剂，其作用是改善橡胶的塑性，降低硬度，提高耐寒性。常用的有松香、凡士林、石蜡、硬脂酸等。

⑧ 着色剂。用来使橡胶制品着色，常用的有钛白、丹红、锑红、镉钡黄、铬青等颜料。

除上述几类配合剂以外，对于一些特殊用途的橡胶，还配有专用的发泡剂、硬化剂、溶剂等。

在制作橡胶制品时，还会采用天然纤维、人造纤维、金属材料等制成骨架，增加橡胶制品的强度，防止变形。

3. 常用橡胶材料的品种、性能及一般用途

生产上常用的橡胶材料有天然橡胶、合成橡胶和再生胶。

（1）天然橡胶

天然橡胶材料是指以天然橡胶为生胶制成的橡胶材料，带回为 NR。天然橡胶属于通用橡胶。它具有优良的弹性，弹性温度范围为–70～130℃；具有较高的强度和优异的耐疲劳性能、耐磨性、耐寒性、防水性、绝热性和电绝缘性；具有良好的加工性能。其缺点是耐老化性和耐候性差，耐油性和耐溶剂性较差，易溶于汽油和苯类等溶剂，易受强酸侵蚀，而且容易自燃。

天然橡胶材料有着广泛的用途，大量用于制造各类汽车轮胎，尤其是子午线轮胎和载重轮胎。另外，还用于制造胶带、胶管、各种工业用橡胶制品，以及胶鞋等日常生活用品和医疗卫生制品。

（2）合成橡胶

由于资源的限制，天然橡胶的产量远远不能满足工业生产的需要，因而产生了合成橡胶。早在 1914 年，世界上就生产出了合成橡胶。石油工业的迅速发展，使合成橡胶的原料来源丰富、成本低廉，产量超出了天然橡胶。目前，合成橡胶在各行各业得到了广泛的应用，是一种重要的生产材料。

合成橡胶的种类繁多。主要品种有丁苯橡胶、顺丁橡胶、丁腈橡胶、氯丁橡胶、异戊橡胶、丁基橡胶、乙丙橡胶、丙烯酸酯橡胶、氯醇橡胶、聚氨酯橡胶、硅橡胶、氟橡胶等。

① 丁苯橡胶。丁苯橡胶是丁二烯和苯乙烯经共聚合制得的橡胶。英文缩写是 SBR。是产量最大的通用合成橡胶，有乳聚丁苯橡胶、溶聚丁苯橡胶。

　　世界丁苯橡胶生产能力中约 87%使用乳液聚合法，通常所说的丁苯橡胶主要是指乳聚丁苯橡胶。乳聚丁苯橡胶又包括高温乳液聚合的热丁苯与低温乳液聚合的冷丁苯。前者于 1942 年工业化，目前仍有少量生产，主要用于水泥、黏合剂、口香糖、以及某些织物包覆与模塑制品及机械制品。通常所说的丁苯橡胶主要是指低温乳液聚合法生产的丁苯橡胶，1947 年工业化，它有较高的耐磨性和很高的抗张强度，良好的加工性能，以及其他综合性能，是目前产量最大、用途最广的合成橡胶品种。

　　溶聚丁苯橡胶（SSBR）是丁二烯与苯乙烯在烃类溶剂中，在丁基锂催化剂存在下聚合制得。80 年代后期生产的第二代溶聚丁苯橡胶滚动阻力优于乳聚丁苯橡胶和天然橡胶，抗湿滑性优于顺丁橡胶，耐磨性也好，可以满足轮胎高速、安全、节能、舒适的要求，用其制造轮胎比乳聚丁苯橡胶节油 3%～5%。

　　丁苯生胶是浅黄褐色弹性固体，密度随苯乙烯含量的增加而变大，耐油性差，但介电性能较好；生胶抗拉强度只有 20～35kgf·mm²，加入炭黑补强后，抗拉强度可达 250～280kgf·mm²；其黏合性、弹性和形变发热量均不如天然橡胶，但耐磨性、耐自然老化性、耐水性、气密性等却优于天然橡胶，因此是一种综合性能较好的橡胶。

　　丁苯橡胶是橡胶工业的骨干产品，它是合成橡胶第一大品种，综合性能良好，价格低，在多数场合可代替天然橡胶使用，主要用于轮胎工业，汽车部件、胶管、胶带、胶鞋、电线电缆以及其他橡胶制品。

　　② 顺丁橡胶、聚丁二烯橡胶（BR）。丁二烯在聚合时由于条件不同可产生不同类型的聚合物。丁二烯橡胶按溶聚法合成的高顺式聚丁二烯橡胶（顺式 96%～98%，镍、钴、稀土催化剂）习惯上称为顺丁橡胶。顺丁橡胶的性能由于顺丁橡胶的分子结构主要是顺式 1，4-结构，分子排列规整，所以其弹性比天然橡胶还好。顺丁橡胶的玻璃化温度 $T_g=-105℃$，故它的低温物理性能很好，耐寒温度低于-55℃。弹性是通用橡胶中最好的一种。耐热性与天然橡胶相同，都为 120℃，但耐热老化性能却优于天然橡胶。拉伸强度比天然橡胶、丁苯橡胶都低，因此必须加入炭黑等补强剂。撕裂强度也比天然橡胶低，抗湿滑性能不好，用于轮胎胎面、鞋底时，在湿路上易打滑。顺丁橡胶的耐磨性优异，滞后损失小，生热低，这对制品在多次变形下的生热和永久变形的降低都十分有利。顺丁橡胶在混炼前不需要塑炼。混炼胶的压出性能良好，适于注压成型，但粘着性差。顺丁橡胶对加工温度的变化较敏感，当开炼机辊温在 60℃以上时，胶料易脱辊，给加工带来一定的困难。一般需要与天然橡胶或丁苯橡胶并用，以改善工艺加工性能。

　　顺丁橡胶是一个大品种的合成橡胶，主要用于轮胎工业。还可用于制造耐磨制品（如胶鞋、胶辊）、耐寒制品和防震制品，可作为塑料的改性剂。顺丁橡胶可与多种橡胶并用。制造乘用汽车轮时，可与丁苯橡胶并用，并用量为 35%～50%。制造载重汽车轮胎胎面时，常与天然橡胶并用，并用量为 25%～50%。用于重型越野汽车轮胎胎面时，天然橡胶 75 份，顺丁橡胶 25 份较好。用于胶布时，一般与丁苯橡胶并用，并用量为 15%～30%。用于制造轮胎胎侧时可与氯丁橡胶并用，以提高耐低温性能。顺丁橡胶也可与氯磺化聚乙烯并用。由于顺丁橡胶性能优越，成本较低，所以在橡胶生产中一直占有重要地位。这种橡胶 1960 年在国外正式投入工业生产，我国于 1967 年工业生产。

　　③ 聚异戊二烯橡胶（IR）。聚异戊二烯橡胶简称异戊橡胶，其结构单元为异戊二烯。与天然橡胶一样，1954 年开始工业化生产。从整体上看，异戊橡胶的加工配合、性能及应

用于天然橡胶相当，适于做浅色制品。但由于与天然橡胶存在结构及成分上的差别，所以性能上还存在一定的差异。

聚异戊二烯的微观结构中顺式含量低于天然橡胶，即分子规整性低于天然橡胶，所以异戊橡胶的结晶能力比天然橡胶差，分子量分布较窄，分布曲线为单峰。不含有天然橡胶中那么多的蛋白质和丙酮抽出物等非橡胶烃成分。

异戊橡胶与天然橡胶相比，异戊橡胶质量及外观都较均匀，颜色较浅，塑炼快。未硫化胶流动性好于天然橡胶，生胶有冷流倾向，格林强度较低，硫化速度较慢，所以在配合时硫磺用量应比天然橡胶少用 10%～15%，促进即用量比天然橡胶增加 10%～20%。异戊橡胶压延、压出时的收缩率较低，黏合性不亚于天然橡胶。与硫化的天然橡胶比，异戊橡胶硫化胶的硬度、定伸应力和拉伸强度比较低，扯断伸长率稍高，回弹性与天然橡胶相比，在高温下回弹性比天然橡胶稍高，生热性及压缩永久变形、拉伸永久变形都较天然橡胶的低。异戊橡胶耐老化性能稍逊于天然橡胶。

④ 乙丙橡胶。乙丙橡胶以乙烯和丙烯为主要原料合成，耐老化、电绝缘性能和耐臭氧性能突出。乙丙橡胶可大量充油和填充碳黑，制品价格较低，乙丙橡胶化学稳定性好，耐磨性、弹性、耐油性和丁苯橡胶接近。乙丙橡胶的用途十分广泛，可以作为轮胎胎侧、胶条和内胎以及汽车的零部件，还可以做电线、电缆包皮及高压、超高压绝缘材料。还可制造胶鞋、卫生用品等浅色制品。

⑤ 丁腈橡胶。丁腈橡胶是由丁二烯和丙烯腈经乳液聚合法制得的，丁腈橡胶主要采用低温乳液聚合法生产，耐油性极好，耐磨性较高，耐热性较好，黏接力强。其缺点是耐低温性差、耐臭氧性差，电性能低劣，弹性稍低。丁腈橡胶主要用于制造耐油橡胶制品。

⑥ 丁基橡胶。丁基橡胶是由异丁烯和少量异戊二烯共聚而成的，主要采用淤浆法生产。透气率低，气密性优异，耐热、耐臭氧、耐老化性能良好，其化学稳定性、电绝缘性也很好。丁基橡胶的缺点是硫化速度慢，弹性、强度、黏着性较差。丁基橡胶的主要用途是制造各种车辆内胎，用于制造电线和电缆包皮、耐热传送带、蒸汽胶管等。

⑦ 氟橡胶。你氟橡胶是含有氟原子的合成橡胶，具有优异的耐热性、耐氧化性、耐油性和耐药品性，它主要用于航空、化工、石油、汽车等工业部门，作为密封材料、耐介质材料以及绝缘材料。

⑧ 硅橡胶。硅橡胶由硅、氧原子形成主链，侧链为含碳基团，用量最大的是侧链为乙烯基的硅橡胶。既耐热，又耐寒，使用温度在 -100～300℃ 之间，它具有优异的耐气候性和耐臭氧性以及良好的绝缘性。缺点是强度低，抗撕裂性能差，耐磨性能也差。硅橡胶主要用于航空工业、电气工业、食品工业及医疗工业等方面。

⑨ 聚氨酯橡胶。聚氨酯橡胶是由聚酯（或聚醚）与二异睛酸酯类化合物聚合而成的。耐磨性能好、其次是弹性好、硬度高、耐油、耐溶剂。缺点是耐热老化性能差。聚氨酯橡胶在汽车、制鞋、机械工业中的应用最多。

近年来，在生产上还应用一种能在常温下具有橡胶弹性，而在高温条件下能进行塑化成型、不需要进行硫化的新型橡胶，称之为热塑性橡胶。热塑性橡胶分为聚氨酯类、苯乙烯类、聚酯类、聚烯烃类等类别。其特点是易于成型加工，可类似于塑料的生产方法，采用塑料成型方法成型而得到制品。但不足之处是不能在较高温度下使用，在 100～150℃ 时已软化，而且耐老化性、耐油性也较差。热塑性橡胶目前主要用于汽车橡胶配件和注压橡胶制品的生产，以及制鞋工业。

（3）再生胶

再生胶是将硫化胶的边角废料和废旧橡胶制品经粉碎、化学和物理方法加工后，去掉硫化胶的弹性，恢复塑性和黏性，可以重新再硫化的橡胶。再生胶对于环保和生产资料的再利用有着重要意义。再生胶的强度较低，硫化速度快，操作比较安全，并有良好的耐老化性，加工容易，成本低廉。

再生胶广泛地用于各种橡胶制品的生产。在轮胎工业中，再生胶用于制造垫带、钢丝圈胶、三角胶条、封口胶条等。汽车上，也采用再生胶制作胶板、橡胶地毯、汽车用橡胶零件等。另外，再生胶也可掺于天然橡胶或合成橡胶中，制作胶管、胶带、各种模样制品，还可以制造胶鞋的鞋底、海绵胶等。

7.1.2　塑料

塑料是一种以有机合成树脂为主要组成的高分子材料，它通常可在加热、加压条件下被注塑或固化成型，故称为塑料。

1．塑料的组成

塑料的主要成分是有机合成树脂，也可根据需要加入各种增强材料、填料、增塑剂、固化剂、稳定剂、着色剂和阻燃剂等。塑料的成型是将分装、粒状、溶液或分散体等各种物态的塑料物料转变为所需形状的制品。成型的方法很多，有注射、压制、浇铸、挤出、吹塑、真空等多种成型方法。

（1）合成树脂

合成树脂是指由低分子化合物（如乙烯）通过化学聚合反应合成的高分子化合物，如酚醛树脂、聚乙烯等。合成树脂是塑料的主要组成物，是塑料的基体材料，它决定了塑料的基本性能，并起着黏合剂的作用。在一定的温度和压力条件下，合成树脂可软化并塑造成型。在工程塑料中，合成树脂约占 40%～100%。

（2）添加剂

添加剂是指为改善或弥补塑料的物理、化学、力学或工艺性能而特别加入的助剂。常用的有以下几种：

① 填料或增强材料。填料在塑料中主要起增强作用。在塑料中，加入石墨、石棉纤维或玻璃纤维等，可以改善塑料的力学性能。填料有时也可改善或提高塑料的某些特殊性能，加入石棉粉可提高塑料的耐热性，加入云母粉可提高塑料对光的反射能力。通常，塑料中填料的用量达 20%～50%。

② 固化剂。固化剂的作用是使树脂内部分子结构发生变化，硬度提高，稳定性增加。

③ 增塑剂。用以提高树脂的可塑性和柔性。在聚氯乙烯树脂中加入邻苯二甲酸二丁酯，可使塑料变得柔软而富有弹性。

④ 稳定剂。加入稳定剂是为了防止塑料因受热、光的作用过早老化。在塑料中添加酚类和胺类等有机物能抗氧化，添加炭黑则可使塑料吸收紫外线。

此外，还有其他一些塑料添加剂，如润滑剂、着色剂、阻燃剂、抗静电剂和发泡剂等，可优化塑料的其他各种特定性能，如降低摩擦因数、改善阻燃性，改变色泽等。

2. 塑料的性质

塑料是生产和日常生活中应用最广泛的材料之一。其主要特点如下：

塑料的优点有：塑料的重量轻；成型自由，可制造复杂形状，加工成本低；良好的耐腐蚀性；优良的绝缘性；自润滑性；着色自由、手感柔性、可进行二次加工（着色、光亮处理、涂装、浮雕等）。

塑料的缺点有：塑料的强度低；耐热性差；耐疲劳性差；修理性不好；耐候性差；耐蠕变性差；尺寸不稳定；废弃处理困难等。

3. 常用工程塑料

工程塑料主要指综合性能（包括力学性能、耐热性、耐寒性、耐蚀性和绝缘性能等）良好的各种塑料。它们是制造工程结构用零部件、工业容器和设备等的一类新型结构材料。由于工程塑料的高强度（>500MPa）、高弹性模量和高的耐热性（>150℃），使其具有很好的经济效果。因此，工程塑料的发展相当快，在工业上的应用也十分广泛。

常用的工程塑料分为热塑性工程塑料和热固性工程塑料两类。

（1）热塑性工程塑料

热塑性工程塑料在成型前即处于高分子状态。加热时，材料会软化并熔融，可塑造成型，冷却后即成型并保持既得形状。而且，这个过程具有重复性。这类塑料的优点是加工成型简单，具有较高的力学性能。缺点是耐热性和刚性比较差。

在工业生产中，热塑性塑料在数量上占绝对优势，大约占总塑料产量的80%左右。常用的热塑性塑料有以下几种。

① 聚乙烯（PE）、聚丙烯（PP）塑料。它们均属于聚烯烃塑料，具有相对密度小、耐溶剂性和耐水性好、介电常数小、电绝缘性高等特点，是目前最重要的通用塑料，其产量历年来居世界塑料工业之首位。

② 聚氯乙烯（PVC）塑料。有硬质和软质之分。前者强度、硬度高，耐蚀、耐油、耐水性好，阻燃性好，常用于制造塑料管、塑料板；后者强度、硬度低，耐蚀性较差，易老化，但气密性好，多用于制造薄膜、软管等。

③ 聚四氟乙烯（PTFE）。属于氟塑料，被誉为"塑料王"，具有非常优良的耐高低温性能，可长期在-180～240℃之间使用，并具有极高的耐蚀性，任何强酸、强碱、强氧化剂都对它不起作用。其摩擦因数极低，是优良的减摩、自润滑材料。这种材料常用于制造各种机械的减摩密封圈、化工耐蚀零件、活塞环、轴承及医疗代用血管、人工心脏等。

④ 聚甲基丙烯酸甲酯（PMMA）。俗称有机玻璃。分为透明、半透明或有色、无色等品种。有机玻璃的强度、韧性与硬质聚氯乙烯差不多，透光率可达92%，可耐稀酸、碱，不易老化，但表面硬度低，易擦伤，较脆。有机玻璃广泛用于航空、汽车、仪表、光学等工业中，多用于制造有一定透明要求的零件，如可用来制作风挡、舷窗、透明管道、仪器仪表护罩、外壳等。

⑤ ABS 塑料。具有良好的耐热、耐蚀性和一定的表面硬度，较高的刚性，良好的加工工艺性能和着色性。ABS 在塑料中的品种牌号最多，可分为一般用品种、耐热品种、电镀用品种和透明品种等。与其他塑料相比，ABS 具有良好的综合力学性能，刚性好，耐寒性强，加工性能好，表面光洁，制品表面还可以电镀。因此，ABS 塑料的用途很广，可用

来制造轴承、齿轮、叶片、叶轮、设备外壳、管道、容器和仪器仪表零件等，在汽车上发挥着其他材料不可替代的作用。

此外，还有聚苯乙烯（PS）、聚酰胺（PA，尼龙）、聚甲醛（POM）、聚碳酸酯（PC）等工程塑料。近年开发的氟塑料、PSF 塑料等的性能明显提高，如优良的耐蚀性、耐热性、绝缘性和耐磨性等，是性能较好的高级工程塑料。

（2）热固性塑料

热固性塑料是把分子量 1000 以下的一次树脂加热融化，浇入模中加热，使一次树脂连接而成高分子树脂的成型品。其特点是初加热时软化，可塑造成型，但固化后再加热时将不再软化，也不溶于溶剂。这类塑料有酚醛、环氧、氨基、不饱和聚酯等。它们具有耐热性高，受压不易变形等优点。缺点是力学性能不好，但可加入填料来提高其强度。常用的热固性塑料有以下几种。

① 酚醛塑料（PE）。酚醛塑料是由酚类恶化醛类材料在酸或碱催化剂的作用下经合成反应，制成酚醛树脂，再根据不同性能要求加入各种添加剂而制得的塑料。常用的酚醛树脂是由苯酚和甲醛为原料制成，其性质可根据制备工艺的不同，有热塑性和热固性两类。热固性酚醛塑料通常以压塑粉（俗称胶木粉）为填料制成，经压制而成的电器开关、插座、灯头等，不仅绝缘性好，而且有较好的耐热性，较高的硬度、刚性和一定的强度；以纸片、棉布、玻璃布等为填料制成的层压酚醛塑料，具有强度、耐冲击性以及耐磨性优良等特点，常用以制造受力要求较高的机械零件，如仪表齿轮、轴承、汽车刹车片、内燃机曲轴带轮等。

② 氨基塑料（UF）。氨基塑料是以氨基化合物（如尿素或三聚氰胺）与甲醛缩聚反应制成氨基树脂，然后加入添加剂而制成氨基塑料，其中最常用的是脲醛塑料，用脲醛塑料压塑粉压制的各种制品，有较高的表面硬度，颜色鲜艳且有光泽，又有良好的绝缘性，俗称"电玉"。常见的制品有仪表外壳、电话机外壳、开关、插座等。

③ 环氧塑料（EP）。环氧塑料是由环氧树脂加入固化剂（如乙二胺、顺丁烯二酸酐）后形成的热固性塑料。一般以铸型的方式成型。它的强度高、韧性好，并具有良好的化学温度性、绝缘性及耐热耐寒性，长期使用温度为-80～150℃，成型工艺好，但具有某些毒性。环氧塑料可制作塑料模具、船体、电子零部件等。

7.2　陶瓷材料

陶瓷是用天然或合成化合物经过原料处理、成型、干燥、高温烧结等工序制成的一类无机非金属材料。它具有高熔点、高硬度、高耐磨性、耐氧化等优点。可用作结构材料、刀具材料，由于陶瓷还具有某些特殊的性能，又可作为功能材料。

传统的陶瓷材料是指硅酸盐类材料。主要用于制造陶瓷和瓷器，这些材料都是用粘土、石灰石、长石、石英等天然硅酸盐类矿物制成的。现代的陶瓷材料已有了巨大变化，许多特种陶瓷（新型陶瓷）已经远远超出了硅酸盐的范畴，主要为高熔点的氧化物、碳化物、氮化物、硅化物等的烧结材料，它们不仅在性能上有了重大突破，在应用上也渗透到各个领域。近年来，还发展了金属陶瓷，主要指用陶瓷生产方法制取的金属与碳化物或其他化合物的粉末制品。陶瓷是现代工业中很有发展前途的一类材料，今后将是陶瓷材料、高分子材料和金属材料三足鼎立的时代，它们共同构成固体材料的三大支柱。

7.2.1 陶瓷的分类

陶瓷产品的种类繁多，性能各异。陶瓷一般可分为普通陶瓷（传统陶瓷）和特种陶瓷（现代陶瓷）两大类。

普通陶瓷（传统陶瓷）采用天然原料如长石、粘土和石英等烧结而成，是典型的硅酸盐材料，主要组成元素是硅、铝、氧，这三种元素占地壳元素总量的 90%，普通陶瓷来源丰富、成本低、工艺成熟。这类陶瓷按性能特征和用途又可分为日用陶瓷、建筑陶瓷、电绝缘陶瓷、化工陶瓷和多空陶瓷（过滤陶瓷）等。

特种陶瓷采用高纯度人工合成的原料，利用精密控制工艺成型烧结制成，一般具有某些特殊性能，以适应各种需要。根据其主要成分，有氧化物陶瓷、氮化物陶瓷、碳化物陶瓷、金属陶瓷等；特种陶瓷具有特殊的力学、光、声、电、磁、热等性能。特种陶瓷按性能可分为：高强度陶瓷、高温度陶瓷、耐磨陶瓷、耐酸陶瓷、压电陶瓷、电介质陶瓷、光学陶瓷、磁性陶瓷、半导体陶瓷和瓷生物陶瓷等。特种陶瓷按化学组成可分为：氧化物陶瓷（氧化铝陶瓷、氧化镁陶瓷、氧化锆陶瓷）、氮化物陶瓷（氮化硅陶瓷、氮化铝陶瓷、氮化硼陶瓷）、碳化物陶瓷（碳化硅陶瓷、碳化硼陶瓷）和复合陶瓷等。

7.2.2 陶瓷的组织结构

陶瓷是由金属和非金属元素的化合物构成的多晶固体材料，晶体结构比金属复杂得多，它们主要是以离子键为主的晶体（例如 MgO、Al_2O_3）和以共价键为主的共价晶体（BN、SiC、Si_3N_4），但大多数为两者的混合型晶体。尽管陶瓷种类繁多，但其显微结构总的可归纳为三种相，即晶相、玻璃相和气相，陶瓷的纤维组织如图 7-1 所示。以上三种相的数量、形状及分布对陶瓷的性能起着决定性的作用。

图 7-1 陶瓷显微组织示意图

1. 晶相

晶相是陶瓷的主要组成相，它由固溶体或化合物所组成，且一般是多晶体，存在着晶粒和晶界。同金属一样，细化晶粒和亚晶粒也可以强化陶瓷材料。从晶格结构上看，常见的有氧化物结构和硅酸盐结构两类。陶瓷材料的主要性能则由晶相决定。陶瓷晶体也存在着点、线、面等缺陷，它们都对性能有很大影响。

2. 玻璃相

玻璃相是陶瓷烧结时各组成物和杂质通过一系列物理化学作用形成的一种非晶态的低熔点固体。玻璃相的主要作用是将分散的晶相粘结在一起，起到降低烧成温度，抑制晶体长大以及填充气孔空隙的作用。玻璃相强度低、热稳定性差。因此工业陶瓷应限制玻璃相所占的体积分数，一般在 20%～40% 的范围内。

3. 气相

陶瓷中的气相就是气孔，常以孤立状态分布于玻璃相之中，或以细小气孔存在于晶界或晶内。气孔的数量、形状、分布对性能产生较大的影响。气孔往往产生应力集中，又是裂纹源，它使组织致密性下降，降低材料的强度和电击穿能力，使材料脆性增大。所以，应减少气孔量。不过轻质材料、保温材料中则希望增加气孔量。一般来说，气相约占陶瓷体积的 5%～10%。

普通陶瓷的组织通常由晶相、玻璃相、气相组成。对特种陶瓷来说，由于对其性能要求更高、更严，因此，它的组织只能由晶相和气相（<5%）或极少量的玻璃相组成。而金属陶瓷则是由晶相和极少量的气相（<0.5%）组成的。

7.2.3 陶瓷的性能特点

1. 力学性能

陶瓷是工程材料中刚度最好、硬度最高的材料，其硬度大多在 1500HV 以上，陶瓷的抗压强度较高，陶瓷的弹性模量比金属高。但脆性大、抗拉强度较低，塑性和韧性很差。

2. 热学性能

陶瓷材料一般具有高的熔点（大多数在 2000℃ 以上），且在高温下具有极好的化学稳定性，抗蠕变能力强、热膨胀系数和导热系数小，1000℃ 以上仍能保持室温性能。陶瓷的导热性低于金属材料，陶瓷还是良好的隔热材料。同时陶瓷的线膨胀系数比金属低，当温度发生变化时，陶瓷具有良好的尺寸稳定性。

3. 电学性能

大多数陶瓷具有良好的电绝缘性，因此大量用于制作各种电压（1～110kV）的绝缘器件。铁电陶瓷（钛酸钡 $BaTiO_3$）具有较高的介电常数，可用于制作电容器，铁电陶瓷在外电场的作用下，还能改变形状，将电能转换为机械能（具有压电材料的特性），可用作扩音机、电唱机、超声波仪、声纳、医疗用声谱仪等。少数陶瓷还具有半导体的特性，可做整流器。个别特殊陶瓷具有导电性和导磁性，属于新型功能材料。

4. 化学性能

陶瓷在高温下不易氧化，不老化，非常稳定，并对酸、碱、盐具有良好的抗腐蚀能力。

此外陶瓷还有独特的光学性能，可用作固体激光器材料、光导纤维材料、光储存器等，透明陶瓷可用于高压钠灯管等。磁性陶瓷（铁氧体如：$MgFe_2O_4$、$CuFe_2O_4$、Fe_3O_4）在录音磁带、唱片、变压器铁芯、大型计算机记忆元件方面的应用有着广泛的前途。

7.2.4 常用陶瓷

1. 普通陶瓷（传统陶瓷）

传统陶瓷是以高岭土、长石、钠长石和石英为原料经过成形和高温烧结制成的一种多相固体材料。这类陶瓷的主要晶相为莫来石，约占 25%～30%，玻璃相占 35%～60%，气相占 1%～3%以上。通过改变组成组成物的配比、溶剂、辅料以及原料的细度和致密度，可以获得不同特性的陶瓷。

传统陶瓷质地坚硬，有良好的抗氧化性、耐蚀性和绝缘性。能耐一定高温，成本低，生产工艺简单。但由于含有较多的玻璃相，故结构疏松，强度较低，在一定的温度下会软化。耐高温性能不如现代陶瓷，一般最高使用温度为 1200℃左右。传统陶瓷产量大、种类多，广泛应用于日用、建筑、电气、化工等部门。

2. 特种陶瓷（现代陶瓷）

特种陶瓷在化学组成、内部结构、性能和使用效能各方面均不同于传统陶瓷。它是以精制高纯的化工产品为原料，并严格控制各个工艺过程，其中包括采用各种成形、烧结或其他先进工艺。在性能方面也是传统陶瓷所望尘莫及的。强度之高可与金刚石相媲美，柔韧如铸铁，透明如玻璃，可像人体五官那样敏感、智能。只是由于这些独特而优异的性能，决定了特种陶瓷具有广泛的适用性，已成为高技术领域不可缺少的关键材料。

根据用途不同，特种陶瓷又可分为结构陶瓷、工具陶瓷、功能陶瓷。

（1）结构陶瓷

① 氧化铝陶瓷（又名高铝陶瓷）。其主要成分是 Al_2O_3 和 SiO_2，其中 Al_2O_3 的含量在 45%以上。根据陶坯中主要晶相的不同，氧化铝陶瓷可分为刚玉瓷、刚玉-莫来石瓷及莫来石瓷等；按 Al_2O_3 含量分为 75 瓷、95 瓷和 99 瓷。其中常用的刚玉瓷性能最优，所含玻璃相和气相极少，硬度高（莫氏硬度为 9）、机械强度比普通陶瓷高 3～6 倍，抗化学腐蚀能力和介电性能好，且耐高温（熔点为 2050℃）。其缺点是脆性大、抗冲击性和抗热振性差，不宜承受环境温度剧烈变化。近来生产出氧化铝-微晶刚玉瓷、氧化铝金属瓷等，进一步提高了刚玉瓷的性能。

氧化铝陶瓷用途极为广泛，可用作坩埚、发动机火花塞、高温耐火材料、热电偶套管、密封环等，也可作刀具和模具等。氧化铝陶瓷很早就用于纺织用的导线器以及火箭用的导流罩，现在还广泛用于氩弧焊的气体罩、喷砂用的喷嘴的等。氧化铝陶瓷具有很好的高温性能，可用作高温实验仪器、熔化金属的坩埚以及高温热电偶套管等。它还具有耐蚀性好的特点，可以制作化工零件，如化工用泵的密封滑环、机轴套和叶轮等。氧化铝陶瓷有很好的介电性能，可制作内燃机火花塞。氧化铝陶瓷的耐磨性好，可用作轴承，制作的活塞可以加工到相当高的精度和很低的粗糙度。

② 氮化硅陶瓷。氮化硅陶瓷是将硅粉经反应烧结法或将 Si_3N_4 粉经热压烧结法制成的。前者称为反应烧结氮化硅；后者则称为热压氮化硅。氮化硅陶瓷主要组成物是 Si_3N_4，氮化硅是共价化合物，键能相当高，原子间结合很牢固。因此，化学稳定性高，除氢氟酸之外，能耐各种无机酸、王水、碱液的腐蚀，也能抵抗熔融的有色金属的浸蚀；有优异的电绝缘性能；有高的硬度、良好的耐磨性，摩擦系数（0.1～0.2）、且具有自润滑性；其抗高温蠕

变性和抗热振性是其他任何陶瓷材料不能比拟的。从强度上考虑，热压氮化硅中几乎不存在气相，因而，组织致密，强度高；反应烧结氮化硅中约含有 20%～30%的气相，强度不及前者，但可获得形状复杂、精度很高的制品。

反应烧结氮化硅常用于耐磨、耐腐蚀、耐高温、绝缘的零件。如泵的机械密封环，可比普通陶瓷寿命提高 6～7 倍；制作高温轴承，热电偶套管，输送铝液的电磁泵的管道，阀门和炼钢生产上的铁液流量计等；还可用于做燃气轮机零件，如转子叶片等。由于提高了工作温度，因而提高了效率，使燃料消耗降低，大气污染减少，重量降低 1/3 左右。

热压氮化硅制成的刀具不仅可加工淬火钢、冷硬铸铁，也可以加工钢结硬质合金、镍基合金等，成本比金刚石和立方氮化硼刀具低。

近年来，在 Si_3N_4 中加入 Al_2O_3 制成新型陶瓷材料，称为 Sialon（赛纶），是目前强度最高的陶瓷材料，它在发动机部件、轴承和密封圈等耐磨部件和刀具材料上得到应用。此外，还在铜、铝等合金的冶炼、轧制和铸造上得到了应用。

③ 碳化硅陶瓷。碳化硅是把石英、碳和木屑装入电弧炉中，在 1900～2000℃高温下合成的。

碳化硅陶瓷的制造方法与氮化硅陶瓷一样，也有反应烧结和热压烧结两种工艺生产碳化硅陶瓷。碳化硅主要有两种晶体结构，一种是 α-SiC，属六方晶系，一种是 β-SiC，属等轴晶系。碳化硅的最大特点是高温高强度。一般陶瓷材料到 1200～1400℃时强度显著降低，而碳化硅在 1400℃时抗弯强度仍保持 500～600MPa 的较高水平。其热传导能力强，在陶瓷中仅次于氧化铝陶瓷。它的热稳定性好，耐磨性、耐腐蚀性、抗蠕变性好。

碳化硅陶瓷是一种高强度、高硬度的耐高温陶瓷，是目前高温强度最高的陶瓷，碳化硅陶瓷还具有良好的导热性、抗氧化性、导电性和高的冲击韧度。是良好的高温结构材料，可用于火箭尾喷管喷嘴、热电偶套管、炉管等高温下工作的部件；利用它的导热性可制作高温下的热交换器材料，核燃料的包封材料，也可以用于制作各种泵的密封圈。利用它的高硬度和耐磨性制作砂轮、磨料等。

④ 其他陶瓷材料。陶瓷材料种类繁多，可制成各种功能元件。氧化锂瓷为高温材料，氧化锆瓷为高频绝缘材料，氧化钛瓷为介电材料，钛酸钡瓷为光电材料，硼化物、氮化物、硅化物等金属陶瓷为超高温材料，铁氧体瓷为永久磁铁、记忆磁铁、磁头等材料，稀土钴瓷为存储器材料，半导体瓷为压敏元件、太阳电池等材料。

（2）工具陶瓷

硬质合金：主要成分为碳化物和黏合剂，碳化物主要有 WC、TiC、TaC、NbC、VC 等，黏合剂主要为钴（Co）。硬质合金与工具钢相比，硬度高（高达 87～91HRA），热硬性好（1000℃左右耐磨性优良），用作刀具时，切削速度比高速钢提高 4～7 倍，寿命提高 5～8 倍，其缺点是硬度太高、性脆，很难被机械加工，因此常制成刀片并镶焊在刀杆上使用，硬质合金主要用于机械加工刀具；各种模具，包括拉伸模、拉拔模、冷镦模；矿山工具、地质和石油开采用各种钻头等。

金刚石、天然金刚石（钻石）作为名贵的装饰品，而合成金刚石在工业上广泛应用，金刚石是自然界最硬的材料，还具备极高的弹性模量；金刚石的导热率是已知材料中最高的；金刚石的绝缘性能很好。金刚石可用作钻头、刀具、磨具、拉丝模、修整工具；金刚石工具进行超精密加工，可达到镜面光洁度。但金刚石刀具的热稳定性差，与铁族元素的亲和力大，故不能用于加工铁、镍基合金，而主要加工非铁金属和非金属，广泛用于陶瓷、玻璃、石料、混凝土、宝石、玛瑙等的加工。

立方氮化硼（CBN）具有立方晶体结构，其硬度高，仅次于金刚石，具热稳定性和化学稳定性比金刚石好，可用于淬火钢、耐磨铸铁、热喷涂材料和镍等难加工材料的切削加工。可制成刀具、磨具、拉丝模等。

其他工具陶瓷尚有氧化铝、氧化锆、氮化硅等陶瓷，但从综合性能及工程应用均不及上述三种工具陶瓷。

（3）功能陶瓷

功能陶瓷通常具有特殊的物理性能，涉及的领域比较多，常用功能陶瓷的特性及应用见表 7-2 所列。

表 7-2　常用功能陶瓷的组成、特性及应用

种　类	性能特征	主要组成	用　途
介电陶瓷	绝缘性	Al_2O_3、Mg_2SiO_4	集成电路基板
	热电性	$PbTiO_3$、$BaTiO_3$	热敏电阻器
	压电性	$PbTiO_3$、$LiNbO_3$	振荡器
	强介电性	$BaTiO_3$	电容器
光学陶瓷	荧光、发光性	Al_2O_3CrNd 玻璃	激光
	红外透过性	$CaAs$、$CdTe$	红外线窗口
	高透明度	SiO_2	光导纤维
	电发色效应	WO_3	显示器
磁性陶瓷	软磁性	$ZnFe_2O$、$\gamma\text{-}Fe_2O_3$	磁带、各种高频磁芯
	硬磁性	$SrO.\ 6\ Fe_2O_3$	电声器件、仪表及控制器件的磁芯
半导体陶瓷	光电效应	CdS、Ca_2Sx	太阳电池
	阻抗温度变化效应	VO_2、NiO	温度传感器
	热电子放射效应	LaB_6、BaO	热阴极

7.3　复合材料

复合材料是一种新型的工程材料，它具有一系列其他材料不具备的优点，它的出现，开辟了一条发展新材料的重要途径。

复合材料是由两种或两种以上的物理和化学性质不同的物质经一定方法合成而得到的一种新的多相固体材料。它不仅具有各组成材料的优点，还具有比单一材料更优良的综合性能。如碳纤维的比强度、比模量很高，但脆性较大，如果与柔软的树脂基体复合，便可获得兼有树脂与碳纤维二者所长的树脂基复合材料；多数金属较坚韧，但不耐高温，而陶瓷耐高温却又较脆，若将二者复合，制成复合材料，这种新材料即为金属陶瓷复合材料。由上可知，"复合"已成为改善材料性能的一种手段。因此，复合材料的发展迅速，在各个领域的应用也愈来愈多，21 世纪将是复合材料的时代。

7.3.1　复合材料的分类

复合材料种类繁多，复合材料可以由金属材料、高分子材料和陶瓷材料中任两种或几种制备而成。常见的分类方法如下：

按复合材料的性能高低进行分类可分为常用（普通）复合材料和先进复合材料。

按复合材料的生产方式进行分类可分为天然复合材料和人工复合材料。

按复合材料的基体相的种类进行分类可分为聚合物基复合材料、金属基复合材料、陶瓷基复合材料、石墨基复合材料（碳-碳）复合材料和混凝土基复合材料。

按复合材料的用途进行分类可分为结构复合材料、功能复合材料和智能复合材料。

按复合材料的增强相的种类进行分类可分为颗粒增强材料、晶须增强材料和纤维增强材料。

按复合材料的增强相的形状进行分类可分为零维（颗粒状）、一维（纤维状）、二维（片状或平面织物）、三维（三向编织体）。

一般情况下，用来表示复合材料的形式是斜线上表示增强材料，斜线下表示基体材料，如碳纤维/环氧复合材料，其增强材料为碳纤维，基体材料为环氧树脂。目前使用最多的是纤维增强复合材料。

7.3.2　复合材料的复合原则

复合材料的复合过程包含着复杂的物理、化学甚至生物学等过程，并不是组成材料的简单组合。由于复合材料是由基体材料和增强相构成的。两者的类型和性质以及两者之间的结合力，决定着复合材料的性能。同时，增强相的形状、数量、分布以及制备过程等也对复合材料的性能影响很大。部分复合材料的结构示意图如图 7-2 所示。

（a）　　　　　　　　　　　　（b）

（c）　　　　　　　　　　　　（d）

（a）层叠复合　　（b）连续纤维复合　　（c）颗粒复合　　（d）短切纤维复合

图 7-2　部分复合材料的结构示意图

7.3.3　复合材料的性能特点

复合材料的主要性能有如以下几个方面所述：

1．高的比强度和比模量

这是复合材料最突出的特点，比强度、比模量高，对要求减轻自重和高速运转的结构和零件是非常重要的，碳纤维增强环氧树脂复合材料的比强度是钢的 7 倍、比模量是钢的

4 倍。常用金属材料和复合材料的性能比较见表 7-3 所列。

表 7-3　常用金属材料和复合材料强度的性能比较

类　别	材　料	密度 / ($g \cdot cm^{-3}$)	抗拉强度 /MPa	弹性模量 /GPa	比强度 /10^6m	比模量 /10^6m
金属材料	钢	7.8	1030	210	1.3	2.7
	铝	2.8	470	75	1.7	2.6
	钛	4.5	960	114	2.1	2.5
复合材料	玻璃钢	2.0	1060	40	5.3	2.1
	硼纤维/铝	2.65	1000	200	3.8	7.5
	硼纤维/环氧树脂	2.1	1380	210	6.6	10
	高强碳纤/环氧树脂	1.45	1500	140	10.3	2.1
	高模碳纤/环氧树脂	1.6	1070	240	6.7	15
	有机纤维 PRD/环氧树脂	1.4	1400	80	10.0	5.7
	SiC 纤维/环氧树脂	2.2	1090	102	5.0	4.6

2.　抗疲劳性能好

由于纤维复合材料对缺口、应力集中敏感性小，而且纤维和基体界面能够阻止和改变裂纹扩展方向，因此复合材料有较高的疲劳极限。有研究表面，碳纤维复合材料的疲劳极限可达抗拉强度的 70%～80%，而一般金属材料的疲劳极限只有抗拉强度的 40%～50%。

3.　良好的破断安全性能

纤维复合材料中有大量独立的纤维，平均每平方厘米面积上有几千到几万根纤维，当纤维复合材料构件由于超载或其他原因使少数纤维断裂时，载荷就会重新分配到其他未破断的纤维上，因而构件不致在短期内发生突然破坏，故破断安全性好。

4.　优良的高温性能

由于增强纤维的熔点均很高（一般都在 2000℃以上），而且在高温条件下仍然可保持较高的高温强度，故用它们增强的复合材料具有较高的高温强度和弹性模量，特别是金属基复合材料。如铝合金，在 400℃时，弹性模量接近于零，强度值也从室温的 500MPa 降到（30～50）MPa，而碳纤维或硼纤维增强铝合金复合材料，在 400℃时，强度和弹性模量几乎可保持室温时的水平。又如玻璃钢材料可瞬时耐高温，故在火箭发动机上作耐烧蚀材料。

5.　减振性能好

因为结构的自振频率与材料的比模量的平方根成正比，而复合材料比模量高，其自振频率也高，高的自振频率就不易引起工作时的共振，这样就可避免因共振而产生的早期破坏。同时复合材料中纤维及基体间的界面具有吸振能力，因此它的振动阻尼很高。对相同形状和尺寸的梁共同进行振动实验，即轻合金梁与碳纤维复合材料的梁同时启振，前者需要 9s 才能停止振动；而复合材料的梁只需 2.5s 就静止了。

6.　成型工艺简便灵活及可设计性强

对于形状复杂的构件，根据受力情况可以一次整体成型。减少了零件、紧固件和接头数目，材料利用率较高。如用硼纤维增强复合材料，1000t 的原料可获得 800t 的零件。例如日产布尔巴特汽车前端板，用钢板制造时由 20 多个零件组成，而用纤维增强塑料复合材料，则用 7 个零件就可以了。

7.3.4 常用复合材料

1. 纤维增强复合材料

纤维增强复合材料中承受载荷的主要是增强相纤维，而增强相纤维处于基体之中，彼此隔离，其表面受到基体的保护，因而不易遭受损伤，塑性和韧性较好的基体能阻止裂纹的扩展，并对纤维起到黏结作用，复合材料的强度因而得到很大的提高。纤维种类很多，但用作现代复合材料的纤维主要是指高强度、高模量的玻璃纤维、碳纤维、石墨纤维、硼纤维等。

（1）玻璃纤维增强复合材料

是由玻璃纤维与热固性树脂或热塑性树脂复合的材料，通常又称玻璃钢。它是 20 世纪 40 年代发展起来的第一代复合材料。由于它具有高强度、价格低、来源丰富、工艺性能好等特点，至今仍广泛应用在国民经济各部门中。玻璃钢可分为热塑性和热固性两类。

① 热塑性玻璃钢。热塑性玻璃钢是以玻璃纤维为增强剂和以热塑性树脂为黏合剂制成的复合材料。制成玻璃纤维的玻璃主要为二氧化硅和其他氧化物的共熔体并以极快的速度抽拉成细丝状玻璃，直径一般为 5～9μm，玻璃纤维柔软如丝，比玻璃的强度和韧性高得多。而且纤维越细，强度越高，其抗拉强度可高达 1000～3000MPa，比高强度钢还高出两倍，耐热性高（250℃以下力学性能变化不大）化学稳定性好。主要缺点是脆性较大。但若与合成树脂结合在一起，便能形成具有较佳性能的玻璃钢。应用较多的热塑性树脂是尼龙、聚烯烃类、聚苯乙烯类、热塑性聚酯和聚碳酸酯五种，但以尼龙的增强效果最好。常见热塑性玻璃钢的性能和用途见表 7-4 所列。

表 7-4 常见热塑性玻璃钢的性能和用途

材　　料	密度/（g·cm^{-3}）	抗拉强度/MPa	弯曲模量/10^{2}MPa	特性及用途
尼龙 66 玻璃钢	1.37	182	91	刚度、强度、减摩性好。用作轴承、轴承架、齿轮等精密件、电工件、汽车仪表、前后灯等
ABS 玻璃钢	1.28	101	77	化工装置、管道、容器等
聚苯乙烯玻璃钢	1.28	95	91	汽车内饰、收音机机壳、空调叶片等
聚碳酸酯玻璃钢	1.43	130	84	耐磨、绝缘仪表等

热塑性玻璃钢同热塑性塑料相比，基本材料相同时，强度和疲劳性能可提高 2～3 倍以上，冲击韧度提高 2～4 倍，蠕变强度提高 2～5 倍，达到或超过了某些金属的强度。例如 40%玻璃纤维增强尼龙的强度超过了铝合金而接近于镁合金的强度。因此可以用来取代这些金属。

② 热固性玻璃钢。热固性玻璃钢是以玻璃纤维为增强剂和以热固性树脂为黏合剂制成的复合材料。常用的热固性树脂为酚醛树脂、环氧树脂、不饱和聚酯树脂和有机硅树脂等四种。酚醛树脂出现最早，环氧树脂性能较好，应用较普遍。

热固性玻璃钢集中了其组成材料的优点，即质量轻、比强度高、耐腐蚀性好、介电性能优越，是成形性能良好的工程材料。它们的比强度比铜合金和铝合金高，甚至比合金钢还高；但刚度较差，仅为钢的 1/10～1/5，耐热性不高（低于 200℃），容易老化，容易蠕变等。

玻璃钢的性能主要决定于基体树脂的类型，如酚醛树脂玻璃钢质地坚硬，耐烧蚀；环氧玻璃钢强度高，粘着牢固，抗蚀性高；聚酯玻璃钢成型工艺性好，可在常温下固化；有机硅玻璃钢耐热性较高等。表 7-5 所示列出了常见热固性玻璃钢的性能和用途。

表 7-5　常见热固性玻璃钢的性能特点

材料类型 性能特点	环氧树脂玻璃钢	聚酯树脂玻璃钢	酚醛树脂玻璃钢	有机硅树脂玻璃钢
密度/ $g·cm^{-3}$	1.73	1.75	1.80	
抗拉强度/MPa	341	290	100	210
抗压强度/MPa	311	93		61
抗弯强度/MPa	520	237	110	140
特点	耐热性较高，150～200℃下可长期工作，耐瞬时超高温。价格低、工艺性较差、收缩率大、吸水性大。固化后较脆	强度高、收缩率小、工艺性好、成本高。某些固化剂有毒性	工艺性好，使用各种成型方法，作大型构件，可机械化生产。耐热性差、强度较低、收缩率大。成型时有异味、有毒	耐热性较高，200～250℃下可长期使用。吸水性低、耐电弧性好、防潮、绝缘、强度低
用途	主要受力构件，耐蚀件如飞机、宇航器等	一般要求的构件如汽车、船舶、化工件	飞机内部装饰件、电工材料	印刷电路板、隔热板等

玻璃钢的应用极为广泛，它可用来制造游船、舰艇、各种车辆的车身及配件、各种耐腐蚀的管道、阀门、贮罐、高压气瓶、撑杆、防护罩以及轴承、法兰圈、齿轮、螺丝、螺母等各种机械零件和机械设备。玻璃钢作为一种优良的工程材料，正越来越多地应用于国民经济各部门中，已成为工程上不可缺少的重要材料之一。

（2）碳纤维增强复合材料

碳纤维增强复合材料是以碳纤维或其织物为增强相，以树脂、金属、陶瓷等为黏合剂而制成的。目前有碳纤维/树脂、碳纤维/碳、碳纤维/金属、碳纤维/陶瓷等复合材料。其中以碳纤维/树脂复合材料应用最为广泛。碳纤维/树脂复合材料中采用的树脂有环氧树脂、酚醛树脂、聚四氟乙烯树脂等。与玻璃钢相比，其强度和弹性模量高、密度小。因此，它的比强度、比模量在现有复合材料中名列前茅。它还具有较高的冲击韧度和疲劳强度，优良的减摩性、耐磨性、导热性、耐蚀性和耐热性。碳纤维树脂复合材料广泛应用于制造要求比强度、比模量高的飞机器结构件，如导弹的鼻锥体、火箭喷嘴、飞机尾翼等，还可制造重型机械的轴承、齿轮，化工设备的耐蚀件等。这类材料的缺点是价格高，碳纤维与树脂的结合力不强。

2. 层叠复合材料

层叠复合材料是由两层或两层以上不同性质的材料复合而成的，以达到增强的目的。

（1）三层复合材料

三层复合材料是以钢板为基体，烧结铜为中间层，塑料为表面层制成的。它的物理、力学性能主要取决于基体，而摩擦、磨损性能取决于表面塑性层。中间多孔性青铜使三层之间获得可靠的结合力。表面塑性层通常为聚四氟乙烯（如 SF—1 型）和聚甲醛（如 SF—2 型）。这种复合材料比单一塑性材料提高承载能力 20 倍，导热系数提高 50 倍，热膨胀系数降低 75%，从而改善了尺寸稳定性，常用作无油润滑轴承、机床导轨、衬套、垫片等。

（2）夹层复合材料

是由两层薄而强的面板或蒙皮与中间夹一层轻而柔的材料构成的。面板一般由强度高、弹性模量大的材料组成，如金属板、玻璃等。而心料结构有泡沫塑料和蜂窝格子两大类，这类材料的特点是密度小、刚性和抗压稳定性好、抗弯强度高，常用于航空、船舶、化工等工业，如飞机、船仓隔板和冷却塔等。

3．颗粒增强复合材料

颗粒增强复合材料中承受载荷的主要是基体，颗粒增强的作用在于阻碍基体中位错或分子链的运动，从而达到增强的效果。增强效果与颗粒的体积含量、分布、粒径、粒间距有关，粒径为 0.01～0.1μm 时的增强效果最好；粒径小于 0.01μm 时，位错容易绕过，难以对位错运动起阻碍作用；粒径大于 0.1μm 时，会造成附近基体中应力集中，或者使颗粒本身破碎，反而导致材料强度降低。常见的颗粒复合材料有两类：一类是颗粒增强树脂复合材料，如塑料中添加颗粒状填料，橡胶用炭黑增强等；另一类是颗粒增强金属复合材料，如陶瓷颗粒增强金属复合材料。

复习题七

7-1　选择题

1．橡胶最突出的优点是（　　　）。
　　A．高弹性　　　　　　　B．高强度　　　　　　C．耐高温　　　　　　D．耐老化
2．塑料的主要成分是（　　　）。
　　A．合成树脂　　　　　　B．固化剂　　　　　　C．增塑剂　　　　　　D．稳定剂
3．常用的热固性塑料有（　　　）。
　　A．聚乙烯塑料　　　　　B．ABS 塑料　　　　　C．酚醛塑料　　　　　D．聚丙烯塑料
4．特种陶瓷的原料主要有（　　　）。
　　A．高岭土　　　　　　　B．石英　　　　　　　C．刚玉　　　　　　　D．长石
5．下列属于复合材料的有（　　　）。
　　A．玻璃钢　　　　　　　B．橡胶　　　　　　　C．塑料　　　　　　　D．陶瓷

7-2　判断题

1．橡胶最适合制作减震制品。　　　　　　　　　　　　　　　　　　　（　　　）
2．橡胶具有高弹性。　　　　　　　　　　　　　　　　　　　　　　　（　　　）
3．塑料的优点是加工成型简单。　　　　　　　　　　　　　　　　　　（　　　）
4．纤维与陶瓷复合可以提高韧性和强度。　　　　　　　　　　　　　　（　　　）
5．复合材料的疲劳性能好。　　　　　　　　　　　　　　　　　　　　（　　　）

6．橡胶、塑料和复合材料都属于高分子材料。 （　　）

7-3　问答题

1．与金属材料比较，高分子材料的优缺点是什么？

2．塑料与橡胶的本质区别是什么？

3．什么是热塑性塑料？什么是热固性塑料？试举例说明。

4．用全塑料制造的零件有什么优缺点？

5．什么是陶瓷？其组织由哪几个相组成？它们对陶瓷性能有何影响？

6．结构陶瓷和功能陶瓷在性能上有何区别，主要表现在哪些方面？

7．什么是复合材料？复合材料有何优异的性能？

8．复合材料有哪几种基本类型？纤维复合材料有何特点？

9．塑料王、电木、电玉、有机玻璃、玻璃钢是指什么材料？有何用途？

10．塑料是由什么组成的？各起什么作用？

11．何谓金属陶瓷？硬质合金的成分特点是什么？硬质合金最突出的性能是什么？

12．硬质合金有哪几类？它们的性能及应用特点是什么？

13．陶瓷材料的优点是什么？简述其原因。

14．高聚物的聚合方式有哪几种？各有何特点？

15．高聚物改性途径有哪些？何谓老化？如何防止高聚物老化？

第 8 章　新材料简介

【学习要点】

新材料是指新近发现的或正在研发的、性能超群的一些材料，具有比传统材料更为优异的性能。新材料是现代高新技术发展的先导和基石，世界各国历来重视材料，特别是新材料的发展。本章主要介绍高温合金、记忆合金、纳米材料和超导材料等新材料。

【基本要求】

了解高温合金、记忆合金、纳米材料和超导材料等新材料的特点及应用。

8.1　高温材料

高温材料，一般是指能在 550℃ 以上，甚至在 1000℃ 及以上温度条件下能承受一定应力并具有抗氧化和抗热腐蚀能力的材料。这种材料的主要特点是在高温下能承受较高的应力并具有相应的使用寿命。高温合金是比较常见的高温材料，出现于 20 世纪 30 年代，适用于制造航空发动机和火箭发动机的重要承力结构件。

目前，高温材料的应用范围越来越广，从锅炉、蒸汽机、内燃机到石油、化工等所使用的各种高温物理化学反应装置、原子反应堆的热交换器、涡轮喷气发动机和航天飞机的多种部件等都有广泛的应用。高新技术的发展对高温材料的性能不断提出更高的要求，促使高温材料的种类不断增多，耐热温度不断提高，性能不断改善。同时，高温材料性能的提高，又扩大了其应用领域，推动了高新技术的进一步发展。目前已进入实用阶段的高温材料，包括：铁基高温合金、镍基高温合金、钴基高温合金和高温陶瓷材料等。

8.1.1　铁基高温合金

铁基高温合金主要由奥氏体不锈钢发展演变而来，其成分中含有较高比例的 Ni 元素，Ni 的存在能够使奥氏体基体更加稳定，部分铁基高温合金中的 Ni 元素的质量分数达 50%。此外，有些铁基高温合金成分中还包括质量分数为 10%～25% 的 Cr 元素，其作用是保证铁基高温合金获得优良的抗氧化及抗热腐蚀能力；在铁基高温合金中 W 和 Mo 元素的加入，主要目的是用来强化固溶体的晶界；而 Al、Ti、Nb 等元素的加入能够起到沉淀强化作用，其主要强化相是 Ni_3（Ti，Al）和 Ni_3Nb，以及微量碳化物和硼化物。

目前，我国研制的 Fe-Ni-Cr 系铁基高温合金主要有变形高温合金（如 GHll40，CH21432 等）和铸造高温合金（如 K213，K214 等）。这些铁基高温合金用做导向叶片时的工作温度最高可达 900℃。一般而言，这种高温合金的抗氧化性和高温强度都不高，但其成本较低，可用于制作一些使用温度要求较低的航空发动机和工业燃气轮机部件。

8.1.2　镍基高温合金

英国研制的 Nimonic 合金（Ni80Cr20）是镍基高温合金的发展基础，镍基高温合金其成分以 Ni 为主（含量超过 50%），其材料基体为奥氏体组织，其使用温度范围为 700～1000℃。镍基高温合金可溶解较多的合金元素，如 W，Mo，Ti，Al，Nb，Co 等，可使高温合金保持较好的组织稳定性。镍基高温合金的高温强度、抗氧化性和耐腐蚀性都比铁基高温合金有所提升。镍基高温合金主要用作现代喷气发动机的涡轮叶片、导向叶片和涡轮盘等。镍基高温合金按其生产方式也分为变形高温合金（如 GH3039，GH4033 等）与铸造高温合金（如 K405）两大类。由于使用温度越高的镍基高温合金其锻造性能也越差，因此，其发展趋势是耐热温度高的零部件，大多数选用铸造镍基高温合金制造。

镍基高温合金具有良好的高温蠕变特性、高温疲劳特性以及抗氧化、抗高温腐蚀等综合性能，满足了高推重比先进发动机的使用要求。为了使涡轮机叶片能够承受远超过 Ni 熔点的温度，除了升高 Ni 基超合金的使用温度外，还在基体表面涂敷绝热层（TBC），以及采取冷却措施等降低基体温度。

为了提高高温合金的使用温度、力学性能和耐腐蚀能力，世界各国都在不断研发新的材料制备工艺。其中，单晶高温合金消除了晶界，去除了晶界强化元素，使合金的初熔温度大为提高，因此其合金成分中可加入更多的强化元素并采取更高的固溶处理温度，使强化元素的作用得到充分的发挥。

例如，CMSX-10、Rene N6 等含 Re 为 5%～6%的第 3 代单晶体 Ni 基高温合金，其使用温度达到 1050℃；近年来美国通用电气公司（GE）、法国史奈克马公司（SENCMA）和日本国家材料科学研究所（NIMS）开发了第 4 代单晶体 Ni 基高温合金，该合金不仅添加了 Re，还添加了 2%～3%的 Ru，以提高合金组织的稳定性；NIMS 研制了第 5 代单晶体 Ni 基高温合金，在第 4 代合金的基础上增加了 Ru 含量，使合金的耐用温度达到 1100℃。对涡轮叶片而言，每提高 25℃，就相当于提高叶片寿命 3～5 倍，发动机的推力就会有较大幅度的增加。单晶高温合金的使用温度高达 1 040～1 100℃，主要用于民用和军用飞机的喷气发动机上。

若高温合金构件在 1 300℃以上高温下工作并承受较大应力时，其成分则必须采用难熔金属，如钽（Ta）、铼（Re）、钼（Mo）、铌（Nb）等及其合金。上述金属及其合金具有熔点高，强度高等优点，但冶炼、加工困难，而且密度大。例如，钽基高温合金可制作高温真空炉中的加热器、热交换器及热电偶套管等，其工作温度可达 1 600～2 000℃；以及用来制造火箭喷嘴等高温构件的 Nb-Hf 合金等。简而言之，难熔金属及其合金是制作高压、超高温热交换器，以及应用于航空、航天等高科技领域的优良材料。

8.1.3　高温陶瓷材料

高温高性能的陶瓷材料被越来越广泛的应用于实际工业生产中。氮化硅陶瓷材料已成为制造新型陶瓷发动机的重要材料之一，氮化硅陶瓷不仅具有良好的高温强度、高硬度和高耐磨性，而且还具有热膨胀系数较小、导热系数高、抗冷热冲击性能好、耐腐蚀能力强、不怕氧化等优点。使用氮化硅陶瓷材料制成的发动机可在更高的温度环境下工作，而且其热效率也有较大的提高。

目前氮化硅陶瓷常用于制造轴承、燃汽轮机叶片或镶嵌块、机械密封环、永久性模具等机械构件。此外，碳化物基金属陶瓷也具有良好的耐热性和耐高温性，已应用于航空、航天工业的部分耐热构件，如制造涡轮喷气发动机中的燃烧室、涡轮叶片、涡轮盘等。

近年来还出现了一种介于高温合金和陶瓷之间的材料，即金属陶瓷材料，它兼顾了金属的高韧性、可塑性和陶瓷的高熔点、耐腐蚀和耐磨损等特性，在航空航天等领域中拥有广阔的应用前景。按照陶瓷相的不同，金属陶瓷可分为以下 4 类：

① 氧化物基金属陶瓷；

② 碳化物基金属陶瓷；

③ 硼化物基金属陶瓷；

④ 含石墨和金刚石状态的金属陶瓷。

金属陶瓷具有良好的耐磨性与高温强度，可用于制造航空或航天发动机的阀、静止的环件等。硼化铬晶体和铬-钼合金黏结的硼化铬金属陶瓷具有良好的断裂强度和足够高的抗热震性，可用于制备燃气涡轮叶片、喷气发动机的喷管和内燃机阀座等。

碳硅化钛（Ti_3SiC_2）是其中研究最多的一种材料，具有耐高温、抗氧化能力强、强度高、热稳定性高的特点，又具有金属材料的导电、导热、可加工性、塑性等优异性能，是一种综合陶瓷材料。碳硅化钛在 1200～1400℃高温下，强度比目前最好的耐热合金还高，又易加工，故完全可作高温结构材料用，其高温强度与抗氧化、抗热震等性能优于 Si_3N_4，有可能用于未来航空发动机制作导向叶片或涡轮叶片。

8.2 形状记忆合金

金属材料在受到外力作用后，首先发生弹性变形，达到屈服强度后开始产生塑性变形，应力消除后形变不能完全消除，而形成永久性变形。但部分材料在发生变形后，在合适的条件下能够完全恢复形变前的状态，这种现象称为形状记忆效应（SME）。具有形状记忆效应的金属一般是由两种以上的金属元素组成的合金，称为形状记忆合金（SMA）。

8.2.1 形状记忆效应与特性

形状记忆效应具有单程、双程和全程三种情况，如表 8-1 所列。

① 具备单程形状记忆效应的合金，在较低的温度下变形，加热后可恢复到变形前的形状，这种合金其特点在于：只在加热过程中存在的形状记忆现象；

② 双程形状记忆效应，即合金加热时能恢复高温相形状，冷却时能够恢复低温相形状，其特点在于高温与冷却过程都存在形变，但形变为单一方向；

③ 全程形状记忆效应，即加热时恢复高温相形状，冷却时变为形状相同而取向相反的低温相形状，其存在取向相反的两种形变状态。

表 8-1 形状记忆效应

	初始形状	低温变形	加 热	冷 却
单程	正向弯曲	伸展	正向弯曲	正向弯曲
双程	正向弯曲	伸展	正向弯曲	伸展
全程	正向弯曲	伸展	正向弯曲	反向弯曲

与形状记忆效应相关的性能称为形状记忆特性。形状记忆特性与合金的成分配比、热处理方法、时效、加工工艺等有关。

8.2.2 典型的形状记忆合金

目前已经发现 20 多个合金系、100 多种合金具有形状记忆效应，本节介绍典型的 Ti-Ni 系形状记忆合金、Cu 系形状记忆合金和 Fe 系形状记忆合金。

1. Ti-Ni 系形状记忆合金

Ti-Ni 系形状记忆合金在适宜条件下能显示双程形状记忆效应，除了具有形状记忆效应外，还具有较好的综合力学性能、耐蚀性、优异的生物相容性。Ti-Ni 系形状记忆合金最引人注目的它优越的超弹性，即该合金在外力作用下产生远大于其弹性极限应变量的应变，外力卸载后应变可自行恢复的现象。

由于 Ti-Ni 系形状记忆合金的弹性各向异性小，难以在晶界处产生大的应力集中，所以在热循环或应力循环中性能比较稳定，反复循环的寿命比较长。Ti-Ni 系形状记忆合金还包括 Ti-Ni-Cu、Ti-Ni-Co、Ti-Ni-Fe 和 Ti-Ni-Nb 等具有较高的实用价值的形状记忆合金，其中 $Ti_{50}Ni_{47}Fe_3$ 合金是制造管接头等紧固件的良好材料。如表 8-2 所列，列出了 Ti-Ni 系形状记忆合金的形状记忆特性。

表 8-2　Ti-Ni 系形状记忆合金的形状记忆特性

相变温度（A_f 点）/℃		$-10\sim100$
温度滞后/℃		$2\sim30$
形状回复率/%	循环次数 N 少时	<6
	循环次数 N 多时	<2（$N=105$）
		<0.5（$N=107$）
最大回复应力/MPa		588
热循环寿命/h		$105\sim107$
耐热性/℃		~250

2.　Cu 系形状记忆合金

在所有发现的形状记忆合金中，铜系形状记忆合金所占的比例最大。铜系形状记忆合金的形状记忆特性虽比不上 Ti-Ni 系，但其生产成本不足 Ti-Ni 系的 1/10，且加工性能好，这使得铜系形状记忆合金的研究受到了很大的关注。目前比较有实用开发价值的是 Cu-Zn-Al 合金和 Cu-Ni-Al 合金，其特点是价格低廉、生产过程简单、形状记忆性能好，相变点可在 $-100\sim300$℃ 范围内随成分变化调节，但长期或反复使用时，形状回复率会减小，热稳定性差等，这些是尚待探索解决的问题。Cu-Zn-Al 合金热处理时必须保证足够大的淬火速度，以获得马氏体组织。为了使其形状记忆效应稳定，一般可在 $150\sim200$℃ 油浴中进行等温淬火或淬火后在 100℃ 进行时效处理。解决其合金晶粒粗大的方法是加入微量元素 V、B、Ti 等。

3.　Fe 系形状记忆合金

Fe 系形状记忆合金主要有 Fe-Mn-Si、Fe-Pt、Fe-Pd、Fe-Ni-Co-Ti 等系列合金。Fe 系形状记忆合金具有强度高、塑性好等优点。Fe-Mn-Si 系列合金是具有单程形状记忆效应的合金，特别适于制造管接头，具有成本低、强度高等优点。

8.2.3　形状记忆合金的应用

形状记忆合金黄铜弹簧可制成防烫伤喷头，当水温过高时，弹簧可以自行关闭热水阀，以防止意外烫伤。

用形状记忆合金制造管接头、密封件等。例如管接头的内径比待连接管子的外径约小 4%，马氏体非常软，接头内径很容易扩大。在此形态下，将管子插入接头内，加热后，接头内径即恢复到原来的尺寸，把管子紧紧地箍住。因形状回复力很大，故连接很严密，无泄漏危险。美国 F—14 战斗机油压系统内的很多管接头都采用了这种加工工艺。

Ti-Ni 系形状记忆合金也常应用于医学领域，如制造血栓过滤器、脊柱矫形棒、牙齿矫形丝、脑动脉瘤夹、接骨板、髓内针、人工关节、心脏修补元件、人造肾脏用微型泵等。

在航空航天领域，1970 年美国首先将 Ti-Ni 系形状记忆合金用于制造宇宙飞船天线。在宇宙飞船发射之前的室温条件下，将经过形状记忆处理的 Ti-Ni 合金丝折成直径在 5cm

以下的球状放入飞船内。飞船进入太空轨道后，通过加热或利用太阳能使合金丝升温，达到 77℃ 后，被折成球状的合金丝就完全打开，展开为预期的抛物面天线。

8.3 非晶态合金

一般的，我们认为组成物质的原子、分子在空间排列不呈现像晶体那样的长程对称性，只在几个原子间距的范围内（短程）保持着某些有序特征的一类物质称为非晶态物质。非晶态合金是指内部原子排列不存在长程有序的金属和合金，通常也称为玻璃态合金或金属玻璃。

在一般情况下，金属合金在冷却过程中会结晶，材料内部原子会遵循一定的规则有序排列，这样凝固而成的合金就是我们经常见到的钢铁等晶态金属材料。而快速凝固阻止金属熔体凝固过程中晶体相的形成，使原子来不及形成有序排列的晶体结构，这样金属熔体原子无序的混乱排列状态就被冻结下来。所以，在微观结构上，金属玻璃更像是非常黏稠的液体。金属玻璃因此又被称作"被冻结的熔体"。

8.3.1 非晶态合金的结构

非晶合金的发现极大地丰富了金属物理的研究内容，带动了非晶态物理和材料的蓬勃发展，把非晶物理研究推向凝聚态物理的前沿。非晶态合金与液态合金一样具有短程有序而长程无序的结构特征。非晶态固体宏观上表现为各向同性，熔解时无明显的熔点，只是随着温度的升高而逐渐软化、黏滞性减小，并逐渐过渡到液态。晶体的长程有序结构使其内能处于最低状态，而非晶态固体由于长程无序而使其内能并不处于最低状态，故非晶态固体属于亚稳相，向晶态转化时会放出能量。常见的非晶态固体有高分子聚合物、氧化物玻璃、非晶态金属和非晶态半导体等。

8.3.2 非晶态合金的制备

制备非晶态合金的方法主要有以下两种：

1. 液态淬火法

液态淬火法的原理是熔融体冷却速度极快，晶核的产生和长大受到抑制，即使冷却到理论结晶温度以下也不结晶，被过冷的熔融体处于亚稳态。进一步冷却，熔融体中的原子扩散能力显著下降，最后被冻结成固体。

2. 气相沉积法

常用的气相沉积法有真空蒸镀法和溅射法。前者将金属材料在真空下汽化，再沉积在冷底板上，从而获得非晶材料，适于制备非晶态纯金属或非晶态半导体材料。后者通过高能惰性气体离子碰撞，把原材料的原子撞击出来再沉积，可以制备熔点较高的金属和合金非晶态材料。

8.3.3 非晶态合金的性能与应用

非晶态合金是金属家族的新成员，它兼有非晶态材料、金属材料、固体和液体的某些特性。比如：非晶态合金是迄今为止最强的材料之一，一根直径 4mm 粗的非晶态合金丝可以悬吊起 3t 的重物；将它浸在强酸、强碱性液体中，仍能完好无损；具有接近陶瓷的硬度却在一定温度下能像橡皮泥那样的柔软、像液体那样流动。此外，非晶态合金还是迄今为止发现的最强的穿甲材料，是最理想的微纳米加工材料之一。

在力学性能方面，许多非晶态合金有很高的强度和硬度，同时又有良好的韧性。例如非晶态 $Fe_{80}B_{20}$ 合金的断裂强度高达 3629 MPa，约为一般结构钢的 7 倍。许多铁基非晶态磁性合金的硬度高达 600～1100HV，已达到高硬度工具钢的水平，故可制造高压管道的增强纤维、刃具以及其他结构零件。用液态淬火法制备的许多非晶态合金，可以经受压下率为 50% 的冷轧，或者将其薄带反复弯折 180°，挠折处不会断裂。

在耐蚀性方面，由于非晶态合金不存在晶界等缺陷，内部组织较为均匀，且许多合金成分中所包含的类金属元素有利于形成致密的钝化薄膜，所以许多铁基非晶态合金的抗腐蚀能力远好于晶态合金钢，可以制造耐蚀管道、污水处理系统的零件、化工催化剂、海底电缆屏蔽等。

在电磁性能方面，非晶态合金的电阻率比纯铁和镍-铁等晶态合金要高 3～4 倍，有利于进一步降低材料在交流应用时的涡流损耗；许多铁基和钴基非晶态合金具有优异的软磁性能，完全可以和晶态软磁合金如硅-铁合金和镍-铁合金等相媲美。因此从原则上来说，凡是晶态软磁合金可以应用的场合，非晶态软磁合金也能应用。如图书馆、超市中的书籍或商品中所暗藏的报警设施就是非晶态软磁合金在其中发挥着作用，非晶态软磁合金条带可以夹在书籍或商品中，也可以做成商品标签，如果书籍或商品尚未付款就被带出，则在出口处的检测装置就会发出报警信号。在非晶态软磁合金的所有应用中，用非晶态合金薄带代替晶粒取向硅钢片制造配电变压器铁芯最为典型。因为 Fe-Si-B 系非晶态软磁合金在交流应用时具有特别低的铁芯损耗，几乎只有晶粒取向 3%Si-Fe 合金的 1/5～1/3，这对节约电能有着十分重要的意义。表 8-3 中比较了一台 25 kW 的配电变压器分别使用非晶态合金薄带和硅钢片制造铁芯时的能量损失和质量。

表 8-3　25kW 配电变压器的能量损失和质量比较

比较项目	硅钢变压器	非晶变压器
铁芯材料	晶粒取向硅钢片	$Fe_{78}Si_9B_{13}$ 非晶态合金
铁芯损耗/W	85	16
铜损/W	240	235
铁芯质量/kg	65	77
总质量/kg	182	164

显然，非晶变压器的铁芯损耗和铜耗都比硅钢变压器低，总质量也要轻得多。由于配电变压器使用量极大，因而若所有的配电变压器都改用非晶态合金薄带制造的铁芯，则电能的节约量是十分可观的。如果我国年发电能量以 300 亿 kW·h 计算，若用非晶变压器取代硅钢变压器，则每年可以节电约 1 亿 kW·h，这一数字相当于一座 20 万 kW 的火力发电厂一年的发电量。因此，许多技术先进的国家对非晶变压器的研究和制造越来越重视。目前，主要因为非晶变压器成本仍高于晶粒取向硅钢片，因而未能大规模应用。

8.4 磁性材料

磁性材料是应用广泛、品类繁多、与时俱进的一类功能材料，人们对物质磁性的认识源远流长，物质的磁性早在 3000 年以前就被人们所认识和应用，例如中国古代用天然磁铁作为指南针。古时的磁石为天然的磁铁矿，其主要成分为 Fe_3O_4，古代取名为慈石，所谓"慈石吸铁，母子相恋"，十分形象地表征磁性物体间的相互作用。

磁性材料种类繁多，功能和应用非常广泛，以前通常将磁性材料以其磁滞回线为特性分为：软磁材料、永磁材料（硬磁材料）、矩磁材料等；但随着科学技术的发展与进步，新型磁性材料不断涌现，如：磁致伸缩材料、磁光材料；旋磁、吸波材料、磁热材料、自旋电子学材料、多铁性材料等，这些磁性材料的共同特性为具有交叉耦合效应。本章主要以软磁材料、永磁材料为例简述磁性材料的特性。

8.4.1 磁材料

软磁材料是指易于磁化并可反复磁化，且当磁场去除后，磁性即随之消失的磁性材料。它的特点有饱和磁通密度大，磁导率高，即在外加磁场中很容易被磁化，快速达到最高磁场强度；当磁场消失时，其剩磁（铁磁物质磁化到饱和后，将外加磁场强度下降到零时铁磁物质中残留的磁感应强度）很小。目前应用较多的软磁材料有铁-钴合金、铁-镍合金、铁-硅合金等。

1. 铁-钴合金

在工业生产中应用的铁-钴合金主要有（$Fe_{50}Co_{50}$）$_{98.7}V_{1.3}$ 和 $Fe_{64}Co_{35}V_1$。它们的特点是在较强的磁场下具有高的磁导率，主要应用于小型化、轻型化及较高要求的飞行器及仪器仪表元件的制备，也可用于制造电磁铁磁极和高级耳膜振动片等，但不适用于高频场合。

2. 铁-镍合金

铁-镍合金是镍元素的质量分数为 30%～90%的二元合金。随着镍的质量分数的增加，其磁导率下降，饱和磁感应强度下降。典型的铁—镍合金是坡莫合金（高导磁合金），其特点是在弱的磁场下具有很高的初始磁导率和最大磁导率，有较高的电阻率，易于加工，可轧制成极薄带，广泛应用于电信、仪器仪表中的各种音频变压器、互感器、放大器等电子元件。

3. 铁-硅合金

铁-硅合金又称为硅钢或矽钢，是用量最大的软磁材料。在铁-硅合金中，硅以置换方式固溶于铁的基体中，常温下硅的固溶量为 15%（质量分数）。硅可提高材料的最大磁导率，增大电阻率，因此铁—硅合金具有高的饱和磁感应强度和低的铁损。铁-硅合金多热轧或冷轧成带状使用，主要用于制造各种电动机、发电机、变压器及其他电器元件等。

软磁材料发展的趋势是向高频、低损耗、宽温方向进展。近十余年来，微米、亚微米级的金属软磁磁粉，如 Fe，FeSi，FeSiAl 等，进行表面改性，采用有机、无机黏合剂，压制成型，在一些应用范围内可以取代铁氧体，由于其饱和磁化强度高于铁氧体，可以进一步减小器件的体积，其市场需求量日益增长。

8.4.2　永磁材料

所谓永磁材料（又称硬磁或恒磁材料），是指被磁化后，去掉外加磁场仍能保持较强的剩磁且不易退磁的材料。利用该特性，在需要恒定磁场而又不能增加能源的情况下，可把它作为产生磁场的磁源，如常见的指南针及仪表中的磁铁等。永磁材料在电机及医疗方面（磁疗）有广泛应用，已成为现代科学技术发展所必需的重要材料之一。

1.　铝-镍-钴永磁合金

铝-镍-钴永磁合金是指以铁、镍、铝为主要成分，并添加少量钴、铜、钛、铌等元素的合金。这类合金也称为铸造磁钢，很脆，不能进行任何压力加工。其特点是居里点（磁性体由铁磁性转变为顺磁性的温度）高，磁热稳定性好。在很长一段时间里，这类永磁合金一直是占主要地位的永磁材料。即使今天，尽管它面临着廉价的铁氧体永磁材料和一系列高性能的新型永磁合金（如稀土钴和钕-铁-硼合金）的强大挑战，但由于其温度稳定性特别好，所以仍然有其很重要的应用领域。

2.　铁-铬-钴永磁合金

铁-铬-钴永磁合金的基本成分为：叫 ω_{Cr}=20%～33%，ω_{Co}=3%～25%，余量为 Fe。为改善性能，常添加 V、Ti、Mo、Zr、Nb、Si 等元素，从而形成了许多不同的合金系列，如铁-铬-钴钼系、铁-铬-钴-钛系、铁-铬-钴-硅系等。铁-铬-钴永磁合金具有较高的永磁性能和良好的温度稳定性，和与其磁性能差不多的铝-镍-钴永磁合金相比，其钴的质量分数较低，且塑性、延展性好，可以进行各种切削加工，适于制造形状复杂的磁体。目前这类永磁合金已部分取代铝-镍-钴、铁镍-铜、铁-钴-钒等合金用于扬声器、电度表、转速表、陀螺仪、磁显示器等器件中。

3.　稀土永磁合金

自 20 世纪 60 年代以来，在永磁材料领域里，一类磁性最强的新型永磁合金出现了，这就是稀土永磁合金。

（1）　稀土钴永磁合金

稀土钴永磁合金是用稀土元素与过渡族元素 Fe、Co、Cu、Zr 等和非金属元素 B、C、N 等组成的金属间化合物。如第一代稀土永磁材料 $SmCo_5$ 和第二代稀土永磁材料 Sm_2Co_{17}，它们的特点是具有极高的矫顽力和极高的磁能积（单位体积材料所能应用的磁能），但都含有价格昂贵的 Sm（钐）和贵重合金 Co，且居里点偏低，磁感应温度系数偏大，易产生高温退磁。

用稀土钴永磁合金建立磁场，不仅可使器件的体积缩小、质量减轻，而且在用 Al-Ni-Co 合金和永磁铁氧体无法达到使用要求的情况下，可得到满意的结果。例如，一些磁控管，过去用 15 kg 的 $AlNiCo_5$ 磁钢制成包装式磁极，当气隙为 26 mm 时，磁场强度为 231 kA/m。改用 $SmPrCo_5$ 磁钢制成包装式磁极，仅用 4.5 kg，在相同气隙下，磁场强度可达 318 kA/m。这类永磁合金还可以在较高温度下工作，普遍应用于电子钟表、微型继电器、微型直流马达、发电机、助听器、行波管、质子直线加速器、微波铁氧体器件等。由于其成本逐渐降低，所以已被推广应用到打捞器和选矿等方面。

（2） 钕-铁-硼永磁合金

钕-铁-硼（Nd-Fe-B）永磁合金是 20 世纪 80 年代初由日本、中国等相继研制成功的一种永磁合金，其典型成分为 $Nd_{15}Fe_{77}B_6$。它的磁能积超过稀土钴类永磁合金约 50%，是目前所有永磁合金中最高的，因而被称为"永磁王"。而且钕-铁-硼永磁合金的原料来源丰富，其成分中 Nd 比 Sm 便宜，又不含有 Co，故成本较低。

因钕-铁-硼永磁合金具有独特的磁性能，所以从高科技、军工到民用工业均获得日益广泛的应用。例如：在核磁共振扫描摄像机中作为产生磁场用的磁体；汽车用的电机将是其主要的市场，汽车中各种电机及器件所用传统磁体的质量为 3～4 kg，若改用钕-铁-硼永磁合金则仅为 1 kg，质量和体积同时减小。

8.5 纳米材料

8.5.1 纳米材料的分类与特性

纳米是一种度量单位，1 纳米（nm）等于 10^{-9}m，即百万分之一毫米、十亿分之一米。1nm 相当于头发丝直径的 10 万分之一。广义地说，所谓纳米材料，是指微观结构至少在一维方向上受纳米尺度（1～100 nm）调制的各种固体超细材料，它包括零维的原子团簇（几十个原子的聚集体）和纳米微粒、一维调制的纳米多层膜、二维调制的纳米微粒膜（涂层）以及三维调制的纳米相材料。简单地说，纳米材料是指用晶粒尺寸为纳米级的微小颗粒制成的各种材料，其纳米颗粒的大小不应超过 100 nm，而通常情况下不应超过 10 nm。目前，国际上将处于 1～100 nm 尺度范围内的超微颗粒及其致密的聚集体，以及由纳米微晶所构成的材料，统称为纳米材料，包括金属和非金属、有机和无机及生物等多种粉末材料。在自然界早就存在纳米微粒和纳米固体，如天体的陨石碎片、人和兽类的牙齿等。

1. 纳米材料的分类

（1） 按传统材料学科体系分类

按传统材料学科体系，纳米材料可分为纳米金属材料、纳米陶瓷材料、纳米高分子材料和纳米复合材料等。

（2） 按三维空间中被纳米尺度约束的自由度分类

按三维空间中被纳米尺度约束的自由度不同，纳米材料可分为零维的纳米粉末（颗粒或原子团簇）、一维的纳米纤维（管）、二维的纳米薄膜和三维的纳米体等。

① 纳米粉末。

纳米粉末即超微粉或超细粉，一般指粒度在 100 nm 以下的粉末或颗粒，是一种介于原子、分子与宏观物体之间的固体颗粒材料。

② 纳米纤维。

纳米纤维是指在三维空间尺度上有二维处于纳米尺度的线（管）状材料，如纳米丝、纳米线、纳米棒、纳米碳管、纳米碳纤维等。

③ 纳米薄膜。

纳米薄膜是指由尺寸在纳米数量级的晶粒构成的薄膜以及每层厚度在纳米数量级的单层膜或多层膜。

④ 纳米体。

纳米体是指将纳米粉末高压成形、烧结或控制金属液体结晶而得到的纳米材料。

2. 纳米材料的特性

纳米材料中的原子排列既不同于长程有序的晶体，也不同于长程无序的非晶态材料，是一种介于固体和分子间的亚稳态物质。所以，纳米材料也被称为晶态、非晶态之外的"第三态晶体材料"。正是由于纳米材料这种特殊的结构，使其具有四种效应：小尺寸效应、量子效应（含宏观量子隧道效应）、表面效应和界面效应，从而具有传统材料所不具备的物理、化学性能，表现出独特的光、电、磁和化学特性。

由于纳米材料尺寸特别小，纳米材料的表面积比较大，处于表面上的原子数目的百分比显著增加，当材料颗粒直径只有 1 nm 时，原子将全部暴露在表面，因此，原子极易迁移使其物理性能发生极大变化。其特殊的物理性能特点为：

① 纳米材料具有高比热、高导电率、高扩散率，对电磁波具有强吸收特性，据此可制造出具有特定功能的产品（如电磁波屏蔽、隐型飞机等）。

② 纳米材料对光的反射能力非常低，低到仅为原非纳米材料的百分之一。

③ 气体在纳米材料中的扩散速度比在普通材料中快几千倍。

④ 纳米材料的力学性能成倍增加，具有高强度、高韧性及超塑性，如纳米铁材料的断裂强度比一般钢铁材料高 12 倍。

⑤ 纳米材料与生物细胞结合力较强，为人造骨质的应用拓宽了途径。

⑥ 纳米材料的熔点大大降低，如金的熔点本是 1064℃，但 2 nm 的金粉末熔点则只有 327℃。

⑦ 纳米材料具有特殊的磁性，如 20 nm 的铁粉，其矫顽力可增加 1 000 倍。纳米磁性材料的磁记录密度比普通的磁性材料高 10 倍。

纳米材料的价值在于它具有传统材料所不具备的新特性，而这些新特性又都与其纳米级的小尺寸有着必然联系。纳米颗粒尺寸为 1～100 nm 时，纳米效应（表面效应、小尺寸效应、量子尺寸效应等）即随之表现出来，各种纳米效应都可能使得纳米材料产生某一方面的新特性。例如：原来是良导体的金属，当尺寸减小到不足 10 nm 时就变成了绝缘体；原来是典型共价键、无极性的绝缘体，当尺寸减小到不足 10 nm 或 20 nm 时，电阻大大下降，甚至可能导电；原是铁磁性的粒子在不足 10 nm 时变成超顺磁性，矫顽力为零；金属的熔点也会大大降低，如大块金和银的熔点分别是 1063℃和 960℃，而在 2 nm 时它们分别降至 330℃和 100℃；纳米陶瓷具有塑性或超塑性，甚至可以制成透明涂料；气体通过纳米材料的扩散速度比通过一般材料快几千倍；纳米铁的抗断裂能力比一般铁高 12 倍；纳米铜比普通铜坚固 5 倍，而且硬度随着纳米颗粒尺寸的减小而增大；纳米氧化物对红外线、紫外线、微波有良好的吸收特性；在传统相图中根本不共溶的两种元素或化合物，在纳米态则可形成共溶体，制成新材料或复合材料。

8.5.2　纳米材料的应用

目前，应用纳米技术制造的各种纳米材料，已被广泛应用于建筑、化工、纺织、环保、汽车和农业等行业中。

纳米 TiN 改性 TiC 基金属陶瓷材料即在金属陶瓷 TiC 中加入纳米 TiN 以细化晶粒。其晶粒细小，有利于提高材料的强度、硬度和断裂韧度。因此，纳米 TiN 改性 TiC 基金属陶瓷刃具具有优良的力学性能，是一种高技术含量和高附加值的新型刃具，在切削加工领域可以部分取代 YG8、YTl5 等硬质合金刃具，刃具寿命提高 2 倍以上，生产成本与 YG8 刃具相当或略低。

纳米级的磁粉（如 Fe_3O_4 等）表面经油、酸涂覆并加入某种液相载体中，可得到稳定而高度分散的磁性胶体材料，这种材料称为磁流体。它具有固体的强磁性和流体的流动性，不仅具有高的磁化强度，而且可以任意改变形状，特别适用于对高速旋转轴的密封。其密封原理在旋转轴的部位加一个环形磁场，在旋转轴与套体间隙中加入磁流体，从而把旋转轴密封起来且不增加转动阻力，如磁盘驱动器的防尘密封、高真空旋转密封等。磁流体还可作为磁性离合器、轴承制动系统中的磁液传感器以及用于高灵敏度测量和非接触式测量等。

运用纳米 Al_2O_3 生物相容性好、耐磨损等特性，可制作人工关节等；运用纳米材料的反光性及其对电磁波的吸收性，可制造隐形飞机、坦克并减小电磁波的污染；纳米超细原料在较低的温度快速熔合，可制成常规条件下得不到的非平衡合金，为新型合金的研制开辟了新的途径。

将纳米 SiO_2 或纳米 ZnO 等添加在合成纤维树脂中所形成的复合粉体材料称为纳米纤维。纳米纤维可制成杀菌、防霉、除臭、防污和抗紫外线辐射的内衣、服装及抗菌用品，并可制造满足国防工业要求、抗紫外线辐射的功能纤维。

将纳米尺寸的超细微无机粒子填充到聚合物基体中所形成的聚合物纳米复合材料称为纳米塑料。纳米塑料具备优异的物理、化学性能，耐热性好，强度高，透明度好，密度小，光泽度高，有阻燃自熄性能。

用纳米氧化锌代替氧化锌添加到橡胶的基体中所形成的纳米橡胶，不仅可减少普通氧化锌的用量，而且可提高橡胶制品的耐磨性和抗老化能力，延长使用寿命。将碳纳米管添加到橡胶中，可以制成导电橡胶和防静电橡胶。

由于纳米粒子表面积大、表面活性中心多，所以是一种极好的催化材料。将普通的 Fe、Co、Ni、Pd、Pt 等催化剂制成纳米微粒，可以大大地改善催化效果。

在环境科学领域将出现功能独特的纳米膜，能够探测由于化学和生物制剂产生的污染，并对其进行过滤以消除污染。在日光中，能穿过大气层辐射到地面的紫外线占日光总能量的 6%。紫外线具有杀菌和促进人体内维生素 D 合成的作用，但同时也有加速人体皮肤老化及产生癌变的可能。多种纳米材料对紫外线有屏蔽作用，例如，在化妆品中添加一些纳米微粒后，可吸收紫外线，有效地防止皮肤癌变。

1999 年年底，我国科学家合成了高质量的碳纳米材料作为燃料电池领域的新型储氢材料，其中高质量碳纳米纤维和单壁碳纳米管的纯度高、直径粗，具有较好的储氢性能。目前我国制造的纳米材料在室温下储氢能力已达 4% 以上，是稀土的 2 倍，已达到世界领先水平。

　　由北京大学研制成功的纳米燃油添加剂，其主要成分是纳米水。纳米水是 6 nm 的纳米水滴，既不是固态，也不是液态和气态，而是纳米态的水分子。纳米水被强度很高的膜包围，自身稳定性好，尺度均匀，不会接触发动机油路和汽缸表面，只在燃烧前爆炸。当温度超过纳米水的沸点时，在高强度膜的包覆作用下，纳米水虽然沸腾但不汽化，从而产生蒸汽积累；当压力超过包覆强度时，产生像炸弹一样的爆炸，几十万个纳米水把一个燃油颗粒炸碎，雾化效果非常好，这就是纳米水的节油原理。

8.5.3　纳米复合材料

　　纳米复合材料是由两种或两种以上的固相至少在一维以纳米级（1～100 nm）复合而成的材料，主要包括纳米聚合物基体复合材料、纳米碳管功能复合材料、纳米钨—铜复合材料等。例如：纳米蒙脱土复合到尼龙基体中，其耐温性能、阻隔性能、抗吸水性能均非常优秀；纳米 TiO_2-聚丙烯复合材料具有优良的抗菌效果；碳纳米管是 20 世纪 90 年代初发现的一种新型碳团簇类纤维材料，具有极高的强度（为钢的 100 倍），其密度仅为钢的 1/6，并具有极高的韧性（被誉为超级纤维），它还具有独特的导电性、很高的热稳定性和本征迁移率，比表面积大，微孔集中在一定范围内，可满足理想的超级电容器电极材料的要求；纳米钨-铜复合材料具有良好的导电导热性、低的热膨胀系数，它广泛应用于电接触材料、电子封装材料和热沉材料。

8.6　超导材料

　　荷兰物理学家 K·昂纳斯 1911 年发现将水银冷却到约 4.2 K 时，其电阻突然下降到无法测量的程度。他认为，电阻的消失意味着物质已转变为某一种新的状态，他把这种电阻突然"消失"的现象称为超导性。

　　物体在超低温下电阻为零的奇异特性称为超导电性，具有超导电性的物体被称为超导体。超导材料是近 20 年来发展最快的功能材料之一。超导体是指在一定温度下材料电阻为零，并且其内部的磁感应强度始终保持为零状态，成为完全抗磁性物质。现已发现数十种金属和近 4000 种合金和化合物具有超导性。在元素周期表中，大部分的良导体，如 Cu、Ag、Au 等都不是超导体。A1 虽然是超导体，但其临界温度 Tc（超导体从具有一定电阻的正常态转变为电阻为零的超导态时的温度）很低。在常温下导电能力差的金属，如 Nb 和 Pb 则是较好的超导体。

8.6.1　超导材料的基本参数及特性

1.　超导材料的基本参数

（1）　临界温度 Tc（K）

　　临界温度是指材料产生超导现象的最高温度，即当温度低于临界温度时，材料才具有超导性。如汞（Hg）的 Tc=4.2 K，当升温到 4.2 K 以上时，电阻值又大于零，而使超导现象消失。临界温度主要取决于材料的化学成分、晶体结构和有序度。

（2） 临界磁场强度 Hc

临界磁场强度一般是指在给定温度条件下，材料由超导态转变到正常态所需要的最小磁场强度。当外加磁场强度 H 大于 Hc 时，超导便被破坏，即会突然出现电阻，磁力线又能穿过导体而失去抗磁性。

（3） 临界电流 Ic

通过超导材料的电流达到一定数值，可使超导体由超导态转变到正常态，此时的电流值称为临界电流。即当 $I<Ic$ 时才有超导现象，如果通过导体的电流 $I>Ic$ 就会失去超导态而转入正常态。

2. 超导材料超导态特性

（1） 超导电性（电阻效应）

超导电性即当 $T<Tc$ 时，电阻为零。由于不存在电阻，所以超导体不会发热，进而不存在能量损耗。

（2） 完全抗磁性（迈斯纳效应）

完全抗磁性即在 $T<Tc$ 时，超导体内的磁感应强度 B 总是为零，具有完全的抗磁性，超导磁悬浮列车正是利用超导体的抗磁性进行工作的。

8.6.2 超导材料简介

1. 超导合金

超导合金是超导材料中力学强度最高、刚度大，在给定磁场能承载更大电流的超导体。其中应用最广泛的是 NbTi 超导合金，它具有较高的上临界磁场，临界转变温度为 9.5K 左右，在液氦中使用时，最高临界磁场达 10T，特别适合用于磁体、核磁共振成像、科研用质子碰撞机、船舶电磁推进等强磁场领域。NbTi 超导合金具有优良的机械性能，便于加工，在 20 世纪 70 年代末就实现了产业化生产。商用 NbTi 超导材料成分中，Nb、Ti 质量比近似 1：1（Nb 含量在 45%～47%）。

用超导材料可以制作超导电线和超导变压器，实现电能的零损耗转换和输送。目前我国采用的铜质或铝质导线输电，约有 15%的电能损耗在输电线上，每年的电力损失超过1000 亿度，若改为超导输电，可节省的电能相当于新建数十个大型发电厂。

2. 金属间化合物超导体

金属间化合物超导体的 Tc 和 Hc 一般比超导合金高，如 Nb_3Sn 金属间化合物超导体是至今投入使用的最重要的超导体之一。Nb_3Sn 主要应用于强磁体和核磁共振仪中，其应用范围没有 NbTi 超导材料广泛。Nb_3Sn 的临界温度约为 18K，与 NbTi 合金不同，Nb_3Sn 超导体的脆性大、加工性能差，不易直接加工成带材或线材。

利用超导材料可以制作超导存储器或其他超导器件，进而制造成超导计算机。超导计算机的性能是目前电子计算机无法相比的。目前制成的超导开关器件的开关速度已达到皮秒（ps）的高水平。超导计算机的运算速度比现在的电子计算机要快 100 倍，而电能消耗仅是电子计算机的千分之一。如果目前一台大中型计算机每小时耗电 10 kW，而相同性能的一台超导计算机只需一节干电池就可以工作。

3.　超导陶瓷

超导陶瓷的出现使超导体的 Tc 获得重大突破，即在液氮温度以上的复相材料中观察到了超导性。我国科学家制取 Tc 为 90 K 的 YBaCuO 超导体，液氮的禁区（77 K）被成功突破，1993 年 Hg-Ba-Ca-Cu-O 的 Tc 已超过 134 K，在加压下超过 164 K。在液氮温度下工作的超导材料称为高温超导体。

此外，超导器件还具有质量轻、体积小、稳定性好、均匀度高以及易于启动和能长期运转等优点，广泛用于高能物理研究（粒子加速器、气泡室）、固体物理研究（绝热去磁和输运现象）、STM（扫描隧道显微镜）、磁力选矿、污水净化以及人体核磁共振成像装置及超弱电应用等领域。

复习题八

8-1　名词解释

1．高温合金。
2．超导效应。
3．非晶态合金。
4．纳米材料。
5．矫顽力。

8-2　简答题

1．试描述高温合金的主要应用有哪些？
2．什么是软磁性材料，其具备何种特性？并简述其应用场合？
3．简述纳米材料的主要特性和应用？

第9章 零件材料的选用

【学习要点】

本章主要介绍零件的失效现象、失效形式及其原因与零件的选材原则、基本方法和步骤。重点介绍了轴类、齿轮、冷冲模、箱体等典型零件的选材过程；分析了铸造、锻压、焊接等加工的零件毛坯的特点，结合毛坯选材的原则，对实际零件的毛坯选择做进一步的分析。零件材料与毛坯的选择是前面已学知识的综合应用，也是本课程的核心内容，围绕这个核心可将前面各章节模块有机的串联起来。

【基本要求】

掌握零件和毛坯选材的原则、基本方法和步骤，获得具有正确选择常用零件材料和毛坯的能力。

9.1　机械零件的失效

9.1.1　失效

任何零件或构件都是为了完成某种规定的功能而设计制造的，这些零件或构件在使用过程中，由于应力、时间、温度和环境介质，以及操作失误等多种因素的作用，导致零件或构件的尺寸、形状或材料组织与性能等发生变化，从而失去原有设计功能的现象称为零件的失效。一般机械零件或构件的失效包括以下几种情况：

1.　完全破坏，不能继续工作

如轴的断裂、叶片断裂、锅炉等压力容器爆炸，等等。

2.　虽然能继续安全工作，但不能完成设计要求的功能

如模具磨损过大导致加工尺寸、精度下降，换热器污垢堵塞使传热系数下降，等等。

3.　严重损伤导致不能安全使用

如安全阀失灵、刹车失灵，等等。

对零件或构件在使用过程中的失效特征及其规律进行分析，可以从中找出失效发生的主要原因及预防措施，这个分析过程称为失效分析。失效的发生会给社会带来巨大的损失与威胁，所以，人们一直都关注失效的原因与对策，同时失效分析也促进了科学技术的不断发展，也带来了巨大的经济效益和社会效益。失效分析已经发展成为一门独立的综合性学科，被称作失效学。失效学通过对失效的形式、机理、原因的深入研究，可提出预测失效和预防失效的措施和方法。

9.1.2　失效的形成及原因

1.　失效的形式

按失效的性质可将失效分为变形失效、断裂失效、磨损失效和腐蚀失效，如图 9-1 所示。零件或构件的失效可以是单一过程现象，也可以是组合过程现象。

（1）变形失效

包括弹性变形失效、塑性变形失效、蠕变变形失效，等等。

（2）断裂失效

包括韧性断裂失效、脆性断裂失效、疲劳断裂失效、蠕变断裂失效，等等。

（3）磨损失效

包括粘着磨损失效、磨料磨损失效、解除疲劳磨损、冲击磨损失效、微动磨损失效、气蚀失效，等等。

（4）腐蚀失效

包括均匀腐蚀和局部腐蚀失效（点蚀、晶间腐蚀、缝隙腐蚀、应力腐蚀、腐蚀疲劳，等等）。

图 9-1 失效的形式

2. 失效的原因

零件或构件失效的原因是多方面的，从整个过程上看可概括为以下四个方面，如图 9-2 所示。

图 9-2 失效的原因

（1）设计不合理

由于认识水平的局限性或设计的不周密，使得设计不合理引起失效。设计中零件的结构或形状不合理导致零件高应力处明显存在应力集中源，对零件的工作条件估计不足出现过载，零件工作的主要力学性能考虑不周等问题都会导致失效。例如，工作条件以冲击和耐磨为主的发动机曲轴往往使用寿命较短，分析发现发动机曲轴的失效主要是因为疲劳引起的。

（2）选材不当及材料缺陷

选材不当是导致失效的主要原因，对于可以预见的失效形式要予以足够重视，要根据零件的使用性能要求，合理地选择材料。一般金属材料的生产要经过冶炼、铸造、锻压等几个阶段，这些工艺工程中出现的缺陷往往会造成零件或构件的早期失效，因此，加强对原材料的检验是很重要的一个步骤。

（3）制造过程中工艺不合理

如金属切削加工中的刀痕、粗糙度过高、磨削裂纹等；铸造缩孔、夹杂、偏析、应力，等等；锻造过程中的裂纹、夹杂，等等；焊接时产生的裂纹、气孔、夹杂、热影响区组织脆化，等等；热处理中的过热、脱碳、淬火裂纹、回火脆性、渗碳层不合适，等等；装配过程中错位、不同心度、强行装配等引起的应力，等等。这些缺陷超过一定程度就可能导致零件或构件的失效。

（4）使用操作和维修不当

如违章操作（超载、超速、超温），判断错误，主观臆断，责任心不强，不进行定期维护、检修，管理混乱等，都会引起零件的失效。

9.1.3　零件的工作条件和失效分析

1.　分析零件的工作条件

首先应该判断零件在工作中所受载荷的性质和大小，计算出载荷引起的应力分布。载荷的性质是决定材料使用性能的主要依据之一，计算应力是确定材料使用性能的数量依据。其次，要考虑零件的工作环境，环境因素会与零件的力学状态发生综合作用，对零件工作时的性能提出更为复杂的要求。最后还应充分考虑材料的某些特殊要求。

（1）受力状况

分析零件的受力类型（如静载、动载、冲击或循环载荷等），零件所受载荷的作用形式（如拉伸、压缩、弯曲或扭转等），载荷的大小以及分布特点（如均布载荷或集中载荷等）。实际零件所受的应力往往不是单一的，应力的形式、大小及分布也可能会发生变化。

（2）环境状况

温度（如低温、高温、常温或变温等）及介质情况（如有无腐蚀或摩擦作用等）。例如，热作模具有温度的交替变化；工业锅炉材料在高温下工作；一些管道经常腐蚀，机器零件也会有程度不同的腐蚀。由于零件工作的环境不同，对材料的性能要求也有很大差别，因此选材环节应特别注意。

（3）特殊功能

导电性、磁性、热膨胀性、密度、外观、色泽等，这些特殊功能有的时候很重要，但这里不多考虑。

2. 失效分析

失效分析的目的是寻找失效的原因和关键的因素，以便合理选择材料或者寻求提高材料性能的途径。失效抗力取决于材料的性能。零件的使用性能是选材和选择毛坯的最重要依据，对零件主要失效形式进行分析，常常可以发现零件所要求的主要使用性能。机械零件的使用性能通常主要是指力学性能，正确地分析零件的受力情况、准确地把握造成零件失效的主要力学性能指标就显得格外重要。当然，实际工作中积累的大量经验数据也是一笔财富，我们更需借鉴和利用。

9.2 零件的选材原则与步骤

9.2.1 选择零件材料的一般原则

不同使用条件下工作的零件不可能有千篇一律的规律，但合理选材应考虑以下三个基本原则：材料的使用性能、工艺性能和经济性，其中使用性能最为重要。三者之间既有联系，也有矛盾，选材过程就是要尽量做到上述原则的合理统一。

1. 使用性能原则

材料的使用性能是满足零件工作要求的根本条件，包括力学性能、物理性能和化学性能，也是选材应首先考虑的因素。大多数零件有多方面的性能要求，在选材时必须经过分析，分清楚材料性能要求的主次。首先要满足主要性能，兼顾其他性能，并通过特定的工艺过程使零件具有良好的使用性能。对于一般机械零件的使用性能主要考虑的是力学性能，同时要兼顾考虑抵抗周围介质侵蚀的能力；对于用非金属材料制成的零件更应当注意零件的工作环境，这是因为非金属材料对温度、光、水、油等的敏感度要比金属材料大得多。例如：承受冲击载荷、循环载荷的零件，如连杆、锤杆、锻模等，失效形式主要是过量变形与疲劳断裂，这就要求综合力学性能要好，常常选用中碳钢或中碳合金钢制造，并进行调质处理或正火处理；也可选用球墨铸铁，进行正火或等温淬火处理。

承受交变载荷的零件，如曲轴、齿轮、弹簧、滚动轴承等，失效形式主要是疲劳破坏，这就要求疲劳强度要高。对承载较大的零件常常选用淬透性较好的材料，并进行调质处理，还可以通过表面淬火、喷丸、滚压等处理，提高零件的疲劳强度。

承受载荷不大、摩擦较大的零件或工具，如量规、钻套、顶尖等，失效形式主要是磨损，这就要求耐磨性好。可选用高碳钢或高碳合金钢制造，并进行淬火和低温回火，以获得高硬度、高耐磨性。

承受交变载荷、且摩擦较大的零件，如机床中重要齿轮和主轴、汽车变速齿轮，等等，失效形式主要是磨损与断裂，这就要求表硬心韧，有较好的耐磨性、较高的疲劳强度。可选用中碳钢或中碳合金钢制造，并经正火或调质后再进行表面淬火；对于承受大冲击载荷和要求耐磨性较高的零件，还可以选用低碳钢或低碳合金钢，经渗碳后进行淬火和低温回火；对于要求硬度、耐磨性更高、热处理变形小的精密零件，可选用专门的氮化用钢，进行渗氮处理。

一般机械零件按力学性能要求选材时，需要正确分析零件的工作条件和主要失效形式，找出零件应具备的主要性能指标，并对零件的危险部位进行力学分析计算，计算出所选材料的许用应力。

2. 工艺性能原则

工艺性能是指材料适应某种加工工艺的能力。制造任何一个合格的机械零件，都要经过一系列的加工工艺过程，因此材料的工艺性能将直接影响零件的质量、生产效率和成本。通常金属的工艺性能包括铸造性能、锻造性能、焊接性能、热处理工艺性能和切削加工性能等；工程塑料的工艺性能包括热成型性、脱模性，等等；陶瓷材料的工艺性能包括烧结性，等等。

3. 经济性原则

在设计和生产中，可能不止一种材料可以满足零件的使用性能和工艺性能要求，这时经济性就成为选材的重要依据。经济性涉及到材料的成本高低，材料的供应是否充足，零件加工工艺过程的复杂程度，加工效率和加工成品率的高低，零件使用的寿命长短，等等。选材时应尽量选用价廉、供应量足、加工方便、总成本低的材料，通常能用碳钢的，不用合金钢；能用硅锰钢的，不用铬镍钢，等等。

考虑零件材料经济性时，切不可以单价来评价材料的优劣，如表 9-1 所列。例如，模具材料选材时，加工零件的批量很小，选择便宜的材料可使总成本降低；但加工零件的批量很大时，应选择价格高的高性能材料，保证模具的寿命反而能使总成本下降。如果有些机器零件失效不会造成设备事故且拆装更换维修方便的，应优先选择价格便宜的材料；而有些机器零件一旦失效将会造成整台机器损坏的大事故，所以一定要选择价格较高的材料并进行高质量的加工，才能有效降低产品的总成本。

表 9-1　我国常用金属材料相对价格表

材　料	相对价格	材　料	相对价格	材　料	相对价格
碳素结构钢	1	滚动轴承钢	2.1～2.9	铸造铝合金、铜合金	8～10
优质碳素结构钢	1.3～1.5	碳素工具钢	1.3～1.5	普通黄铜	1 3
低合金结构钢	1.1～1.7	低合金工具钢	2.4～3.7	灰铸铁件	1～1.4
易切削钢	2	高合金工具钢	5.4～7.2	球墨铸铁件	1.3～2.4
合金结构钢	1.7～2.9	高速钢	13.5～19	铸钢件	2～2.6
铬镍合金结构钢	3	铬不锈钢	8	铸造锡基轴承合金	20
弹簧钢	1.6～1.9	铬镍不锈钢	20		

9.2.2　零件材料选择的一般步骤

1. 选材的步骤

① 分析零件的工作条件、形状、尺寸、应力状态等，确定零件的主要、次要性能要求。

② 通过分析和试验，结合同类零件失效分析的结果，找出零件在实际使用中的主要和次要的失效抗力指标。如轴类零件的主要抗力指标为屈服强度和疲劳强度，冷挤压模具的主要抗力指标为硬度和冲击韧性，等等。

③ 根据力学计算或通过试验，确定零件应具有的主要力学性能指标数值和物理、化学性能指标。

④ 对若干备选材料的性能指标进行综合分析和筛选，预选出合理的材料，同时考虑材料的工艺性能要求，以保证顺利生产。

⑤ 审核所选材料的经济性。

⑥ 进行实验室试验以检验选用材料是否达到各项性能指标要求，并进行小批量试生产，以检验材料在制造过程中工艺性是否满足要求。小批量试验产品质量合格后，选材方案即可确定下来。

2. 选材的方法

零件的工作条件差别较大，往往受力复杂，因此，零件选择材料时，应先找出主要的性能要求作为选材的依据，选材的主要性能考虑之后再关注其他次要的性能。

① 综合力学性能为主的选材。

对于连杆、锻模、汽缸螺栓等零件，工作时会承受冲击载荷和变动载荷的作用，性能就必须要求具有较好的综合力学性能，即具有较高的强度、疲劳强度、较好的塑性和韧性。同时考虑到零件的具体形状尺寸和受力大小，这类零件的选材常用中碳钢或中碳合金钢制造，一般还要采用调质处理。

② 疲劳强度为主的选材。

曲轴、齿轮、弹簧、滚动轴承等零件的失效形式以疲劳断裂最为常见。这些零件受力尽管也很复杂，但主要还是考虑零件材料的疲劳强度。

③ 磨损为主的选材。

各种量具、顶尖、钻套、冷冲模、刀具等零件，工作时磨损较大，性能主要以耐磨性要求为主。耐磨性主要与材料的硬度和具有的组织有关。选材时，钢的含碳量一般要高，以保证钢的硬度，通常选择高碳钢或高碳合金钢，并采用淬火、低温回火热处理。

当零件既要求有耐磨性，又要求具有其他性能时，这就要综合考虑作出选择并配以合理的热处理或表面强化。

9.3　典型零件的选材

金属材料具有优良的综合力学性能和某些物理、化学性能，因此被广泛地应用于制造各种重要的机械零件和工程结构，目前金属材料的应用仍以钢铁材料为主。

9.3.1　齿轮类零件的选材

1. 齿轮的工作条件

齿轮在机床、汽车、拖拉机和仪器仪表装置中有着广泛的应用，是重要的机器零件。各种齿轮的工作过程大致相似，但受力的大小不同。其基本工作条件如下：

① 由于传递扭矩，齿轮类零件像一根受力的悬臂梁，齿根处承受很大的交变弯曲应力。

② 换挡、启动或啮合不均匀时，齿部会承受一定冲击载荷。

③ 齿轮通过齿面的接触传递动力，啮合齿面相互滚动或滑动接触，会承受很大的接触压应力及强烈摩擦。

2. 齿轮的主要失效形式

① 疲劳断裂。

大多数情况下，由于弯曲疲劳会造成齿轮断齿，主要在根部发生。当齿轮承受接近或超过材料的屈服强度的应力时，将会产生低周疲劳断裂，因此应选择塑性、韧性较好的材料；当重复应力较低时，将会导致高周疲劳，应变循环基本在弹性范围内，应选择强度较高的材料。

② 齿面磨损。

由于齿面接触区的摩擦，使齿厚变小。轻度摩擦磨损称为擦伤，严重磨损称为胶合。

③ 齿面接触疲劳破坏。

在交变接触应力作用下，齿面产生微裂纹，微裂纹的发展引起麻点剥落（或称点蚀），这是齿轮最常见的失效形式。

④ 过载断裂。

主要是冲击载荷过大造成的断齿，应选用韧性较好的材料。

3. 齿轮的性能要求

① 高的弯曲疲劳强度，特别是齿根处要有足够的强度。

② 高的接触疲劳强度和耐磨性，提高齿面硬度和耐磨性。

③ 较高的强度和冲击韧性，防止齿轮的过载断裂。

此外，还要求有较好的热处理工艺性能，如热处理变形小，等等。

4. 齿轮类零件的选材

齿轮材料一般选用低、中碳钢或合金钢，经表面强化处理后，表面强度和硬度高，心部韧性好，工艺性能好，经济性也较为合理。

5. 齿轮选材的具体实例

（1）机床齿轮的选择

机床齿轮工作条件较好，运转比较平稳，但各种齿轮的受力程度差别也很大，主要根据具体工作条件来选材。机床齿轮常用的材料有中碳钢或渗碳钢，一般可选中碳钢（45 钢）制造，为了提高淬透性，也可选用中碳合金钢（40Cr 钢等）。机床齿轮的选材及热处理如表 9-2 所列。

表 9-2　机床齿轮用钢的选材及热处理

序　号	齿轮工作条件	钢的种类	最终热处理工艺	硬度要求
1	低速（<0.1m/s），低载荷下工作的不重要的变速箱齿轮和交换齿轮架齿轮	45	840～860℃正火	156～217HBW
2	低速（<0.1m/s），低载荷下工作齿轮，如机床溜板上的齿轮	45	820～840℃水冷，500～550℃回火	200～250HBW
3	中速、中等载荷或大载荷下工作的齿轮（如车床变速箱中的次要齿轮）	45	高频加热、水冷，300～340℃回火	45～50HRC

（续表）

序号	齿轮工作条件	钢的种类	最终热处理工艺	硬度要求
4	高速、中等载荷，要求齿面硬度高的齿轮（如磨床砂轮箱齿轮）	45	高频加热，水冷，180～200℃	54～60HRC
5	速度不大，中等载荷，断面较大的齿轮（如铣床工作面变速箱齿轮、立车齿轮）	40Cr42SiMn 40Cr	840～860℃油冷 600～650℃回火	200～230HBW
6	中等速度（2～4m/s）、中等载荷下工作的高速机床进给箱、变速箱齿轮	40Cr42SiMn 40Cr	调质后高频加热，乳化液冷却，260～300℃回火	50～55HRC
7	高速、高载荷、齿部要求高硬度的齿轮	40Cr42SiMn	调质后高频加热，乳化液冷却，260～300℃回火	54～60HRC
8	高速、重载荷、受冲击、模数<5mm的齿轮（如龙门铣床的电动机齿轮）	20Cr20Mn2B	900～950℃渗碳，直接淬火或800～820℃油淬，180～200℃回火	58～63HRC
9	高速、重载荷、受冲击、模数>6mm的齿轮（如立车上重要的齿轮）	20CrMnTi 20SiMnVB	900～950℃渗碳，降温至820～850℃淬火，180～200℃回火	58～63HRC

　　例如普通车床的变速齿轮，承载不大，中等转速，工作平稳且无强烈冲击，对齿面和心部的强度和韧性要求不太高，齿轮心部硬度为220～250HBW，齿面硬度为52HRC，因此可选用45钢。齿轮常采用的工艺路线为：下料→锻造→正火→机械粗加工→调质→机械精加工→轮齿高频淬火+低温回火→精磨。

　　齿轮工作时承受高速、重载荷、冲击作用时常用合金渗碳钢20Cr、20CrMnTi、20Mn2B、12CrNi3等材料。冲击载荷小的低速齿轮也可采用HT250、HT350、QT500—7、QT600—3等铸铁制造。机床齿轮除选用金属齿轮外，有的还可改用塑料齿轮，如用聚甲醛（或单体浇铸尼龙）齿轮，此类齿轮工作时传动平稳，噪声减小，长期使用无损坏，且磨损很小。

　　（2）汽车、拖拉机齿轮的选择

　　汽车、拖拉机齿轮主要分装在变速箱和差速器中。这类齿轮的工作环境比机床齿轮恶劣，齿轮传递功率、所受的冲击和摩擦很大，因此对耐磨性、疲劳强度、心部强度以及冲击韧性等的要求比机床齿轮高。实践证明，汽车、拖拉机齿轮最适宜选用渗碳钢，经渗碳+淬火+低温回火后使用，一般用合金渗碳钢20Cr或20CrMnTi制造。下面以载重汽车变速齿轮为例，分析一下该齿轮的选材以及热处理情况。

　　该齿轮起着将发动机动力传递到后轮及倒车的作用，它在工作时的承载、磨损、冲击均较大。齿轮性能要求表面具有较高的耐磨性及疲劳强度；心部则要求较高的强度和韧性。齿面要求硬度为58～62HRC，心部硬度为33～48HRC。根据性能要求判断适合选用渗碳钢。15Cr、20Cr等低淬透性钢，心部淬火后达不到强度和硬度要求；20CrMnTi、20MnVB等淬透性较好的钢，经渗碳淬火、低温回火后能较好地满足该齿轮的性能要求。渗碳技术条件为：表层含碳0.8%～10.5%，渗碳层深度0.8～1.3 mm，淬火回火后齿面硬度58～62HRC，心部硬度33～48HRC。

　　该齿轮的加工工艺路线如下：下料→锻造→正火→机械粗加工、半精加工（内孔及端面留磨量）→渗碳（孔防渗）→淬火+低温回火→喷丸→校正花键孔→珩齿（或磨齿）。

　　锻造通常使用模型锻造，以提高生产率，节约金属，改善纤维分布；正火作为预备热处理是为了均匀和细化组织，获得良好的切削加工性能，并为最终热处理做好组织准备；20CrMnTi是本质细晶粒钢，在渗碳后经预冷就可以直接淬火，也可以采用等温淬火方法以减小变形；喷丸处理可使齿轮表面硬度提高，并产生压应力提高疲劳强度。

对于工作条件十分繁重的大模数齿轮（比如坦克传动齿轮），可选用淬透性很高的渗碳钢，如 18Cr2Ni4WA 等，通过渗碳+淬火+低温回火，其强度、塑性和韧性可以达到很好的配合。

9.3.2　轴类零件的选材

1.　轴类零件的工作条件

① 工作时主要受交变弯曲和扭转应力的复合作用。

② 轴与轴上零件有相对运动，相互间存在摩擦和磨损。

③ 轴在高速运转过程中会产生震动，使轴承受到冲击载荷。

④ 多数轴会承受一定的过载载荷。

2.　轴类零件的失效方式

① 长期交变载荷下的疲劳断裂（包括扭转疲劳和弯曲疲劳断裂）。

② 偶然过载或冲击载荷作用引起的过量变形、断裂。

③ 与其他零件相对运动时产生的表面过度磨损，轴颈被埋嵌在轴承中的硬粒子磨损。

3.　轴类零件的性能要求

① 具有良好的综合力学性能，有足够的强度、塑性和一定韧性，以防过载断裂、冲击断裂。

② 高的疲劳强度，且对应力集中敏感性低，以防疲劳断裂。

③ 足够的淬透性，热处理后表面要有高的硬度、高的耐磨性，以防磨损失效。

④ 良好的切削加工性能，价格便宜。

4.　轴类零件的选材

根据上述性能要求，轴类零件选择经锻造或轧制的低、中碳钢或合金钢制造。载荷较小时一般选用非合金钢，如 35、40、45、50 钢，经正火或调质和局部表面淬火热处理改善性能；载荷较大或要求较高时可考虑用合金调质钢，如 40Cr、40MnB 等，采用调质和局部表面淬火热处理；高速、重载荷作用下，有较大冲击的主轴可选用合金渗碳钢，如 20Cr、20CrMnTi 等，采用渗碳、淬火和低温回火；精度要求极高的主轴可选择合金渗氮钢，如 38CrMoAIA 等，经渗氮后使用。

5.　车床主轴选材实例

如图 9-3 所示是 C616 车床主轴简图，该主轴承受交变弯曲和扭转复合应力，但载荷和转速不高，冲击载荷不大，选材时具有一般综合力学性能即可。主轴的大端内锥孔和外锥体，经常与卡盘、顶尖间有摩擦；花键部位与齿轮有相对滑动，这些部位要有较高硬度和耐磨性。轴颈与滚动轴承配合，硬度要求不高（220～250HBW）。

图 9-3 C616 车床主轴简图

根据以上分析，该主轴选择 45 钢即可。热处理技术条件为：整体调质，硬度为 220～250HBW；内孔与外锥体淬火，硬度为 45～50HRC；花键部位高频淬火，硬度为 48～53HRC。该主轴的加工工艺路线为：下料→锻造→正火→机械粗加工→调质→机械半精加工（除花键外）→局部淬火、回火（锥孔及外锥体）→粗磨（外圆、锥孔及外锥体）→铣花键→花键高频淬火、回火→精磨（外圆、锥孔及外锥体）。

上述加工工艺路线中，正火是为了细化晶粒，改善切削加工性能，并为调质做组织准备；调质处理的目的是获得回火索氏体，保证主轴具有良好的综合力学性能；锥孔及外锥体的局部淬火（用快速加热并水淬），花键部位的高频淬火可使该部位具有较高的硬度和耐磨性，两部分分开淬火是为了减小淬火变形。

表 9-3 列出了不同机床主轴的工作条件、选材及热处理工艺情况，供参考。

表 9-3 机床主轴选材及热处理

型　号	工作条件	选用钢号	热处理工艺	硬度要求	应用举例
1	（1）在滚动轴承中运转 （2）低速，低或中等载荷 （3）精度要求不高 （4）稍有冲击载荷	45	调质	220～250℃HBW	一般机床主轴
2	（1）在滚动轴承中运转 （2）低速稍高，低或中度载荷 （3）精度要求不高 （4）冲击、交变载荷不大	45	整体淬硬 正火或调质+局部淬火	40～45HRC ≤229HBW（正火） 220～250HBW（调质） 46～51HRC（局部）	龙门铣床、立式铣床、小型立式车床的主轴
3	（1）在滚动或滑动轴承内运动 （2）低速，轻或中等载荷 （3）精度要求不高 （4）有一定的冲击、交变载荷	45	正火或调质后轴颈局部表面淬火	≤229HBW（正火） 220～250HBW（调质） 46～57HRC（表面）	CB3463、CA6140、C61200 等重型车床主轴
4	（1）在滚动轴承内运转 （2）中等载荷，转速略高 （3）精度要求不很高 （4）交变、冲击载荷较小	40Cr40MnB 40MnVB	整体淬硬 调质后局部淬硬	40～45HRC 220～250HBW（调质） 46～51HRC（局部）	滚齿机、组合机床的主轴

（续表）

型　号	工作条件	选用钢号	热处理工艺	硬度要求	应用举例
5	（1）在滚动轴承内运转 （2）中或重载荷，转速略高 （3）精度要求较高 （4）有较高的交变、冲击载荷	40Cr40Mn 40MnVB	调质后轴颈表面淬火	220～280HBW（调质） 46～55HRC（表面）	铣床、M7475B、磨床砂轮主轴
6	（1）在滚动或滑动轴承内运转 （2）低、中载荷、转速较低	50Mn2	正火	≤241HBW	重型机床主轴
7	（1）在滑动轴承内运转 （2）中等或重载荷 （3）要求轴颈部分有更高的耐磨性 （4）精度很高 （5）交变应力较大，冲击载荷较小	65Mn	调质后轴颈和头部局部淬火	250～280HBW（调质） 56～61HRC（轴颈表面） 50～55HRC（头部）	M1450 磨床主轴
8	工作条件同序号 7，但表面程度要求较高	GCr15 9Mn2V	调质后轴颈和头部局部淬火	250～280HBW（调质） 56～61HRC（轴颈表面） 50～55HRC（头部）	MQ1420、MB1432A 磨床砂轮主轴
9	（1）在滑动轴承内运转 （2）重载荷，转速很高 （3）精度要求极高 （4）有很高的交变，冲击载荷	38CrMoAl	调质后渗氮	300～350HBW（调质） HV≥850（渗氮表面）	高精度磨床砂轮主轴，T63 镗床，C2150.6 多轴自动车床中心轴
10	（1）在滑动轴承内运转 （2）重载荷，转速很高 （3）高的冲击载荷 （4）很高的交变应力	20CrMnTi	渗氮淬火	HRC≥59（表面）	Y7163 齿轮磨床、CG1107 车床、SG8630 精密车床主轴

9.3.3　冷冲模具的选材

1.　冷冲模的工作条件

① 冷冲模的工作部位主要是刃口，当凸模下降与板料接触时，板料就会受到了凸凹端面的作用力。由于凸凹模之间有间隙，使凸凹模施加于板料的力产生一个剪力矩，使板料被冲部分旋转一个角度，这时板料对冲模刃口产生一个侧向压力，冲模刃口受到很大的弯曲应力的作用。

② 模具与板料之间有一定的间隙，并且间隙的分布不均匀，使得刃口部位在工作时总是承受强烈的冲击作用。

③ 板料与刃口部位产生剧烈的摩擦。

④ 板材的强度高低、厚度大小对模具受力有很大影响，厚板材料冷冲模应有高的耐磨性和高的强韧性。

2.　冷冲模的失效形式

① 磨损。由于摩擦，模具刃口由锋利变圆钝。磨损到一定程度，就会使冲裁零件产生毛刺，需要磨削后再重新使用。经过多次磨刃，凸模变短，凹模变薄，直至无法工作而失效。

② 崩刃和凸模折断。冷冲模在冲击力及震动的作用下导致崩刃和凸模折断，这可能

与多种原因有关，例如，模具材料选材不当或热处理不合适，冲裁时工艺执行不严格，模具安装调试不良，等等。

3. 冷冲模材料的性能要求

① 高硬度，高耐磨性。

② 足够的抗压、抗弯性能。对凹模来说，抗弯强度要求低一些，抗压强度高一些。

③ 适当的强韧性。厚板材料冷冲模需要更高的韧性。

4. 冷冲模材料的选用

冷冲模具材料的选用，主要根据产品的形状尺寸、被冲裁材料的性能、工作载荷的大小、生产批量、模具成本等多个因素决定。

一般形状简单、轻载荷的冲裁模尽可能用成本低的碳素工具钢材料制造，并进行适当的热处理，就可以达到使用要求，常用 T10、T10A。形状复杂、尺寸较大，工作载荷较轻，要求热处理变形小的冲裁模，可以选择低合金工具钢，例如 CrWMn、9CrWMn、9Mn2V 等。对于大中型模具，制造工艺复杂，加工成本高，材料成本只占模具成本的10%左右，因此选用高耐磨、高淬透性、变形小的合金钢。例如，Cr5M01V、Cr4W2MoV、Cr12MoV 等。对于大量生产的冷冲模具，要求寿命高，可以选用硬质合金、钢结硬质合金来制造。

5. 光栅片冲模的选材

光栅片是光学仪器中大量使用的零件，用 0.06～0.08mm 的低合金冷轧钢带冲制而成，如图 9-4 所示。模具要求严格控制尺寸精度和夹角 α 的公差，断面粗糙度 R_a 要低于 0.8μm，对光栅片冲模有较高的技术要求。该模具要求两个冲针孔之间的夹角 α 为 $125°10' \pm 8'$，硬度为 61～64HRC。

图 9-4　光栅片上冲模

该冲模用于冲裁薄片低碳钢，受力较轻，模具主要以磨损为主，制造时精度和公差是主要要求，生产量大；模具材料热处理时变形要小，有良好的淬透性；模具材料要求有良好的切削加工性能。

材料一般选用 CrWMn 制造。如果用 T10A 等碳素工具钢，淬火变形易超差；如果用 Cr12MoV 等钢，则加工困难，不便制造；CrWMn 有良好的耐磨性和淬透性，且淬火变形小，是微变形钢，因此较为合适。

该模具的加工工艺路线：毛坯→球化退火→粗加工→调质处理→半精加工→去应力退火→淬火、回火→精磨。

选圆钢毛坯，球化退火之前不锻造，可以降低成本。

采用球化退火使钢中碳化物呈粒状分布，细化组织，降低硬度，改善切削加工性能。同时为淬火准备好适宜的组织，使最终成品组织中含有细小的碳化物颗粒，提高钢的耐磨性。

通过调质处理细化组织，改善碳化物的弥散度和分布，提高淬火硬度和耐磨性。加热到 830℃，保温 15 min，油淬，再加热到 700～720℃，保温 1～2 h，回火，硬度为 22～26HRC。

采用去应力退火可以消除前面加工产生的应力，减小后续加工的变形，为精加工准备。去应力退火采用加热到 640℃，保温 4 h，炉冷至 300℃ 出炉冷却。

最终热处理采用淬火、回火，其工艺曲线如图 9-5 所示。淬火后硬度为 61～64HRC，达到设计要求。经过此加工工艺路线后，模具寿命为一次可连续冲制 1.2 万片以上。

图 9-5 光栅栏上冲模淬火回火工艺曲线

9.3.4 箱体类零件的选材

1. 箱体的工作条件及性能要求

箱体的形状一般比较复杂，目的是保证其内部各个零件的正确位置，使各零件运动协调平稳。箱体以支撑零件为主，承受各个零件的重量以及零件运动时的相互作用力，同时使箱体内各零件运动产生的振动能有所缓冲。

箱体的性能要求：
① 足够的抗压性能；
② 较高的刚度，防止变形；
③ 良好的吸振性；
④ 良好的成型工艺性；
⑤ 比重轻等其他特殊性能。

2. 箱体零件材料的选用

由于箱体形状比较复杂、壁厚较薄、体积较大，一般选用铸造毛坯成型，根据力学性能要求常用灰口铸铁、球墨铸铁、铸钢等。工作平稳的用 HT150、HT200、HT250 等；受力较小，要求导热良好、重量轻的箱体可用铸造铝合金；受力较大的箱体可考虑采用铸钢；单件生产时可用低碳钢焊接而成。箱体加工前一般要进行时效处理，目的是消除毛坯的内应力。

9.3.5　常用工具的选材

1．锉刀

锉刀是钳工工具，要求有高的硬度（刃部为 64～67HRC）和耐磨性，通常用 T12 钢制造。

2．手用锯条

手用锯条要求高硬度、高耐磨性、较好的韧性和弹性，通常用 T10 钢制造。

3．刀具

切削加工时，刀具与工件之间产生强烈的摩擦并磨损，且刀具受到高温的作用。这就要求刀具材料应该具有高硬度（>62HRC）、高耐磨性和高的热硬性。一般刀具的制造都选用合金工具钢，如 W18Cr4V、CrWMn、9SiCr 等。表 9-4 列出了常用五金工具的选材情况。

表 9-4　常用五金工具的选材

工具名称	材　料	工作部分 HRC	工具名称	材　料	工作部分 HRC
钢丝钳	T7 T8	5～60	活扳手	45 40Cr	全部 41～47
锤子	50 T7 T8	49～56	木工手锯	T10	42～47
旋具	50 60 T7 T8	48～52	木工刨刀片	1．轧焊刀片：GCrl5 刀体：20 2．整体：T8	61～63 57～62
呆扳手	50 40Cr	全部 41～47	鲤鱼钳	50	48～54

 复习题九

9-1　填空题

1．零件选材的一般原则是在满足＿＿＿＿＿＿＿＿的前提下，再考虑＿＿＿＿＿＿＿。

2．零件的变形失效包括＿＿＿＿＿＿＿、＿＿＿＿＿＿＿、＿＿＿＿＿＿＿等。

9-2　指出下列工件在选材与热处理技术中的错误，并提出改正意见。

1．用 40Cr 钢制造直径 30mm、要求良好综合力学性能的传动轴，采用调质处理，要求达到 40～45HRC。

2．用 45 钢制作表面耐磨的凸轮，淬火、回火后要求达到 60～63HRC。

3．用 45 钢制作直径 15mm 的弹簧丝，淬火、回火后要求达到 55～60HRC。

4．选用 9SiCr 制造 M10 板牙，淬火、回火后要求达到 50～55HRC。

5．选用 T12 钢制作钳工用的凿子，淬火、回火后要求达到 60～63HRC。

6．制造转速低、表面耐磨性及心部强度要求不高的齿轮，选用 45 钢，渗碳、淬火后要求达到 58～62HRC。

9-3　综合题

齿轮在下列情况下，宜选用何种材料制造？

1．齿轮尺寸较大，而齿坯形状复杂，不宜锻造。

2．能够在缺乏润滑条件下工作的低速无冲击的齿轮。

3．当齿轮承受较大的载荷，要求坚硬齿面和强韧的心部时。

附录　实验指导

实验一　布氏硬度实验

1. 实验目的

（1）　了解布氏硬度计的试验原理、硬度计的结构及应用范围。

（2）　掌握布氏硬度试验操作的方法步骤。

（3）　学会正确使用读数显微镜测量压痕直径。

2. 实验设备及试样

（1）　布氏硬度计（如图实-1 所示）。

（2）　读数显微镜（如图实-2 所示）。

（3）　退火钢、铸铁、非铁金属试样。

图实-1　HB—3000 型布氏硬度计简图　　　　图实-2　JC10 型读数显微镜简图

1—小杠杆　2—弹簧　3—压轴　4—主轴衬套　5—压头　6—工作台　　　　1—目镜　2—读数指示套　3—物镜　4—镜筒
7—工作台立柱　8—螺杆　9—升降手轮　10—螺母　11—套筒
12—电机　13—减速器　14—压紧螺钉　15—轴柄　16—按钮开关
17—换向开关　18—砝码　19—大杠杆　20—吊环　21—加荷指示灯
22—机体　23—电源开关

3. 实验原理

根据 GB/T231.1—2009，如图实-3 所示，布氏硬度试验是在一定试验力 F 的作用下，将直径为 D 的硬质合金球形压头垂直压入试样表面，经保持一定时间后，卸除试验力，测量试样表面压痕直径，根据试验条件和压痕直径的大小，从专用的金属布氏硬度数值表（见表实-1 所列）中查出该材料的布氏硬度值。

4. 读数显微镜的使用

将读数显微镜放置在被测试样上，使物镜正对压痕。试样被测部分用自然光或灯光照明，使压痕清晰呈现。移动读数显微镜使固定板上的零线与压痕的一边相切。如图实-4 所示。转动读数指示套带动活动滑板上的刻度线移动，使之与压痕的另一边相切。固定板上共有 6 格，每格为 1mm。读数指示套上共有 100 个小格，每一格为 0.01mm。两个读数相加之和即为该压痕的直径（为保证准确测量出压痕直径，在压痕相互垂直的方向上各测一次，取平均值）。

图实-3 布氏硬度原理示意图

1—压头 2—硬质合金球 3—试样

图实-4 测量示例

1—镜筒 2—压痕

表实-1 布氏硬度试验规范（摘自 GB/T231.1—2009）

材料种类	布氏硬度 HBW	球直径 D/mm	试验力-压头球直径平方的比率 $0.102F/D^2$	试验力 F/N	保持时间	其他要求
钢、镍合金、钛合金		10	30	29420		
		5		7355		
		2.5		1839		
		1		294.2		
铸铁	<140	10	10	9807	10～15s，允许误差为±2 s	1. 压痕中心距试样边缘 ≥2.5d。 2. 试样厚度至少应为压痕深度的 8 倍。 3. 相邻压痕间中心距离 ≥3d。
		5		2452		
		2.5		612.9		
	≥140	10	30	29420		
		5		7355		
		2.5		1839		
铜及铜合金	<35	10	5	4903		
		5		1226		
		2.5		306.5		
		1		49.03		
	35～200	10	10	9807		
		5		2452		
		2.5		612.9		
		1		98.07		
	>200	10	30	29420		
		5		7355		
		2.5		1839		
		1		294.2		

（续表）

材料种类	布氏硬度 HBW	球直径 D/mm	试验力-压头球直径平方的比率 $0.102F/D^2$	试验力 F/N	保持时间	其他要求
轻金属及合金	<35	10 5 2.5 1	2.5	2452 612.9 153.2 24.52		
	35~80		5	4903 1226 306.5 49.03		
		10 5 2.5 1	10	9807 2452 612.9 98.07		
			15	14710 3677 919.1 147.1		
	>80	10 5 2.5 1	10	9807 2452 612.9 98.07		
			15	14710 3677 919.1 147.1		
铅、锡		10 5 2.5 1	1	980.7 245.2 61.29 9.807		

5. 实验步骤

（1）检查布氏硬度计是否正常。

（2）按照表实-1，根据布氏硬度试验规范确定试验力、保持时间。并安装压头、法码。

（3）将试样平稳的安放在工作台上，顺时针方向转动手轮直至试样与压头球体紧密接触，手轮空转打滑为止，此时加预载荷98.07N。

（4）调整时间定位器至所需载荷保持时间位置。压紧螺钉处于放松状态。

（5）打开电源开关，待电源指示灯亮后（绿灯亮）再启动电机按钮开关，开始施加载荷。待载荷全部加上时（红灯亮），迅速拧紧时间定位器压紧螺钉，时间定位器开始转动。达到载荷保持时间后电机反转，试验力自行卸除。

（6）关闭电源，逆时针转动手轮，使工作台下降，取下试样。用读数显微镜测量试样表面压痕直径 d（两个垂直方向各测一次后取其平均值）。

根据所测得的压痕直径 d 和试验规范，从金属布氏硬度数值表（见表实-1所列）中查出该材料的布氏硬度值。

（7） 检查数据符合要求后，取下法码、吊环，以免影响硬度计的计量精度。

6. 注意事项

（1） 试验一般在 10～35℃室温下进行。对于温度要求严格的试验，温度为 23±5℃。

（2） 试样表面应是光滑的平面，无氧化层和污物。

（3） 当试样尺寸允许时，应优先选用直径 10mm 的压头进行试验。

（4） 操作中机器出现故障应立即关掉电源，交由老师进行处理。

7. 实验结果处理

（1） 测出的布氏硬度数值大于 100 时，四舍五入取整数；硬度数值大于 10 小于 100 时，四舍五入，小数点后取一位；硬度值小于 10 时，四舍五入，小数点后取两位。

（2） 布氏硬度计压出的压痕直径应在（0.24～0.60）D 之间，否则实验结果无效。

8. 布氏硬度实验报告

班级		姓名		学号	
组别		实验日期		评分	

（1） 实验目的

（2） 实验设备及试样

（3） 实验原理

（4） 实验记录及结果

布氏硬度试验记录表如表实-2 所列。

表实-2 布氏硬度试验记录表

试样编号	试样材料	热处理状态	压头		试验力（N）	保持时间（s）	压痕直径（mm）			HBW
			D（mm）	材料			d_1	d_2	$d_{平均}$	

实验二　洛氏硬度实验

1．实验目的

（1）　了解洛氏硬度计的测定原理，洛氏硬度计的结构及应用范围。

（2）　掌握洛氏硬度计的试验方法步骤。

2．实验设备及试样

（1）　洛氏硬度计（如图实-5 所示）。

（2）　淬火钢、退火钢、非铁金属试样。

图实-5　HR—150A 型洛氏硬度计简图

1—指示器　2—紧固螺钉　3—法码交换手柄　4—卸荷手柄　5—加荷手柄　6—齿条
7—缓冲器　8—油针　9—顶杆　10—砝码交换架　11—砝码　12—吊杆　13—调整块
14—加荷杠杆　15—小杠杆　16—接杆　17—顶杆　18—主轴　19—试样
20—工作台　21—工作台螺旋立柱　22—手轮　23—凸轮　24—大齿轮

3．实验原理

如图实-6 所示。

图实-6　洛氏硬度试验原理

图中　1——在初试验力 F_0 下的压入深度；

2——由主试验力 F_1 引起的压入深度；

3——卸除主试验力 F_1 后的弹性回复深度；

4——残余压入深度 h；

5——试样表面；

6——测量基准面；

7——压头位置。

将压头（金刚石圆锥、硬质合金球），分两个步骤压入试样表面，经规定保持时间后，卸除主试验力，测量在初试验力下的残余压痕的深度，则洛氏硬度值为：

$$洛氏硬度 = N - \frac{h}{S}$$

式中　h——残余压痕的深度；

N——常数，对于 A、C、D 标尺，$N=100$；对于其他标尺，$N=130$；

S——一个洛氏硬度单位，$S=0.002$。

洛氏硬度测试规范如表实-3 所列。

表实-3　洛氏硬度测试规范

标　尺	硬度符号	压头类型	试验力/N			硬度值有效范围	应用举例
			F_1	F_2	F		
A	HRA	120°金刚石圆锥体	98.1	490.3	588.4	70～85HRA	硬质合金 表面淬硬层 渗碳层
B	HRB	ϕ1.588mm 球	98.1	882.6	980.7	25～100HRB	退火钢 正火钢 非铁金属
C	HRC	120°金刚石圆锥体	98.1	1373	1471.1	20～67HRC	淬火钢 调质钢

4. 实验步骤

（1）检查洛氏硬度计是否正常。

（2）根据试样材料及表实-2 洛氏硬度测试规范选择标尺，压头，总试验力。

（3）将试样平稳地放置在工作台上，顺时针缓慢转动手轮，工作台上升使试样与压头接触，继续转动手轮施加初试验力 F_1（98.1N）。此时小指针正对表盘中的红点（或红线）。调整指示器，使长指针对准零位（即 HRA，HRC 对准 "C" 点。HRB 对准 "B" 点）。

（4）向前拨动加荷手柄，通过缓冲器慢慢施加主试验力 F_2，压头继续压入试样，此时长指针逆时方向转动（主试验力全部加上的时间为 4～8s）。

（5）长指针基本停稳后，将卸荷手柄慢慢向后推回原位，卸除主试验力 F_2；从指示器的刻度盘中直接读出洛氏硬度值，并做好记录。

（6）逆时针转动手轮，工作台下降，移出试样。

（7）根据洛氏硬度试验要求重复以上步骤，做到每个试样上的测试点数不少于 3 点，其测定的平均值作为该材料的洛氏硬度值。

5. 注意事项

（1）试样要平整光滑，无明显的加工痕迹和氧化层。工作台和压头表面应清洁。

（2）在任何情况下都不允许压头与试验台面接触。试样的最小厚度应不小于压痕深度的 10 倍。

（3）在试验过程中，洛氏硬度计不应受到冲击和震动。

（4）试样各测试点中心间的距离和压痕中心至试样边缘距离不得小于 3mm。

6. 实验结果处理

（1）实验报告中填写的洛氏硬度值应精确至 0.5 个洛氏硬度数值单位。

（2）当洛氏硬度值必须换算成其他硬度值时，可按照《黑色金属硬度及强度换算表（GB/T1172—1999）》进行换算。

7. 洛氏硬度实验报告

班级		姓名		学号	
组别		实验日期		评分	

（1）实验目的

（2）实验设备及试样

（3）实验原理

（4） 实验记录及结果

洛氏硬度试验记录表如表实-4所列。

表实-4 洛氏硬度试验记录表

试样编号	试样材料	热处理状态	硬度标尺	硬度符号	压头类型	试验力/N			硬度值 HR			
						F_1	F_2	F	一次	二次	三次	平均

实验三 冲击实验

1. 实验目的

（1） 了解摆锤式冲击试验机的结构及试验原理。

（2） 了解金属材料在常温下冲击试验的方法步骤。

2. 实验设备及试样

（1） 摆锤式冲击试验机（如图实-7所示）。

图实-7 摆锤式冲击试验机

1—电源开关 2—机座 3—支座 4—指针 5—刻度盘 6—电磁铁 7—摆锤
8—操作屏 9—开关 10—摆臂下降按钮 11—冲击按钮 12—摆臂夹紧按钮

（2） U形和V形标准冲击试样（如图实-8和图实-9所示）。

（3） 游标卡尺。

图实-8　U 形冲击试样及尺寸　　　　　图实-9　V 形冲击试样及尺寸

3. 实验原理

如图实-10 所示，冲击试验是用规定高度的摆锤对处于支座上的试样进行一次性冲击，测量试样冲断时的冲击吸收功。冲击吸收功除以试样断口处横截面积的商，即是该材料的冲击韧度。用 a_k 表示，单位为，J/cm^2。

图实-10　摆锤式冲击试验机原理示意图

1—试样　2—支座　3—摆锤　4—刻度盘　5—机座

4. 实验步骤

（1）检查冲击试验机是否正常，摆锤空打时指针是否指向零位，其偏离不应超过最小刻度的四分之一。用游标卡尺检查试样尺寸是否符合国家标准规定的要求。检查试样表面有无明显可见的质量问题。

（2）打开电源开关，手拿操作屏站在设备正前方一米远处。打开操作屏开关，按下"摆臂下降"按钮，摆臂下降，回升时把摆锤带至 125° 夹角的高度。将指针拨至刻度盘最大刻度值处。

（3）用标准安放样板将试样紧贴支座放置，使试样缺口背面正对摆锤刃口。

（4）按下"冲击"按钮，摆锤自由落下，冲断试样，并继续摆动一个高度。同时指针向零位方向旋转一个角度。

（5）试样冲断后，立即按下"摆锤夹紧"按钮，待摆锤停止摆动后，从刻度盘上读出指针指示数值。此数值即是该试样的冲击吸收功，用 A_K 表示。用公式 $a_K = \dfrac{A_K}{S_N}$ 计算出该材料的冲击韧性值。

5. 注意事项

（1）冲击试验机只许一人操作，摆锤左、右不允许站人，以免试样碎块飞出。

（2）室温冲击实验应在 $10 \sim 35℃$ 温度下进行。

6. 实验结果处理

（1）冲击吸收功至少应保留小数点后一位有效数字。数值应在摆锤最大刻度的 10%～90% 范围内使用。

（2）由于冲击能量不足使试样未完全折断时应在试验数据前加">"。其他情况应注明"未折断"。

（3）试样断口处如有肉眼可见裂纹或其他缺陷，且试验数据明显偏低时，此试验无效。

7. 冲击实验报告

班级		姓名		学号	
组别		实验日期		评分	

（1）实验目的

（2）实验设备及试样

（3）实验原理

（4）实验记录及结果

冲击试验记录表如表实-5 所列。

表实-5　冲击试验记录表

序号	试样材料	试样外形尺寸（mm）	缺口尺寸（mm）		缺口处最大横截面积 S_N（cm²）	冲击吸收功 A_{kU}（A_{kV}）（J）	实验温度（℃）	冲击韧性值 $α_{kU}$（$α_{kV}$）（J/cm²）
			深度	宽度				

实验四　热处理实验

1. 实验目的

（1）掌握非合金钢热处理工艺的制定及普通热处理的操作方法。

（2）分析碳的质量分数、加热温度、冷却速度对淬火后组织和性能的影响。

（3）分析回火温度对组织和性能的影响。

2. 实验设备及试样

（1）箱式电阻炉及温控仪表。

（2）试样：20钢、45钢、T_{10}钢及65钢小弹簧。

（3）洛氏硬度计。

（4）淬火冷却介质：水、油。

3. 实验原理

如图实-11所示，钢的热处理是将钢在固态条件下，以适当的方式进行加热、保温和冷却以获得所需的组织和性能的工艺。

图实-11　热处理工艺曲线

4. 淬火加热温度的选择

参照表实-6所列。

表实-6 几种钢的临界点，淬火规范

钢 号	临界点（℃）			淬火规范			备 注
	Ac_1	Ac_3	$Accm$	加热温度（℃）	淬火介质	淬火后硬度	
20		855		890±10	水	HRC＞30	在实际生产中，非合金钢、低合金钢淬火加热温度为 Ac_3+30～70℃ Ac_1+30～70℃
35		802		840±10	水	HRC＞50	
45		780		820±10	水	HRC＞55	
65		752		790±10	水或油		
65Mn		765		820±10	油		
T8	730		780	770±10	水-油	HRC＞62	
T10	730		800	770±10	水-油	HRC＞62	
T12	730		820	770±10	水-油	HRC＞62	

5. 淬火保温时间的选择

淬火保温时间的确定，既要保证工件表面和心部均达到指定温度，又要保证获得细小的奥氏体组织。通常是把炉温升到选定的加热温度，再将工件装炉，并开始计算保温时间。生产中通常用经验公式来确定保温时间，其经验公式为：

$$t=a×k×D$$

式中　t——加热时间，单位为 min；

　　　a——加热系数，单位为 min/mm（直径≤50mm，取 1.0～1.2。直径＞50mm，取重1.2～1.5）；

　　　k——装炉修正系数（通常取 1.0～1.5）；

　　　D——工件有效厚度，单位为 mm。

各种形状零件的有效厚度：

（1）圆柱体以直径为有效厚度。

（2）板件以板厚为有效厚度。

（3）正方体以边长为有效厚度。

（4）圆锥体以离小头 2/3 处直径为有效厚度。

（5）套筒类以壁厚为有效厚度。

（6）球体以球直径 0.6 倍为有效厚度。

6. 淬火冷却速度的选择

在过冷奥氏体最不稳定的温度范围内（550℃左右），淬火件的冷却速度应大于或等于淬火临界冷却速度，以保证获得马氏体组织。而在 Ms 点以下，又希望冷却速度缓慢，以减少内应力，防止工件变形和开裂。常见冷却介质冷却能力见表实-7 所列。

表实-7 常用淬火冷却介质的冷却能力

淬火介质	冷却速度（℃/s）	
	650～550	300～200
18℃的水	600	270
50℃的水	100	270
10%NaCl 水溶液（18℃）	1100	300
矿物油	150	30
0.5%聚乙稀水溶液	介于油水之间	180

7. 回火温度的选择

工件的性能技术要求（硬度、强度、塑性、韧性）是选择回火温度的根据。在实际生产中往往只提出工件硬度要求，根据硬度要求及零件材料选择回火温度。表实-8 所列为部分非合金钢的硬度与回火温度关系的经验数据。

表实-8　常用钢材的回火参数

钢　号	淬火规范			回火硬度（HRC）与回火温度（℃）的关系							
	加热温度（℃）	冷却剂	硬度（HRC）	25～30	30～35	35～40	40～45	45～50	50～55	55～60	>60
20	900±10	水	>30	350	300	200	<160				
35	860±10	水	>50	520	460	420	350	290	<170		
45	830±10	水	>55	550	520	450	380	320	300	180	
65	800±10	水或油	>60	620	550	500	450	380	300	230	<200
65Mn	820±10	油	>60	650	600	520	440	380	300	230	<170
T8	780±10	水-油	>62	580	530	470	420	370	332	250	<160
T10	780±10	水-油	>62	580	540	490	430	380	344	250	<200
T12	780±10	水-油	>62	580	540	490	430	380	340	250	<200

8. 回火保温时间的选择

回火保温时间是指零件表里全部热透及组织充分转变所需要的时间。在生产中工件入炉后升至回火温度开始计算时间。回火时间一般是 1～3 小时。具体回火保温时间可参考以下经验公式计算，不同条件下的 K_h 和 A_h 值如表实-9 所列。

回火保温时间经验公式：$t_h = K_h + A_h \times D$

式中　K_h——回火时间基数，单位为 min；

　　　A_h——回火时间系数，单位为 min / mm；

　　　D——工件有效厚度，单位为 mm。

表实-9　不同条件下的 K_h 和 A_h 值

回火条件	300℃以下		300～450℃		450℃以上	
	箱式电炉	盐浴炉	箱式电炉	盐浴炉	箱式电炉	盐浴炉
K_h（min）	120	120	20	15	10	3
A_h（min / mm）	1	0.4	1	0.4	1	0.4

9. 回火的冷却

一般来说，回火冷却对性能影响不大，因此一般工件都在空气中冷却。但对于具有回火脆性的某些合金钢（如铬钢，铬锰钢，铬镍钢等），在 450～650℃ 回火应在油或水中快冷，以避免回火脆性的产生。

10. 实验步骤

（1）根据试样的热处理技术要求，拟定试样的热处理工艺规范（加热温度，保温时间，冷却方法，回火温度等）。

（2）将试样打上标号，并测出试样热处理前的硬度。

（3）实验前应将炉温升至需要的温度。打开炉门将试样放入炉内进行加热保温，达到规定保温时间后，打开炉门，将试样取出后迅速放入预定的冷却介质中，并搅动试样使其均匀冷却。

（4） 试样冷却后擦干，并用砂纸清除其氧化层。用洛氏硬度计测出其硬度值。

（5） 根据回火要求，将淬火后的试样放入预定温度的炉中进行回火加热和保温。达到要求后，取出试样在空气中冷却。回火后的试样待完全冷却后，清除其氧化层，测量其硬度值，并做好记录。

（6） 实验完成后关闭电源。关好炉门。

11. 注意事项

（1） 在整个实验中，注意用电安全和高温操作安全。

（2） 试样装炉时尽量放置于炉子中部，以保证良好的加热效果。

（3） 开启炉门时，时间不宜过长，以免炉温急骤下降引起炉膛开裂。

12. 实验结果处理

（1） 试样热处理后所测得的硬度值和技术要求值进行比较，若出现硬度值偏低，则从以下方面分析原因：

① 淬火加热温度是否偏低，淬火剂温度是否偏高。

② 硬度计自身误差是否过大（可用标准硬度试样进行校验）。

③ 回火温度偏高。

（2） 淬火后试样若出现"软点"现象，应从材料成分偏析、局部氧化脱碳、加热时相邻试样靠得太近、冷却循环不良、操作不正确等方面进行分析，查找原因。

13. 热处理实验报告

班级		姓名		学号	
组别		实验日期		评分	

（1） 实验目的

（2） 实验设备及试样

（3） 实验原理

（4） 实验记录及结果

热处理实验记录表如表实-10 所示。

表实-10 热处理实验记录表

| 编号 | 试样材料 | 原始硬度 | 淬火规范 | | | 淬火后硬度 | 回火规范 | | | 回火后硬度 | 显微组织 |
			加热温度（℃）	保温时间（min）	冷却介质		回火温度（℃）	回火时间（min）	冷却介质		

实验五　铁碳合金室温下平衡组织金相观察

1. 实验目的

（1）掌握铁碳合金在平衡状态下的显微组织，加深对化学成分、组织与力学性能之间的相互关系的理解。

（2）了解金相试样的制备过程及金相显微镜的大致结构。

（3）掌握金相显微镜的使用方法。

2. 实验设备及试样

（1）金相显微镜（4X 型金相显微镜组织结构如图实-12 所示）。

图实-12 4X 型金相显微镜组织结构简图

1—偏心圈　2—粗调焦距手轮　3—微调焦距手轮　4—传动箱　5—转换器　6—半反光镜　7—物镜
8—载物台　9—目镜　10—目镜管　11—固定螺丝　12—调节螺丝　13—视物光栅圈　14—孔径光栅

（2）　制备金相试样所需的设备（镶嵌机、预磨机、抛光机、电解腐蚀机等）。

（3）　标准试样一套。

3. 实验原理

经抛光后的试样一般情况下看不到显微组织，因此，试样必需进行化学浸蚀。将抛光后的试样磨面浸在浸蚀剂中，在化学溶解或电化学腐蚀的作用下。由于浸蚀晶界上原子排列错乱，各个晶粒的位向不同，各种组成相的物理化学性能和相界面电位有别，因而，受腐蚀的程度也不一样，在显微镜光束照射下，具有不同的反光性能，从而可看到其显微组织。如图实-13 所示。

图实-13　金相浸蚀原理图

铁碳合金在平衡状态下，含碳量越高，则渗碳体成分越多，其室温平衡组织发生明显变化。各典型成分的铁碳合金显微组织示意图如图实-14～图实-21 所示。

图实-14　工业纯铁（F）

图实-15　20 亚共析钢（F+P）

图实-16　45 亚共析钢（F+P）

图实-17　共析钢（P）

图实-18　T12 过共析钢（P+Fe₃C$_I$）

图实-19　亚共晶白口铁（P+Fe₃C+Ld）

图实-20　共晶白口铁（Ld′）

图实-21　过共晶白口铁（Ld′ + Fe₃C$_I$）

4. 实验步骤

（1）准备好金相标准试样一套，按观察试样所需总的放大倍数，选配好金相显微镜的物镜和目镜，并装在显微镜上。移动载物台，使物镜位于载物圈的孔中央，然后将试样的观察面正对物镜倒置在载物圈上，并扣上压片弹簧夹。将显微镜光源灯泡（6～8 V）接入变压器的低压一端，变压器的高压端与 220 V 电源相接，注意勿将灯泡直接与 220 V 电源相接，以免烧坏灯泡。

（2）用双手慢旋粗调焦距手轮，使试样缓慢靠近物镜，同时在目镜上观察，视场由暗到亮，调至看到组织。然后再旋动微调焦距手轮，直至看到最清晰图像为止。调节动作要缓慢，勿使试样与物镜相碰。加入滤色玻璃片，调节孔径光栅，以成像清晰为宜。调节视场光栅，一般观察时，通常将视场光栅调节到恰恰大于所选用目镜的视场即可。

（3）绘制所观察到的显微组织示意图。

（4）重复上述步骤，观察其余试样的显微组织。

（5）观察完毕，应立即关灯，关掉电源，盖上防尘罩。

5. 注意事项

（1）在观察时，每当更换物镜或目镜，均应相应调节孔径光栅或视场光栅。

（2）显微镜的镜头切忌用手指触摸，清洁镜头应使用镜头纸，严禁用普通纸张或手巾等去擦试。

（3）使用微动手轮调焦时，微动指示刻线不得超过上下极限刻线，否则，将扭坏传动齿轮，使微调机构失效。

6. 实验结果处理

（1）从显微镜观察到的个别图形，有时会误认为是组织的组成物。例如镜头上的灰尘、试样表面的"金属扰乱层"、锈斑或污物以及试样浸蚀过度等现象，都会使观察时出现假象，应仔细鉴别，经消除后，再重新观察。

（2）　观察金属试样时选用显微镜合适的放大倍数，如放大倍数不当，显示不清，可调换目镜或物镜的倍数合理配用，重新进行观察。

7. 铁碳合金室温下平衡组织金相观察实验报告

实验名称		班级		姓名		评分	
实验日期		组别		学号			

（1）　实验目的

（2）　实验设备及式样

（3）　实验原理

（4）　实验记录及结果

画出观察的显微组织示意图如图实-22、图实-23所示。

（a）　　　　　　　　（b）　　　　　　　　（c）

图实-22

材料 _____　　材料 _____　　材料 _____
组织 _____　　组织 _____　　组织 _____
放大倍数_____　放大倍数 _____　放大倍数_____

（a）　　　　　　　　（b）　　　　　　　　（c）

图实-23

材料 _____　　材料 _____　　材料 _____
组织 _____　　组织 _____　　组织 _____
放大倍数_____　放大倍数 _____　放大倍数_____

参 考 文 献

[1] 王纪安. 工程材料与材料成形工艺. 高等教育出版社, 2004

[2] 张铁军. 机械工程材料. 北京大学出版社, 2011

[3] 王会强、郝建军. 机械工程材料. 北京理工大学出版社, 2010

[4] 陈志毅. 金属材料与热处理. 中国劳动与社会保障出版社, 2007

[5] 吕烨、许德珠. 机械工程材料. 高等教育出版社, 2008

[6] 王爱珍. 工程材料及成形技术. 机械工业出版社, 2003

[7] 罗会昌. 金属工艺学. 高等教育出版社, 2000

[8] 王运炎. 机械工程材料. 机械工业出版社, 2005

[9] 王英杰. 金属工艺学. 高等教育出版社, 2002

[10] 梁耀能. 工程材料及加工工程. 机械工业出版社, 2004

[11] 沈莲. 机械工程材料. 机械工业出版社, 2007

[12] 邢建东. 工程材料基础. 机械工业出版社, 2004

[13] 崔占全. 工程材料. 机械工业出版社, 2003

[14] 张金凤. 机械工程材料. 中国劳动社会保障出版社, 2006

[15] 邢建东. 工程材料基础. 机械工业出版社, 2004

[16] 张念淮. 工程材料与热加工技术. 北京理工大学出版社, 2009

[17] 宋杰. 机械工程材料. 大连理工大学出版社, 2010

[18] 李辉. 工程材料与成型工艺基础. 上海交通大学出版社, 2012

[19] 张瑞平. 金属工艺学. 冶金工业出版社, 2008

[20] 曾正明. 机械工程材料手册. 机械工业出版社, 2004